Claudia Korthaus

Flyer, Broschüre, Visitenkarte, Logo & Co.

Geschäftsausstattung und Werbung selbst gestalten

Rheinwerk
Design

Liebe Leserin, lieber Leser,

Sie wollen oder sollen für Beruf, Ausbildung oder für einen privaten Zweck einen Flyer oder eine Broschüre erstellen? Sie wollen mit einem gelungenen Plakat Werbung für Ihren Verein, Ihre Theatervorstellung machen? Oder brauchen Sie für Ihre Selbstständigkeit eine gelungene Geschäftsausstattung (inklusive Logo!), um sich professionell zu präsentieren? Dann werden Sie mit diesem Buch zufrieden sein, denn es bringt Sie schnell und sicher ans Ziel. Es geht nicht theoretisch auf die Hintergründe des »guten Designs« ein, sondern zeigt Ihnen praktisch und immer zielorientiert, was Sie wirklich wissen müssen, um einen seriösen Flyer oder ein überzeugendes Logo zu gestalten.

Auch wenn Sie eine bestehende Geschäftsausstattung überarbeiten wollen, z. B. mit der Farbgebung Ihres Logos nicht recht zufrieden sind, kann Ihnen Claudia Korthaus weiterhelfen. Das Buch ist gespickt mit Projekten, in denen Sie die Autorin auf dem Weg zu einem wirkungsvollen Printprodukt begleitet: So wird zum Beispiel das Logo für eine kleine Firma Schritt für Schritt aufgebaut. Interessant dabei sind vor allem die vielen Gut-schlecht-Beispiele: So sehen Sie direkt, warum die eine Schrift passt, die andere aber nicht, warum Blau funktioniert, Rot aber die falschen Impulse setzt oder warum das Logo doch besser etwas weiter mittig positioniert werden sollte (denn der Goldene Schnitt ist ein Geheimnis, das Ihnen Claudia Korthaus verraten wird!).

Und das Schönste dabei: Das Buch ist spannend zu lesen, und ich garantiere Ihnen, dass Sie viel Spaß am Gestalten finden werden! Sollten Sie Hinweise, Anregungen, Kritik oder Lob an uns weitergeben wollen, so freue ich mich über Ihre E-Mail.

Ihre Ruth Lahres
Lektorat Rheinwerk Design

ruth.lahres@rheinwerk-verlag.de
www.rheinwerk-verlag.de
Rheinwerk Verlag • Rheinwerkallee 4 • 53227 Bonn

Inhalt

Erdbeere und Freunde
Erdbeere & Freunde
Tonia Schreiber
toniasch@web.de
natural care
Kosmetik mit Gefühl
Vera Sauner
Bardonnenheimer Straße 14
69587 Mannheim
Telefon (0689) 69987
mobil (0625) 781232
www.kosmetikmitgefühl.de

Kulturwoche
Die farbige Seite von Indien
22.4.–29.4.2019
Kulturreferat Bremen
Kulturhaus Meierei
www.kulturinbremen.de
info@kulturbremen.de

Uns gibt es wirklich.
Franz & Sissi
Dumbo
Uns gibt es wirklich.

Ein Logo gestalten

Merkmale eines guten Logos

Sechs Kriterien für die Beurteilung

Jeder von uns hat ein Bauchgefühl, mit dem er etwas beurteilt. Und meist liegen wir damit gar nicht so falsch. Wer allerdings tiefer in das Thema gutes und schlechtes Logo eintauchen und später selbst designen oder argumentieren möchte, benötigt mehr als Intuition.

^ Spuren im Sand
Je einfacher ein Logo, desto besser – zumindest in der Regel

Wichtige Kriterien für ein gutes Logo

Wir beginnen mit einer einfachen Frageliste, anhand derer Sie ein Logo beurteilen können – die einzelnen Punkte werden wir im Laufe des Kapitels noch genauer betrachten.

1. Ist es einprägsam, ist es einfach?
2. Hat es eine klare Botschaft, ein Thema, ist es verständlich?
3. Ist es einzigartig und unverwechselbar, hat es einen Wiedererkennungswert?
4. Erzielt es Aufmerksamkeit?
5. Ist es zeitlos?
6. Ist es reproduzierbar, auch in kleinen Größen beziehungsweise in Graustufen gut zu verwenden und gut zu erkennen?

Beurteilen Sie Ihre oder andere Logos mithilfe der Checkliste.

Um ein Logo zu beurteilen, betrachten wir es also und versuchen anschließend, die Fragen der Liste zu beantworten. Die oberste Maxime bei der Gestaltung eines Logos ist die Einfachheit, die Beschränkung auf das Wesentliche. Die von Weidemann beschriebene Voraussetzung von Seite 11, dass man es mit dem Zeh in den Sand kratzen können sollte, ist definitiv eines der wichtigsten Kriterien, zumal es andere, weitere Kriterien bedingt. Wenn ein Logo einfach ist, dann ist es in der Regel automatisch auch reproduzierbar, verständlich und meist auch zeitlos. Insofern hat Weidemann mit seiner Beschreibung gleich mehrere Punkte zusammengefasst.

Gelungene Beispiele

»Ein Zeichen ist gut, wenn man es mit dem großen Zeh in den Sand kratzen kann!«

Kurt Weidemann

Betrachten wir jetzt erst einmal ein paar bekannte Logos. Je mehr Fragen von unserer Liste wir mit Ja beantworten können, desto mehr Kriterien erfüllt das Logo und desto erfolgreicher wird es sein. Schauen wir uns nun beispielhaft einige gute und weniger gute Logos an, um ein Gefühl für unsere eigene Arbeit zu entwickeln.

McDonald's | Beginnen wir mit McDonald's. Auch als Fastfood-Kritiker und Mutter, die ihren Kindern gesundes Essen nahebringen möchte, muss ich leider zugeben: Es ist definitiv einzigartig und unverwechselbar, es ist einfach und somit auch problemlos reproduzierbar, es ist zeitlos und hat eine klare Botschaft. Das sogenannte »goldene M« bekommt von mir sechsmal ein klares Ja.

Nike | Nike ist ein weiteres, wunderbares Beispiel für eine einfache Gestaltung. Über die Jahre immer wieder überarbeitet, bleibt das Markenzeichen, der sogenannte Swoosh, seit Unternehmensgründung nahezu unverändert. Auch Nicht-Sportler kennen und erkennen den Flügel der griechischen Siegesgöttin Nike, und ich vergebe sechsmal ein Ja. Zuletzt ist auch das grinsende Logo von LG immer wieder sympathisch und wiedererkennbar.

McDonald's und Nike

Zwei gelungene Logos, die in meiner Frageliste sechsmal ein Ja bekommen.

Macht aufmerksam, ist verständlich, einzigartig, einfach, zeitlos und reproduzierbar.

LG Group

Auch das koreanische Unternehmen LG Group hat für sein Logo gute Designer angestellt. Der Firmenname und gleichzeitig die Anfangsbuchstaben des Slogans »Life's Good« findet man als Nase und Gesichtsform wieder – einfach gut.

^ Larry
Der Vogel von Twitter hat eine lange Entwicklung hinter sich.

^ Ende der Wort-Bild-Marke
Das Bubble-t wurde bereits 2012 abgeschafft.

Twitter | Auch das nächste, jetzt etwas genauer betrachtete Logo bekommt von mir gute Noten: das von Twitter. Der Blogging-Dienst ist bereits seit 2006 aktiv. Das Wort Twitter basiert auf dem englischen Wort tweet, was auf Deutsch so viel heißt wie zwitschern. Ich vermute, dass die Logofindung deswegen auch relativ schnell ablief – der einfache, flächig gezeichnete blaue Vogel erfüllt seine Aufgabe als Bildmarke ohne Zweifel. Doch auch er hat eine Entwicklung hinter sich.

Seit der letzten Überarbeitung in 2012 steht die Bildmarke allein. Laut Twitter hat sich jetzt der Vogel als Markenzeichen etabliert, das runde Bubble-»t« wurde abgeschafft, aus der Wort-Bild-Marke ist eine reine Bildmarke geworden: »Twitter is the bird, the bird is Twitter.« Somit kann sich Twitter in die Unternehmen einreihen, die ohne Text oder Unternehmensnamen lediglich an einem Symbol erkennbar sind, wie zum Beispiel auch Nike oder Apple.

Das war nicht immer so. Auch der Twitter-Vogel hat eine Historie. Er zeigte sich mal mit, mal ohne Unternehmensnamen oder auch mit einem kleinen »t«. Larry, so der Name des Vogels, startete als deutlich schlankerer und in meinen Augen etwas verunsicherter Vogel, der nach links blickt. Nun stimmt es nicht immer, dass eine Blickrichtung nach links negativ wirkt und eine Blickrichtung nach rechts positiv – in den meisten Fällen ist es aber so. Denn unbestritten ist die Tatsache, dass die

Der 1. Entwurf
Larry blickt nach links, in die Vergangenheit.

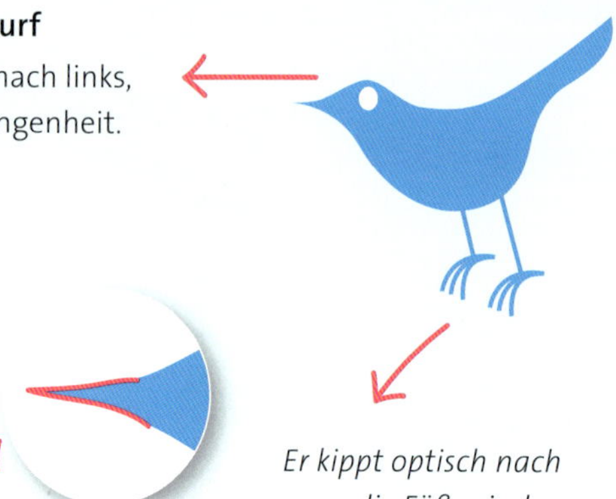

Die Schnabelspitze wirkt wie ein Pfeil nach links.

Er kippt optisch nach vorn, die Füße sind merkwürdig verbogen.

Lese- und Blickrichtung
Die Schreibrichtung verläuft von links nach rechts. Deswegen empfinden wir den Blick nach rechts als nach vorn gerichtet.

nach rechts = vorwärts, Zukunft

nach links = rückwärts, Vergangenheit

Schreibrichtung der lateinischen Schrift von links nach rechts verläuft, im Gegensatz zu vielen semitischen Schriften wie Arabisch oder Hebräisch. Somit empfinden wir auch einen Pfeil, der nach rechts zeigt, als vorwärts; eine Pfeilspitze, die nach links zeigt, verbinden wir mit Rückschritt.

Schon deswegen, weil der Schnabel sehr spitz und fast pfeilartig nach links zeigt, halte ich diesen Larry für einen schlechten Entwurf. Er wirkt linkisch und unsympathisch. Scheinbar hatte Larry ähnlich pessimistische Gefühle, denn alle folgenden Entwürfe durften nach rechts in die Zukunft blicken.

Der zweite Larry hat sich auch in vielen anderen Bereichen deutlich verändert. Er trägt Bauch, hat seine – etwas staksig anmutenden – Füße verloren, wirkt insgesamt runder, kompakter und ähnelt dem heutigen, aktuellen Vogel schon stark. Der Schatten unter seinem Bauch ist allerdings nicht mehr zeitgemäß, und auch die Flügel sind immer noch relativ filigran.

Beim nächsten Redesign machte Larry einen Ausflug in die Cartoon-Welt. Hier erhielt er kurzzeitig Glubschaugen und einen unergonomischen Schnabel. Aber ähnlich wie in der Architektur, bei der jede Bewegung eine Gegenbewegung hervorruft und man sich nach dem Barock und Rokoko nach den klaren Linien des Klassizismus sehnte, veränderte sich Larry beim nächsten Redesign komplett.

2. Entwurf: Blick in die Zukunft
Der nächste Entwurf lässt den Vogel nach rechts in die Zukunft blicken.

3. Entwurf: Larry als Cartoon
Mit seinen großen Augen ähnelt das Logo einer Comicfigur und strahlt Kindlichkeit aus.

Die Farbe Blau steht für Vertrauen und Zuverlässigkeit.

Der verspielte Cartoonstil fällt einer nüchternen Gestaltung zum Opfer. Die Linien werden geglättet, der Schnabel vereinfacht und der Körper wird leicht nach unten gedreht. Der letzte Schritt ist mir nicht klar, bekommt er meiner Meinung nach dadurch einen leichten Drall nach vorn, fast so, als würde er durch sein Übergewicht das Gleichgewicht verlieren. Auch der Schnabel zeigt in die Waagerechte, was den Drall unterstützt.

Für das aktuelle Logo von 2012 wurden Federn entfernt, die an einen Cartoon erinnernden Haare auf dem Kopf ebenso. Der riesige Kopf eines Zeichentrickstils wurde verkleinert, der Bauch gestreckt und somit die gesamte Ausrichtung des Vogels nach oben gezogen. Larry ist nun ein erwachsener, positiv gestimmter zwitschernder Vogel, der keine Albernheiten mehr twittert. Blau als zuverlässige, sachliche und treue, aber auch technische Farbe erledigt den Rest, um die gelungene Bildmarke wirken zu lassen.

Schlechte Beispiele

Nicht immer funktioniert ein Logo. Dass das Selbstgemachte von nebenan häufig auf der roten Liste landet, ist naheliegend. Aber dass sich auch namhafte Unternehmen teilweise mit schlechten Logos präsentieren, in die sie wahrscheinlich eine Menge Zeit und Geld für professionelle Designer investiert haben, ist wirklich interessant.

4. Entwurf: Schattenspiel

Zeichnungen wie Augen oder Bauch wurden entfernt, das Logo wurde auf seine Umrisse reduziert. Nur der gebogene Schnabel und die Haare wirken noch verspielt.

Die Ausrichtung des Vogels ist rechnerisch exakt waagerecht, was ihm optisch Übergewicht verleiht.

Kippt optisch.

5. Entwurf: Das aktuelle Logo

Die letzte Fassung zeigt einen positiv gestimmten Vogel mit klaren Konturen.

Durch den nach oben zeigenden Schnabel entsteht eine Aufwärtsbewegung. Das sorgt für Elan und Optimismus.

Spielereien wie der stark gebogene Schnabel und die Haare sind verschwunden.

Yahoo | Im Herbst 2013 startete Yahoo eine Marketingaktion: 30 Tage lang präsentierte das Unternehmen täglich ein neues Logo auf seiner Website. Angeblich sollten die Nutzer abstimmen, welches Logo das Unternehmen künftig verwenden wird. Es bleibt fraglich, ob diese Entscheidung tatsächlich anonymen Teilnehmern aus dem Netz überlassen wurde.

Am Tag 30 präsentierte Yahoo dann das finale Logo. Und man muss sagen – gut geht anders. Während die vorherige Variante wenigstens noch eine – etwas renovierungsbedürftige – Persönlichkeit hatte, wirkt der neue Schriftzug unpersönlich, einfallslos und ohne eigenen Stil, dazu noch etwas sehr dünn, wie nach einer Diät, bei der an den falschen Stellen abgenommen wurde. Schatten aus den 1980ern sowie zu enge und ungleichmäßige Buchstabenabstände tun ein Übriges, um mir den Schriftzug zu versauern.

[Der Film zum Logo]
Wer das Video sehen möchte, geht auf *http://yahoo.tumblr.com/post/60332693287/introducing-our-new-logo.*

Das Logo bis 2013
Das alte Logo von Yahoo versprüht noch Freude und Energie, ist individuell und einprägsam. Dem Unternehmen war das Logo aber nun zu verspielt und für die Größe und Ernsthaftigkeit nicht seriös genug. Zugegeben, seriös wirkt dieses Logo nicht.

Schlechte Überarbeitung
Das neue Logo wirkt altbacken und langweilig, es strahlt keine Persönlichkeit aus.

Pepsi | Auch über das aktuelle Pepsi-Logo wird nicht gerade positiv gesprochen, und das nicht ohne Grund. Zwar würde ich – in unserer Frageliste nach einem guten Logo – mehrere Male ein Ja vergeben, aber trotzdem bekommt das Logo in der Gesamtgestaltung von mir kein Lob – denn auch die Gesamtwirkung und die Assoziationen, die geweckt werden, sollte man als Designer beachten.

Während der weiße Streifen im vorherigen Logo eine gleichmäßige Breite aufgewiesen hat, zeigt das neue Logo einen ungleichmäßig breiten, verspielten Streifen. Der Wunsch nach Dynamik und jugendlichem Geist, den Pepsi hegte, ist in meinen Augen etwas nach hinten losgegangen. Das Getränk, das sich hauptsächlich durch seinen hohen Zuckergehalt auszeichnet, zeigt sich mit einer Bildmarke, bei der der Hemdknopf aufplatzt – eine Assoziation, mit der ich nicht alleine bin. Auch die neue Schrift fällt bei den Rundungen des p und des e sehr breit aus. Für meinen Geschmack hat sich Pepsi mit dem Redesign keinen Gefallen getan.

Club Deportivo San Fernando | Rauten und Dreiecke sind bei Sportvereinen beliebt. Aber muss das unbedingt so enden? Gut, fragen wir uns, welche Punkte genau stören. Die Größen- und Raumaufteilung des Logos basiert auf keiner harmonischen Größenverteilung. Der obere Teil der Krone wirkt aufgesetzt, das ganze Logo unproportional. Dreiecke und Raute mit der Spitze unten sind wackelig und vermitteln weder Stabilität noch einen Siegercharakter.

Ungewollte Assoziationen

Wie ungeschickte Platzierungen ungewollte Assoziationen wecken können und damit ein Logo zur Lachnummer machen, möchte ich Ihnen jetzt zeigen. Eine kleine Auswahl an tatsächlich existierenden oder zumindest früher existierenden Logos, bei denen man sich fragt, welcher Verantwortliche bei der Abnahme geschlafen hat, sehen Sie unten rechts.

Uns Gestaltern fehlt manchmal der nötige Abstand. Zeigen Sie Ihren Entwurf einem Unbeteiligten.

Club Deportivo
Dem Dreieck sagt man Dynamik nach, aber das ist auch schon alles, was man mit Sport assoziieren könnte.

wahllos zusammengewürfelte Farben

Der Stil innerhalb des Logos variiert – die Krone ist flach gezeichnet, der Anker hingegen weist Schatten und eine Art Metallreflex auf.

Der Logo-Check

Und wie sieht es mit unseren Fragen aus? Erzielt das Logo von Club Deportivo Aufmerksamkeit? Ist es verständlich? Nein. Einzigartig? Eventuell. Einprägsam beziehungsweise einfach? Sicher nicht. Ist es zeitlos? Oh nein. Reproduzierbar? Durch die Konturen und unterschiedlich starken Linien: klares Nein.

^ Katholisch
Catholic Church's Archdiocesan Youth Commission

^ Guten Appetit
Ein China-Restaurant

Der Weg zum Logo

Ideen sammeln und skizzieren

Machen Sie sich klar, was Sie mit Ihrem Logo erreichen wollen. Sammeln Sie dann Ideen für Ihre Entwürfe. Dabei können verschiedene Kreativitätstechniken helfen.

Welche Logoarten unterscheidet man?

Ein Logo kann aus mehreren verschiedenen Bausteinen bestehen. Dementsprechend unterscheidet man zwischen drei verschiedenen Arten von Logos: Wortmarken, Bildmarken und Zeichenmarken. Die Unterscheidung spielt insofern eine Rolle, als jeder, der ein Unternehmen gründet und sich mit einem Logo schmücken will, sich mit dem Markengesetz und dem damit verbundenen Schutz seines Logos beschäftigen sollte.

^ Wortmarken
Einzelne Worte

Wortmarken | Da sind zunächst die Wortmarken oder auch Wortzeichen, die aus einem einzelnen Wort oder einem kurzen Text bestehen, meist ist das der Firmenname. Hier gilt es, eine zum Unternehmen passende Schrift zu wählen beziehungsweise zu beachten, dass das Unternehmen bereits eine Hausschrift hat. Beispiele sind Microsoft, Lufthansa oder Hugo Boss.

^ Bildmarke
Symbole, Grafiken oder Bilder

Bildmarken | Bei den Bildmarken oder Bildzeichen handelt es sich um ein Symbol, eine Grafik oder ein Bild, abstrakt oder auch figürlich dargestellt. Ein Hinweis oder ein Schriftzug der Firma fehlt hier völlig.

Damit Bildmarken funktionieren, müssen sie gut eingeführt sein, das heißt, der Betrachter muss zuerst lernen, das Bildzeichen mit dem jeweiligen Unternehmen zu verbinden. Bildmarken sind zum Beispiel Nike, der Mercedes-Benz-Stern oder das Logo der Deutschen Bank.

^ Zeichenmarke
Buchstaben oder Zahlen

Zeichenmarken | Bei den Zeichen- oder Buchstabenmarken besteht das Logo aus einzelnen Buchstaben oder aus Zahlen. Häufig verwendet man solche Logos, wenn der Firmenname zu lang oder ein Zusammenschluss von mehreren Namen ist. Die einzelnen Zeichen werden häufig typografisch abgewandelt, das heißt, in ihrer Form verändert, um eine individuelle Identität zu erzielen. Beispiele sind das Unternehmen H&M oder auch JET-Tankstellen.

Kombinationen | Natürlich können wir die verschiedenen Logobausteine kombinieren – letztlich sind Ihrer Kreativität keine Grenzen gesetzt. Am häufigsten findet man Kombinationen aus einer Wort- und einer Bildmarke, wie zum Beispiel bei den Unternehmen eBay, Google oder bei Coca-Cola.

^ Kombinationen
Wort- und Bildmarken

Piktogramm und Ideogramm | Als Piktogramm bezeichnet man die grafische oder figürliche Darstellung eines Bildes. Es sollte sehr einfach und selbsterklärend sein. Deswegen ist die Darstellung in der Regel sehr stilisiert. Ziel eines Piktogramms ist es, eine Information auf einfachste Art und Weise zu vermitteln. Somit lassen sich Piktogramme auch von Menschen erkennen, die die Sprache nicht beherrschen. Ein typisches Piktogramm ist das Symbol für die Toilette, das stilisierte Flugzeug als Wegweiser zum Flughafen oder das Piktogramm für den Fluchtweg.

Das Ideogramm stellt abstrakte Begriffe dar, die sich nicht einfach auf ein klares Piktogramm herunterbrechen lassen. Dass der Flughafen ein Flugzeug als Piktogramm aufweist, ist nicht nur naheliegend, sondern völlig klar. Nicht abbildbare Begriffe wie Liebe oder Trauer, aber auch Luft oder Kälte werden mit Ideogrammen umgesetzt. Die stilisierten Bilder stehen also nicht für den Gegenstand, sondern für das Gefühl oder die Idee dahinter. Häufig besteht ein Ideogramm aus mehreren Piktogrammen. Piktogramme sind also die Untergruppe von Ideogrammen.

^ Ideogramm
Hier wurde ein Piktogramm des laufenden Menschen mit dem Piktogramm einer Tür kombiniert – entstanden ist ein Ideogramm.

[Soundlogos]
Übrigens gibt es auch Soundlogos. Damit wollen sich die Unternehmen auch klanglich positionieren und in akustischen und audiovisuellen Medien erkannt werden.

Was soll mein Logo bewirken?

Machen wir uns zunächst klar, wo wir beziehungsweise der Betrachter mit Logos konfrontiert wird. Die Antwort ist einfach und schnell: überall. Logos begleiten uns durch den Tag, sie sind allgegenwärtig. Unser Tag beginnt damit, dass wir uns mit Seife und Shampoo duschen, anschließend in unsere Klamotten inklusive ihrer Etiketten klettern, vielleicht noch ein Müsli frühstücken, uns die Zähne putzen und dann ins Auto, in die öffentlichen Verkehrsmittel oder auf das Fahrrad steigen – und in der Regel sind all diese Dinge gezeichnet.

∧ Frischer Kaffee
Wer den Kaffee dieser amerikanischen Kaffeehauskette mag, dem genügt es, das Logo zu sehen, um einen Geschmack damit zu verbinden.

Bei eingeführten Logos steigt das Vertrauen in das Unternehmen und somit auch die Bereitschaft, erneut zu kaufen oder zu konsumieren.

Wiedererkennung | Ein Logo ist das Erkennungsmerkmal eines Unternehmens, Teil des visuellen Erscheinungsbildes und somit ein Teil der Kommunikation. Ziel ist es, ein neues Logo so einzuführen, dass das Unternehmen am Logo erkannt werden kann. Denn ein grafisches Zeichen hat eine stärkere Signalwirkung als Text und lässt sich gleichzeitig leichter einprägen. Sie schaffen also mit dem Logo einen Wiedererkennungswert. Hat der Betrachter das Logo oft genug mit dem Unternehmen gemeinsam gesehen, wird er künftig Logo und Unternehmen automatisch miteinander verknüpfen. Mit dem Logo helfen Sie also dem Kunden, Angebote oder Unternehmen zu erkennen und zu identifizieren.

Vertrauen | Im nächsten Schritt soll der Kunde mit dem Logo die Ware assoziieren, aber auch die Erfahrungen, die er damit gemacht hat, wie beispielsweise den Geschmack, den Geruch oder die Qualität. So entsteht nach und nach ein ganzes Paket von Informationen zur Marke, also ein Wert, den der Kunde mit dem Logo assoziiert. Im Optimalfall sieht der Kunde das Logo eines Kaffeeunternehmens, und schon läuft ihm das Wasser im Munde zusammen und er riecht den Duft von frisch gerösteten Kaffeebohnen. Ein Logo schafft also auch Vertrauen in das Unternehmen. Einmal gespeichert, verlässt sich der Kunde auf seine Assoziation und ruft automatisch die gleiche Erinnerung ab, nämlich den gut duftenden Kaffee, ganz gleich, ob er heute vielleicht miserabel gekocht sein könnte oder nicht.

Ideensammlung und Skizzen

Sie haben sich selbstständig gemacht und brauchen nun für Ihr neues Unternehmen ein Logo? Ihr Verein möchte sich mit einem Logo schmücken? Das ist erst einmal eine gute Entscheidung, denn wie Sie bereits gehört haben, ist das Logo das Aushängeschild Ihres Unternehmens. Vielleicht benötigen Sie sogar auch noch einen Namen für Ihr Unternehmen? Und nun hoffen Sie auf eine zündende Idee? Das ist nicht so gut. Ideen fallen nicht vom Himmel, und auf die kreative Eingebung zu warten, dauert häufig zu lange. Ich empfehle Ihnen Aktivität statt Passivität: Warten Sie nicht darauf, dass geistreiche Logo-Ideen vom Himmel fallen, sondern nehmen Sie es aktiv in die Hand. Es gibt zahlreiche Techniken, um zu starten.

Mind Mapping | Eine der zurzeit bekanntesten Kreativitätstechniken ist das Mind Mapping. Dabei wird ein zentrales Wort aufgeschrieben. Von diesem aus verzweigen Sie zu anderen Wörtern, die Ihnen dazu einfallen. Jedes neue Wort lässt eine weitere Möglichkeit zur Assoziation entstehen, und über diese Wortassoziationen entsteht eine Gedankenwolke. Sie erhalten auf diese Art und Weise viele Schlüsselbegriffe zu Ihrem zentralen Wort. So können Unternehmensnamen, aber auch Begriffe für die Gestaltung eines Logos entstehen.

MindMap
Vom Zentrum aus entsteht ein Gedankenbaum.

Übertreibungen oder das Gegenteil | Bei anderen Kreativitätstechniken beispielsweise wird maßlos übertrieben oder die Aufgabenstellung in das Gegenteil verkehrt. Beide Techniken können Sie auch mit dem Mind Mapping kombinieren. Erstellen Sie eine Gedankenwolke mit Wortassoziationen, die entweder stark übertrieben sind oder genau das Gegenteil aussagen. Häufig lässt sich dadurch der Blick aufs Detail schärfen, und neue Ideen entstehen.

Wenn Sie beispielsweise einen originellen Namen oder einfach nur Input für einen Tanzverein suchen, notieren Sie ein möglichst negatives Bild wie »unfreundliche Tanzlehrer«, »starre Kurszeiten«, »geringe Kursauswahl« und so weiter. Humor ist ebenfalls ein Freund, um die Fantasie anzuregen: »Tanzlehrer mit zwei linken Füßen«. Damit wechseln Sie Ihren Blickwinkel, bringen so die Kreativität in Schwung, und gleichzeitig tasten Sie sich an die wichtigen Punkte heran.

Kampagnen mit Übertreibung
Die Berliner Stadtreinigung oder auch der WWF setzen auf Kampagnen mit Übertreibung.

Skizzenblock | Aus eigener Erfahrung rate ich Ihnen, allzeit skizzenbereit zu sein. Der Block am Nachttisch ist mindestens genauso sinnvoll wie Zettel und Stift in der Handtasche beziehungsweise ein griffbereites Smartphone, mit dem Sie nicht nur tippen, sondern etwas skizzieren können. Ideen kommen manchmal zeitversetzt. Nachdem ich mehrere Stunden am Schreibtisch über einem Entwurf gebrütet habe und nun mit dem Auto unterwegs bin, fällt mir das i-Tüpfelchen an der Ampel ein oder im Kino oder beim Eisessen.

∧ Skizzieren
Der Skizzenblock ist im Alltag eine hervorragende Unterstützung.

Alternative Techniken | Selbstverständlich gibt es noch viele andere Kreativitätstechniken, wie zum Beispiel die ABC-Technik, bei der man Assoziationen alphabetisch sammelt, da unser Gehirn Informationen mit ihrem Anfangsbuchstaben koppelt; die Zufallstechnik, bei der – beispielsweise aus einem Duden – zufällig ein Wort ausgewählt wird, anhand dessen neue Assoziationen und Ideen entstehen; die progressive Abstraktion, bei der Ideen durch die Veränderung der Perspektive entstehen und somit übergeordnete Zusammenhänge erkennbar werden, und viele andere, die ich hier nicht im Detail vorstellen möchte. Nur zu, Sie werden sicher ein oder mehrere Techniken finden, die Sie bei Ihrer Arbeit unterstützen. Letztlich spielt die Technik eine untergeordnete Rolle – entscheidend sind die Ideen, die dadurch entstehen.

Assoziationen im täglichen Leben | Laufen Sie mit offenen Augen durch das Leben. Lassen Sie sich vom Nachtleben einer pulsierenden Stadt inspirieren, von Leuchtreklamen und Werbetafeln. Erforschen Sie die Natur, blicken Sie in den Himmel und vor allem auf den Wald- oder Wiesenboden, der viel zu bieten hat, oder konzentrieren Sie sich für einen Moment auf den Rest in Ihrer leeren Kaffeetasse. Schlagen Sie Bücher auf, die nichts mit Logodesign zu tun haben, wie ein Kinderbuch oder einen Möbelkatalog. Die Welt ist voll von Formen und Figuren, von grafischen Elementen und Umrissen.

Formen für Ihr Logo

Rundungen, Spitzen und Winkel

Der Kreis ist eine beliebte Basis für ein harmonisch wirkendes Logo; Quadrat und Rechteck wirken ebenfalls symmetrisch und stabil. Die Assoziationen bei Rauten und Dreiecken hingegen sind stark von der Ausrichtung abhängig, aber auch Linien und freie Formen können wir gebrauchen.

Der Kreis

Zunächst möchte ich über die perfekte Form Kreis sprechen. Vielleicht denken Sie, ein Kreis ist rund, na und. Aber er ist noch viel mehr. Ein Kreis ist eine der harmonischsten Formen überhaupt. Er symbolisiert die Sonne und die Erde, er steht für Wiedergeburt und für Unendlichkeit, für Geborgenheit und Weiblichkeit.

Der Kreis ist weiblich, unendlich und harmonisch.

Er ist in sich geschlossen und wirkt geschmeidig und harmonisch, symmetrisch und vollkommen. Er steht zwar zunächst auch für Ruhe und Statik, allerdings kann er durch bestimmte Kombinationen ganz leicht mit einer Dynamik ausgestattet und somit zur Kugel, zum Ball oder zum Rad werden.

Beispiele für reine Kreislogos | Sehen wir uns einige Logos an, die auf Kreisformen beruhen. Aufgrund der Assoziation zum Rad wundert es nicht, dass viele Automobilhersteller den Kreis als Grundform ihres Logos verwendet haben. Ob VW, BMW oder Nissan – das Logo rollt. Interessanterweise erklärt aber fast kein Unternehmen offiziell die Assoziation zum Rad.

Während BMW in Gedenken an frühere Zeiten, zu denen das Unternehmen Flugzeuge und Flugzeugmotoren herstellte, einen stilisierten, rotierenden Propeller in seinem Kreis platziert hat, will Nissan mit seinem Kreis an die aufgehende Sonne sowie die Nationalflagge Japans erinnern. Auch die Designer von Volvo haben bei ihrem Logo aus Kreis und Pfeil angeblich nicht an rollende Räder, sondern an die Symbole für Eisen und Schwedenstahl und an den Kriegsgott Mars gedacht. Die vier Kreise

^ Basis Kreis
Der Kreis als Grundelement ist die Basis vieler Logos.

von Audi stehen laut Unternehmen für die vier Firmen, die sich zur Auto-Union zusammenschlossen. Bei Skoda symbolisieren der schwarze Kreis den Globus und der Flügel den Fortschritt. Nur Opel gesteht, dass der Blitz im Radkreis (!) Geschwindigkeit symbolisieren soll.

Nicht nur Automobilunternehmen greifen gern auf die symmetrische und harmonische Grundform des Kreises zurück. Auch die Logos von Firefox, Starbucks, Vodafone, BurgerKing, Lucky Strike oder Pepsi basieren auf dem Kreis. Bedenken Sie bei der Wahl der Grundform unbedingt: Auch wenn der Kreis »nur« als Begrenzung oder als Außenform dient, so hat er doch eine Wirkung. Inhalte, die mit einer runden Form begrenzt wurden, wirken anders als Inhalte, die mit einer eckigen Form gestaltet werden.

Autos und nochmal Autos >
Automobilhersteller greifen häufig zum Kreis – auch wenn kaum einer damit ein Rad gemeint haben will.

∧ Firefox und Lucky Strike
Auch diese beiden verwenden die Kreisform als Logo, Lucky Strike seit 2013 im Retro-Look.

Die Wirkung des Kreises

- Sonne, Mond, Zentrum, Rotation, Erdkugel, Ball, Kugel, Auge, Reifen, Rad, Punkt (gefüllt)
- vertraut, in sich ruhend, harmonisch, organisch, dynamisch, geschlossen, ganzheitlich

Kehren wir noch einmal zu Larrys Geheimnis zurück. Auch wenn weder das eigentliche Logo noch die begrenzende Außenform kreisrund sind, kann ein Logo trotzdem auf Kreisen basieren. Das 2012 überarbeitete Logo von Twitter, dessen Entwicklung wir auf Seite 12 ff. betrachtet haben, basiert ausschließlich auf symmetrischen Kreisen. Jede Linie des Vogels folgt einem dieser Kreise.

Nun wundert es umso weniger, dass der Vogel auf uns diese sympathische und harmonische Wirkung hat. Übrigens, wer es ausprobieren möchte: Der vorherige Larry, den Sie auch auf Seite 14 sehen können, basiert nicht auf solch symmetrischen Kreisen; wenn man versucht, ihn auf ein ähnliches Kreismuster zu legen, entsprechen seine Rundungen an vielen Stellen nicht den Kreisen.

Auf Kreisen basierende Logos | Logos müssen nicht unbedingt kreisrund sein, um Assoziationen mit dem Kreis und seiner Bedeutung zu wecken. Auch Teile eines Kreises lassen sich verwenden. Legen Sie beispielsweise zwei Kreise übereinander, entstehen je nach Größe und Stand der Kreise ein Ring, eine Sichel oder eine Ellipse. Die Ellipse wirkt – auf ihre

Drei Kreise
Betrachten wir den finalen Vogel von Twitter genauer, sehen wir, dass seine Formen wie sein runder Bauch, sein Kopf oder auch der Schwung der Flügel und des Schwanzes auf einem Kreis basieren.

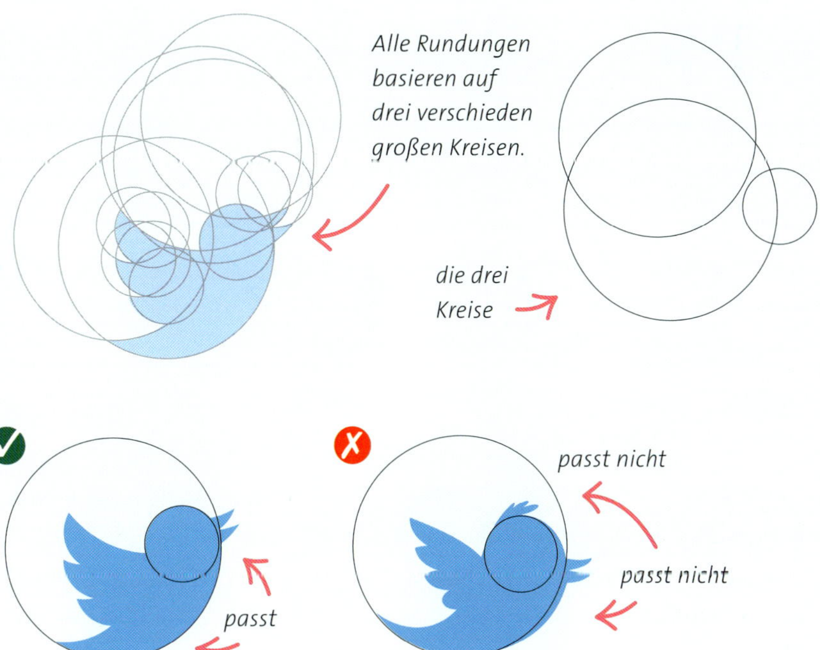

der kleine und der große Kreis, jeweils auf das neue und das alte Logo gelegt

Spitze gestellt – wackelig und unsicher, auf die breite Seite platziert schon gleich viel sicherer und ein bisschen aktiver als der Kreis. Während der geschlossene Ring ebenfalls für die Harmonie und die Unendlichkeit steht, symbolisiert die Sichel je nach Ausrichtung Spannung, sie verbindet zwei Teile, wir assoziieren ein Lächeln oder das genaue Gegenteil.

Die Unternehmen Ford, DuPont, Henkel und Samsung arbeiten mit einer Ellipse. Sie eignet sich wunderbar als eine Art Rahmen, um längere Worte einzufangen. Das Logo der Mastercard zum Beispiel besteht aus zwei ineinander verzahnten Kreisen, die wiederum für zwei Geschäftsbereiche des Unternehmens stehen.

Insgesamt überwiegt bei allen diesen Formen durch die Schwünge und aufgrund fehlender Geraden die Weiblichkeit und die Weichheit.

Zwei Geschäftsfelder >

Beim Logo der Mastercard stehen die beiden Kreise ursprünglich zwar für die beiden Geschäftsfelder, erinnern aber auch an ein Geldstück – und somit auch an eine Form der Bezahlung.

Die beiden Kreise dominieren das Bild, die entstandene gestreifte Ellipse tritt in den Hintergrund.

Die abwechselnd gefärbten Streifen in der Schnittmenge erwecken den Eindruck einer Verzahnung der beiden Kreise.

Der Kreis als Grundform

Zwei Kreise miteinander kombiniert ergeben neue Formen und Symbole.

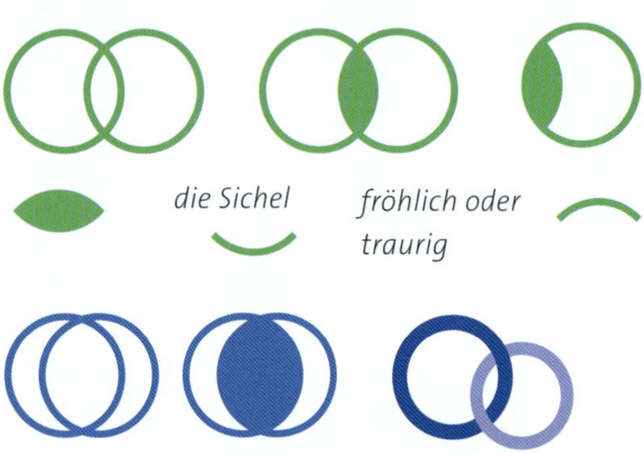

Der Kreis als Basis

Gefüllt, ungefüllt, ein oder mehrere Kreise – die Wirkung ist jedes Mal eine andere.

Vorsicht: Logos im Retrostil sind meist schwer in kleinen Größen reproduzierbar.

Rechteck und Quadrat

^ **Stein auf Stein**
Rechtecke erinnern schnell an Bausteine.

Das Rechteck hat mit seinen vier Seiten vier klare Richtungen, zu denen es dynamisch sein kann. Im Gegensatz dazu ist der Kreis zu allen Seiten dynamisch. Insofern wirkt das Rechteck deutlich ruhiger, klarer, aber auch langweiliger. Durch seine Kanten assoziiert man Männlichkeit und Klarheit, und gemeinsam mit dem querformatigen Rechteck erinnert es an Bauklötze beziehungsweise stapelbare Bausteine.

Übrigens verfliegt die Assoziation mit stabilen Bausteinen spätestens dann, wenn das Rechteck nur umrandet ist. Ein dünner Rand wirkt zart und wenig stabil, eine dicke Randstärke wirkt kontrastreich und schnell schwerfällig, vermittelt dem eventuellen Inhalt aber auch Sicherheit, Geborgenheit und Kontrolle.

Die Wirkung eines Rechtecks ist davon abhängig, ob es auf der langen oder auf der kurzen Seite liegt. Das querformatige Rechteck, das auf der langen Seite liegt, wirkt stabil und behäbig. Durch seine panoramaartige Form erscheint es uns etwas gewöhnlich, da diese Form dem Blickwinkel des menschlichen Auges entspricht.

Rechteck und Quadrat sind klar und männlich.

Das Hochformat ist für uns ungewöhnlich. Solange sich die Seitenverhältnisse ungefähr an das DIN-Format anpassen, wirkt es auch nicht weniger stabil. Ein hochformatiges Rechteck vermittelt Größe und Dominanz. Wird das hochformatige Rechteck jedoch zu schmal, erscheint es instabil und wirkt so, als genügte ein kleiner Schubs, und schon würde es umfallen.

Das Quadrat | Das Quadrat mit seinen vier gleich langen Seiten unterscheidet sich vom Rechteck mit einer kürzeren und längeren Seite durch seine Ausgeglichenheit. Es stellt die absolute Grundform dar und erinnert in seiner kleinsten Form an ein Pixel. Als Grundbaustein wirkt es ordnungsgebend, gleichzeitig kann es beruhigen, kann aber auch monoton und langweilig wirken.

< **Hochkant wackelig oder quer als Baustein**
Über stabil oder wackelig entscheidet die Ausrichtung.

Quadrat und Rechteck im Logo | Es gibt nicht viele Logos, die das Quadrat als Hauptelement verwenden. Microsoft oder BASF sind zwei Unternehmen, die es getan haben. Sehr bekannt ist das Logo der Deutschen Bank. Die Linie innerhalb steht für Wachstum und Dynamik, das umrahmende Quadrat sorgt für das Gefühl von Sicherheit.

Wahrscheinlich möchte jetzt der eine oder andere einwenden, dass auch hier das Quadrat nicht Teil des Logos ist, sondern nur als Rahmen für die aufsteigende Linie dient. Aber stellen Sie sich einmal das Logo ohne das Quadrat vor: Ein kleines Linienstück würde irgendwie nach oben aufragen und völlig verloren wirken. Vor allem würde die Instabilität der Linie, die sie jetzt hätte, alles andere als vertrauenserweckend wirken. Durch die Breite der Linie hat sie zwar einen kleinen Bereich, auf dem sie Bodenhaftung hat, aber trotzdem verursacht die Schräge das Gefühl, dass sie jeden Moment durch das Übergewicht nach rechts umfallen kann. Das Quadrat dient tatsächlich nicht nur als begrenzender Rahmen, sondern ist fester Bestandteil des Logos.

Ganz ähnlich bei der Deutschen Bahn: ein Rechteck mit rotem Rand. Auch hier ist der Rand mehr als ein Rahmen – er passt optisch perfekt zum Schriftzug DB und bildet mit ihm eine Einheit. Ein DB ohne Rahmen

Die Deutsche Bank

Der Schrägstrich der Deutschen Bank steht für Wachstum und eine dynamische Entwicklung, das Quadrat für ein sicheres Umfeld. Der Schrägstrich ohne das begrenzende Quadrat fällt jeden Augenblick um.

kippt

Die Deutsche Bahn

Die Umrandung durch das Rechteck verleiht dem Logo Sicherheit und Geborgenheit – ein Gefühl, das sich auf den Betrachter überträgt.

BASF

Die BASF verwendet im Logo als Einzelbaustein ein ungefülltes Quadrat; die Füllung wird als Verbindung zwischen Quadrat und Schriftzug verwendet. Das gesamte Logo inklusive des Schriftzugs wiederum ist mit einem Rechteck umrandet. Ungewöhnlich ist hier, dass zwar mit einheitlicher Form, aber in verschiedenen Farben geworben wird.

würde befremdlich auf uns wirken. Übrigens stammt das Logo der Deutschen Bahn AG genauso wie das Logo von Daimler Benz von Kurt Weidemann. Durch die Neuentwicklung des Logos durch Weidemann konnte die Deutsche Bahn eine große Summe einsparen, da das neue Logo deutlich weniger Siebdruckfarbe benötigte. In letzter Instanz ist bei großen Unternehmen der monetäre Aspekt auch immer ein Kriterium bei der Auswahl eines Logos. Allerdings spielt diese Frage bei den Vervielfältigungsmengen, bei denen wir uns bewegen, keine Rolle.

Auch bei anderen Logos, die auf den ersten Blick das Quadrat »nur« als Begrenzung beziehungsweise als Hintergrundfläche verwenden, zeigt sich auf den zweiten Blick, dass sie ohne kaum wiederzuerkennen sind. So verhält es sich auch bei LEGO, wo der Schriftzug bereits so mit dem Hintergrund verbunden ist, dass wir das eine ohne das andere nicht automatisch zuordnen würden. Auch bei weißen Formen, die einen farbigen Hintergrund benötigen, wie das f von Facebook, ist das Quadrat als Begrenzung beliebt.

^ Grenzen bei Lego
Der markante rote Hintergrund mit schwarzer Umrandung gehört fest zum Logo dazu.

Die Wirkung des Quadrats und Rechtecks

- Bausteine, Begrenzung, Rahmen, Fenster
- männlich, klar, hart, vertraut, ruhig, harmonisch, statisch, stabil, das Quadrat symmetrisch

Quadrat und Rechteck im Detail

Achten Sie auch auf Details. Die Art der Ecken, die Füllungen und die Linienstärken – all diese Feinheiten beeinflussen die Wirkung der Form.

Das Quadrat mit vier abgerundeten Ecken wirkt weicher und passt zur Schrift Akko Rounded.

Durch das Abrunden der beiden unteren Ecken verwandelt sich das Quadrat in ein Gesicht.

Das Hinzufügen der Spitze formt aus den Rechtecken eine Sprechblase.

Raute und Dreieck

Durch eine 45-Grad-Drehung steht das Quadrat auf einer seiner vier Spitzen und nennt sich Raute – und sämtliche Ruhe und Sicherheit des Quadrats sind dahin. Es warnt uns, es strahlt durch seinen instabilen Stand Unruhe und eine gewisse Unsicherheit aus. Gleichzeitig assoziieren wir aber auch eine Aktivität und eine Initiative mit ihm, mit der es sich vom Quadrat absetzt.

Dreieck | Mit dem Dreieck wird Härte, aber auch Dynamik verbunden. Durch seine Kanten wirkt es männlich, durch seine Spitzen spannungsvoll. Die Wirkung im Detail ist aber abhängig von seiner Ausrichtung. Liegt das Dreieck in A-Form, verbinden wir damit Stabilität und Optimismus, es erinnert uns an Pyramiden und Berge, an Spitzen und Kanten.

Dreht man das Dreieck um 180 Grad und es steht auf einer Spitze, wirkt es instabil und wackelig sowie geradezu unangenehm spitz. Es symbolisiert seit Jahrtausenden die weibliche Scham, man kennt die Form aber auch aus dem Straßenverkehr, wo sie für Achtung und Gefahr steht. Letztlich steht das Dreieck auch für die Dreifaltigkeit im religiösen Sinne.

^ Unterschiedliche Wirkung
Obwohl sie sich nur um 45 Grad unterscheiden, wirken Quadrat und Raute sehr verschieden.

Rauten und Dreiecke im Logo | Rauten und auf der Spitze stehende Dreiecke sind also grundsätzlich Wackelkandidaten. Sie vermitteln Unruhe und mahnen zur Vorsicht. Diese recht eindeutigen Assoziationen können Sie in der Logogestaltung nutzen – wenn Sie genau diese Gefühle denn auch hervorrufen möchten.

Das Dreieck wirkt hart und dynamisch.

Die Wirkung der Raute

- Verkehrsschild, Warnung
- instabil, beunruhigend, aktiv

Die Wirkung des Dreiecks in A-Form

- Dach, Pyramiden, Berge, Vorsicht
- stabil, aktiv, aggressiv, männlich, zeigt nach oben

Die Wirkung des Dreiecks in V-Form

- weibliche Scham, Gefahr, Vorsicht
- instabil, aktiv, zeigt nach unten

^ Das Dreieck
Je nach Ausrichtung ist es stabil oder wackelig.

Beachten Sie, dass eine Raute, auch wenn es sich um ein Quadrat handelt, das auf der Spitze steht, deutlich spitzer und ungemütlicher wirkt als ein Quadrat auf der flachen Seite – obwohl es natürlich bei unverändertem Winkel tatsächlich gar nicht spitzer ist. Die veränderte Lage aber verstärkt seine kantige und ungemütliche Wirkung und eignet sich aufgrund der Assoziationen besser für einen Rasiermesserhersteller als für eine Hautcreme.

Eine Ausnahme in der Logogestaltung stellen die Sportvereine dar. Unzählige Vereine verwenden ihre traditionellen Wappen, die auf der Grundform der Raute basieren. Aufgrund der Historie ist das nachvollziehbar; ob es aus gestalterischer Sicht gelungen ist oder nicht, möge jeder für sich entscheiden.

- SEIT 1852 -

Apollinaris®

Bergspitzen bei Apollinaris
Das nach oben zeigende Dreieck erinnert an einen Berg.

adidas®

adidas®

Das Dreieck bei adidas
Bei der Wort-Bild-Marke von adidas formen die schräg angesetzten Linien ein Dreieck.

BR
Brauerei
Buttlerbach

Durch die abgerundeten Enden wirkt das Dreieck sympathischer und weniger spitz.

Chemie
Berger

Ein Dreieck mit Kreisen statt Spitzen entfernt die gefährliche Wirkung und erinnert an ein Atom.

Durch einen Dreh wandelt sich ein stabiles Quadrat in eine aktive Raute. Die breite Linienstärke lässt es stabiler wirken.

Linie, Pfeil und Kreuz

Die Linie ist Bestandteil jeder Grundform. Häufig wird sie als Hintergrundschraffur verwendet, als Rahmen oder als Unterstreichung. Steht sie allein, verstärkt sich ihre individuelle Wirkung.

Sind die Linien nicht geschwungen, sondern gerade, bestimmt der Winkel die Wirkung. Senkrechte Linien dienen häufig als Trennelement; als separates Gestaltungselement sind sie eher Wackelkandidaten. Waagerechte Linien unterstreichen und betonen somit. Grundsätzlich wirken senkrechte und waagerechte Linien statisch, die Diagonalen dynamisch.

Die Schreibrichtung beeinflusst unsere Wahrnehmung.

Wir schreiben und lesen von links nach rechts und von oben nach unten. Somit assoziieren wir die Richtung von links nach rechts als »vorwärts«. Zeigt die Linie von links unten nach rechts oben, geht es vorwärts nach oben, es geht aufwärts, es geht um Wachstum. Zeigt sie von links oben nach rechts unten, erfolgt die Bewegung – gefühlt – nach unten, also geht es abwärts. Der Winkel hat also einen starken Einfluss auf das Erfolgsgefühl; Pfeilspitzen verstärken den Effekt.

Schreibrichtung >
Auch wenn wir hier nicht lesen, sondern ein Diagramm betrachten, beeinflusst die Schreibrichtung unserer lateinischen Schrift trotzdem unsere Wahrnehmung.

Schreibrichtung von links nach rechts

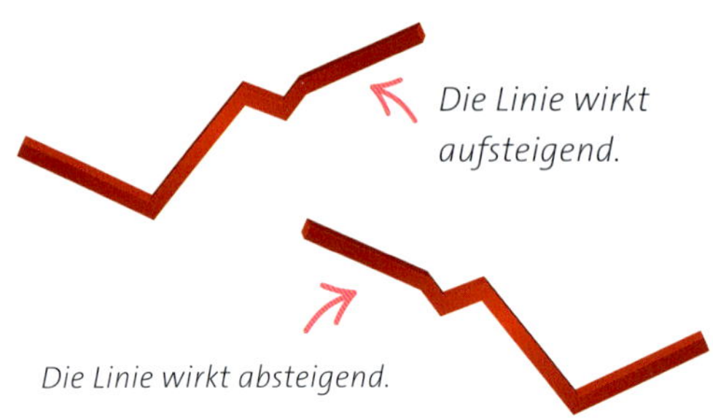

Die Wirkung der Linie

- waagerecht: statisch und stabil
- senkrecht: statisch und wackelig
- diagonal: dynamisch
- von links unten nach rechts oben: aufsteigend
- von links oben nach rechts unten: absteigend

Der Pfeil | Pfeile sind sehr beliebte Symbole beim Design von Logos. Sie haben eine starke Aussagekraft und können je nach Richtung stark unterschiedlich wirken. Grundsätzlich stehen Pfeile für Dynamik und für Geschwindigkeit; zeigen sie nach rechts oder oben, stehen sie auch für die Zukunft.

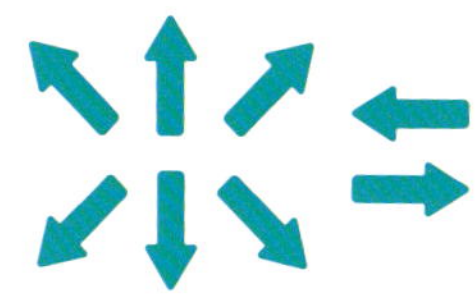

^ Pfeile weisen den Weg
Noch deutlicher als Linien zeigen Pfeile dem Betrachter eine Richtung. Durch die Pfeilspitzen wird das Gefühl von Bewegung und Richtung verstärkt. Neutrale Pfeile gibt es nicht, sie wirken immer auf- oder absteigend, vorwärts oder rückwärts.

Linien und Pfeile im Logo | Passend dazu fällt mir sofort Amazon ein, dessen Logo ausgesprochen gelungen ist. Zum einen steht der Pfeil für Geschwindigkeit und wirkt vorwärtsstrebend, vermittelt also den Eindruck, dass es vorangeht. Zum zweiten erinnert uns der Linienschwung an ein Lächeln und stimmt uns freundlich. Drittens – ist Ihnen das eigentlich einmal aufgefallen? – zeigt der Pfeil vom a zum z, was von Anfang bis Ende beziehungsweise vollständig bedeutet. Zumindest beim Logo: Eins mit Sternchen.

Die Wirkung des Pfeils

- Bewegung, Hinweis, Transport, Richtung
- Pfeil nach links: Tradition, Vergangenheit, rückwärts
- Pfeil nach rechts: Zukunft, vorwärts
- Pfeil nach oben: Himmel, Sonne, Luft, Kraft, Geist, Aufsteigen
- Pfeil nach unten: Tiefe, Boden, Natur, Wasser, Ruhe
- Pfeil nach innen: Konzentration, Ruhe, Stärke, introvertiert
- Pfeil nach außen: Offenheit, extrovertiert

Amazon – von a bis z
Ein Lächeln und einen Rundum-Service – das will Amazon vermitteln.

FedEx – macht vorwärts
Das Logo unterstreicht mit seinem etwas versteckten Pfeil seine Aufgabe.

Das Kreuz | Zwei sich kreuzende Linien ergeben ein Kreuz. Je nach Länge der Linienstücke entstehen verschiedene Wirkungen: Bei unterschiedlich langen Linienstücken assoziieren wir das christliche Kreuz, bei gleich langen Linienstücken denken wir an eine Erste-Hilfe-Station, an das Rote Kreuz oder an die Schweiz.

Die Wirkung des Kreuzes

- Kreuz mit gleich langen Linien: Apotheke, Erste Hilfe, Schweiz; je nach Stärke auch Pluszeichen
- Kreuz mit unterschiedlich langen Linien: Tod, Trauer, Kirche, Glauben

Freie Formen

Freie Formen entstehen aus den Variationen von Grundformen oder aus den Formen der Natur.

Nun finden wir nicht nur rechteckige, dreieckige oder runde Logos. Auch freie organische oder anorganische Formen dienen der Logogestaltung. Ein sehr gelungenes Beispiel für ein Logo, das in keine Kategorie der Formen passt, zeigt das Reiseunternehmen TUI. Der tief gezogene Halbkreis, der für das U steht, grinst uns so gut gelaunt an, dass wir gar nicht anders können, als es sympathisch zu finden. Der kurze Querbalken, der den Strich des T symbolisiert, stellt das Grübchen dar und begrenzt den Halbkreis auf der einen Seite – auf der anderen Seite wird das Grinsen von einem fetten Punkt begrenzt, der den Buchstaben »i« stilisiert.

∧ Kreuz ist nicht Kreuz
Die Wirkung des Kreuzes ist von der Länge und Stärke der Linien sowie von der Höhe der Kreuzung abhängig. Die Farbe spielt nur eine untergeordnete Rolle.

Das Erste-Hilfe-Kreuz ist so in unseren Köpfen, dass wir auch ein schwarzes Kreuz damit verbinden. Bei der Trauer ist es ähnlich. Trotz roter Färbung verbinden wir mit diesem Kreuz die Kirche.

Figürliche Symbole | Natürlich lassen sich Logos auch aus vorhandenen, symbolhaften Figuren erstellen. Gerne genommen werden Tiere oder auch Pflanzen, die stilisiert und stark vereinfacht werden. Eines der bekanntesten Logos mit Tieren ist wahrscheinlich das WWF-Logo mit dem Pandabären. Aber auch Unternehmen, die nicht direkt etwas mit Tieren zu tun haben, greifen gerne mal auf die Symbolik zurück, die ein Tier mit sich bringt. Tiere sind Sympathieträger. Sie stehen für Treue, manchmal auch für Unschuld und Hilfsbedürftigkeit.

Die Verwendung von Pflanzen im Logo geschieht aus ähnlichen Gründen. Pflanzen oder auch Früchte stehen für Wachstum, für Fortschritt, aber auch für Einklang mit der Natur, für Rücksicht und Umweltbewusstsein. Auch die Ambivalenz von Technik und Natur kann die Wirkung eines Logos verstärken. Bei Apple zum Beispiel macht der Gegensatz zwischen der Technik und dem Apfel das Logo interessant, und gleichzeitig repräsentiert das Unternehmen damit auch seine Verantwortung für den Umweltschutz.

Der Bär des WWF
Dieser niedliche Pandabär ruft geradezu nach Unterstützung.

Das Grinsen von TUI
Zwei Striche und ein Punkt symbolisieren die Buchstaben TUI und grinsen uns gleichzeitig an – perfekt.

Freie Formen und ein Vogel
Der Nachrichtensender NBC versteckt in seiner Wort-Bild-Marke einen Pfau.

Brauchen Sie ... | **dann verwenden Sie ...**

Ausgeglichenheit
Bewegung
Symmetrie
→ 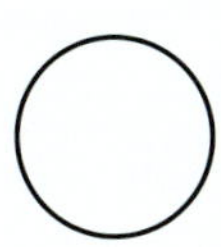

Unruhe
Instabilität
Achtung
→ 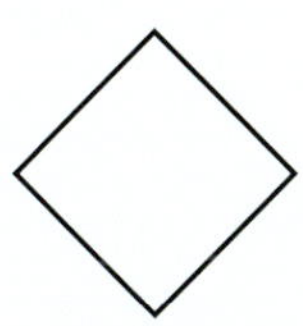

Härte
Kraft
Männlichkeit
→ 

Brauchen Sie ... | **dann verwenden Sie ...**

Stabilität
Ruhe
Ordnung, System
→ 

weiche, weibliche Wirkung
→ 

Leichtigkeit
Lebendigkeit
Individualität
→ 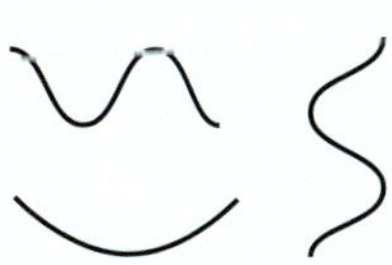

PROJEKT 1

Logo aus Kreisen

Kreise für eine Zeitarbeitsfirma

Im Workshop wird ein Logo für eine Zeitarbeitsfirma erstellt. Das Unternehmen möchte seriös und zurückhaltend werben. Zeitarbeitsfirmen haben häufig einen schlechten Ruf, und deswegen sind dem Unternehmen das Vertrauen von Mitarbeitern und Kunden sowie ein seriöser Eindruck besonders wichtig. Bei der Farbwahl werden wir diesen Aspekt beachten. Bei dem Entwurf werden wir die Assoziation zwischen dem Kreis und der Uhr nutzen.

Das Ergebnis des Projekts
Bei dem Logo für eine Zeitarbeitsfirma nutzen wir die Assoziation zwischen den Kreisen und einer Uhr.

Als Schrift wurde die Century Gothic gewählt, deren Rundungen sehr ausgeprägt und fast kreisförmig sind.

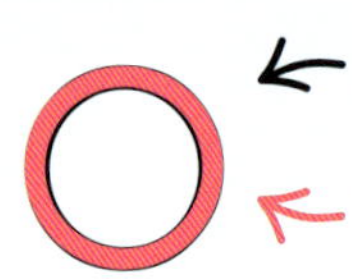

Der Grundgedanke: mehrere Kreise
Das Logo besteht aus mehreren, verschieden großen Kreisen, die mit den zwei Grundfarben Grün und Blau gefärbt sind; bei der Farbe Blau wird noch mit Transparenzen gearbeitet. Das verleiht den Kreisen mehr Fülle, ohne dass sie mit Farbe gefüllt werden müssen und dadurch schwer würden.

Logo und Schriftzug sind vertikal zentriert, der Kreis ragt oben und unten etwas über den Schriftzug hinaus.

Die Assoziation mit der Uhr

Der Kreis hat viele symbolische Bedeutungen, erinnert aber auch gleichzeitig aufgrund seiner Form an Alltagsgegenstände wie an das Rad, einen Ball oder eine Uhr, also an Dinge, die ins Laufen kommen.

Die Zeit läuft

Auch die Zeit läuft, und diese Verbindung nutzt eine Zeitarbeitsfirma. Der Kreis symbolisiert hier das Vorantreiben, das Vorwärtsstreben und erinnert gleichzeitig an eine Uhr.

Gefüllte und ungefüllte Kreise

Der gefüllte Kreis vermittelt Statik und Ruhe, Ausgeglichenheit und Symmetrie. Je nach Farbe kann er auch schwer wirken – je dunkler die Farbe, desto schwerer wird er. Grundsätzlich wird der gefüllte Kreis viel eher als Punkt wahrgenommen als ein ungefüllter Kreis. Dieser wirkt lebendiger und leichter und erinnert an Seifenblasen.

schwere Farben

leichte Farben

je dunkler, desto schwerer

Gefüllte Kreise wirken stabil und je nach Farbe auch schwer.

Ungefüllte Kreise wirken leicht.

Assoziation mit Seifenblasen

Drei Kreise

Drei Kreise ineinandergestellt wirken interessant und gleichzeitig vielfältig. Allerdings wirkt der Entwurf durch die Verstärkung des Randes jetzt in sich geschlossen und abgegrenzt.

Zum Einsatz kommen Blau und Grün. Das Blau steht für Vertrauen, das Grün harmoniert gut mit dem Blau und steht für die Frische. Das hellere Blau ist lediglich eine Abstufung des dunklen Blau.

Unterbrechungen

Farben und Linienstärken werden variiert, bis eine harmonische Unregelmäßigkeit entsteht. Während geschlossene Kreise zu abweisend wirken, verleihen die Unterbrechungen dem Logo eine Offenheit nach außen und zeigen ein interessiertes und aktives Unternehmen.

Die Farbe wechselt innerhalb eines Kreises. Das verleiht Spannung.

Die Linienstärke variiert. Das verleiht dem Kreis Lebendigkeit.

Die Öffnungen sind an verschiedenen Stellen. So entsteht das Gefühl eines ausgewogenen und gleichzeitig dynamischen Kreises, ohne dass er zu einer Seite kippt oder rollt.

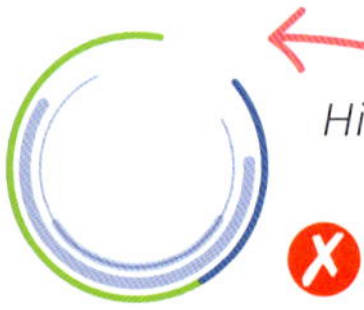

Hier regnet es rein.

Die runden Abschlüsse unterstützen die weiche und freundliche Wirkung.

Monochromatische Farbreihe

Wer nicht zu bunt arbeiten möchte, kann sich aus der monochromen Farbreihe bedienen. Dabei werden lediglich hellere oder dunklere Varianten eines Farbtons eingesetzt. Für einen zweiten Farbton kann man eine analoge Farbe wählen, also die Farbe, die im Farbkreis danebenliegt.

Mehr zu Farbmischungen finden Sie ab Seite 282.

Die Schriftwahl: Strichstärke

Kombiniert man den Text dazu, sollte man darauf achten, dass die Strichstärke der gewählten Schrift zur Stärke der Kreiskonturen passt. Dafür sollte unbedingt in den korrekten Größenverhältnissen getestet werden.

Zwar wechselt die Linienstärke insgesamt, aber jeder Kreis für sich gesehen hat eine gleichbleibende Stärke. Deswegen würde ich in jedem Fall eine Schrift kombinieren, die ebenfalls gleichbleibende Strichstärken aufweist.

Boch Group

Die Ziggy Zoe, zu verspielt, wirkt zu unseriös für eine Zeitarbeitsfirma.

Boch Group

Die Swanky and Moo Moo ist zu individuell und hat auch noch zu starken Handschriftcharakter für dieses Unternehmen.

Boch Group

Die Palatino, eine seriös wirkende, erwachsene Schrift, hat aber deutlich sichtbare Unterschiede in den Strichstärken.

Boch Group

Die Helvetica hat zwar gleichbleibende Strichstärken, wirkt aber unter anderem durch ihre sehr häufige Verwendung etwas gewöhnlich.

Die Schriftwahl: runde Formen

Auch die Form der Buchstaben sollte man beachten. Ein dominantes, kreisrundes Logo verträgt sich gut mit einer Schrift, die ebenfalls deutliche Rundungen in ihren Buchstabenformen erkennen lässt.

Boch Group

Die LT Oksana Light hat runde Formen, aber eine sehr dünne Strichstärke.

Boch Group

Die Profile hat eine passende Strichstärke, aber die Buchstabenformen sind nicht rund genug.

Kriterien für die Schriftwahl

Die Schrift soll seriös und zurückhaltend sein, die Rundungen möglichst kreisrund, und die Strichstärke soll zum Logo passen. Wir entscheiden uns für die Century Gothic.

Stärke des Kreises und der Century Gothic identisch

deutliche Rundungen beim o und p

Boch Group

Dein Job. Unsere Arbeit.

PROJEKT 2

Logo aus Rechtecken

Ein Logo für ein Umweltunternehmen

Bei der Firma Exaton handelt es sich um ein Unternehmen, das in vier Geschäftsbereichen tätig ist. Diese vier Geschäftsbereiche tauchen im Slogan des Logos auf, und deswegen bestand der Wunsch, die Unterteilung auch im Logo widerzuspiegeln.

Rechtecke und Quadrate stehen für Harmonie und Ruhe, sie wirken stabil, verlässlich und auch männlich. Füllt man das Rechteck, wird es schnell sehr schwer. Deswegen wurde bei diesem Projekt mit einem ungefüllten Quadrat gearbeitet.

Logo mit Schrift für Exatan
Das Unternehmen Exatan hat vier Geschäftsbereiche: Entwicklung, Klimapolitik, Energien und Umwelt.

EXATAN
Entwicklung | Klimapolitik | Energien | Umwelt

Entwicklung | Klimapolitik | Energien | Umwelt

Als Trennelemente zwischen Begriffen können Punkte, aber auch Striche wie der hier verwendete senkrechte Strich dienen.

Die vier verschiedenen Farben unterstreichen die Unterteilung.

[Slogan]

Ein Satz oder ein Teil eines Satzes, der mit dem Logo beziehungsweise dem Markennamen verbunden ist, bezeichnet man als Slogan. Dieser Zusatz kann unverändert bleiben, wie zum Beispiel bei »Edeka. Wir lieben Lebensmittel«, er kann aber auch wechseln, wie beispielsweise bei den sehr originellen Slogans der Berliner Stadtreinigung. Hier liest man: »We kehr for you«, »Wenn Sie auch mal was loswerden wollen«, »So grün ist nur Orange« oder »Bemannte Räumfahrt«.

Unterbrechung der Linien

Durch die Unterbrechung der Linien haben wir die Möglichkeit, das Quadrat in vier Teile zu unterteilen und so die vier verschiedenen Geschäftsfelder zu symbolisieren.

Schritt für Schritt

Die Unterbrechung in den Linien verhindert außerdem, dass das Quadrat zu sehr an einen Bauklotz erinnert.

Bauklotz — *monoton, keine Unterteilung* — *ginge auch, etwas langweilig* — *betont die vier Felder*

Schrift kombinieren

Bei der klaren, regelmäßigen Linie des Quadrats greift man am besten zu einer Schrift, die eine ähnliche Wirkung, also auch eine gleichbleibende Strichstärke hat. Auch hier sollte die Strichstärke der Schrift an die Strichstärke des Logos angepasst werden – oder umgekehrt. Wenn sich die Strichstärken zu stark unterscheiden, entsteht ein Ungleichgewicht.

Die Yanone weist schmale Buchstaben auf, das passt nicht zum Quadrat.

Die Minion Pro hat wechselnde Strichstärken, das Logo nicht.

Die Handlee ist zu organisch und wechselt die Stärke.

Richtig testen

Achten Sie auf die richtige Schriftgröße, bevor Sie die beiden Linienstärken miteinander vergleichen.

Die Kievit Pro harmoniert perfekt mit dem Logo.

PROJEKT 3

Logo aus freien Formen

Dynamik für einen Sportclub

Das Unternehmen PRIMA ist ein Sportclub mit dem Schwerpunkt Marathon. Der Slogan »We've got the Runs« sollte ebenfalls in der Wort-Bild-Marke auftauchen. Das Logo soll in jedem Fall sportlich und modern wirken und im besten Fall einen Bezug zum Laufsport aufweisen. Die Idee dabei ist, einen Läufer in abstrakter Form zu verwenden. Das kann zum Beispiel durch eine Spielerei mit freien Formen gelingen.

Das finale Logo: ein roter Läufer

Das finale Logo besteht aus einigen wenigen Linienstücken, die so zusammengesetzt sind, dass sie an die Form eines Läufers erinnern.

Kursive Schrift

Für den Schriftzug und den Slogan wurde eine kursive Schrift gewählt, die durch ihre Neigung grundsätzlich dynamisch und vorwärtsstrebend wirkt.

Farbwahl

Das kraftvolle und immer etwas aggressive Rot signalisiert Stärke und Hitze. Kombiniert mit dem Schwarz wirkt es fast gefährlich und ist auf jeden Fall auf der Überholspur.

[Claim]

Die Bezeichnung Claim wird synonym verwendet zum Begriff Slogan. Streng genommen unterscheiden sich die beiden jedoch etwas: Während der Slogan der nach außen getragene Zusatz zum Firmennamen ist, formuliert der Claim das Grundversprechen, also eine ernst zu nehmende, rationale Aussage. In der Praxis ist die Unterscheidung zwischen beiden Begriffen aber marginal.

Hintergrundwissen: Pfade zerlegen

Beginnen Sie am besten mit den Grundformen. In einem Grafikprogramm wie Illustrator, aber auch in InDesign können Sie mit dem Pathfinder Vordergrund oder Hintergrund voneinander abziehen, Schnittmengen bilden, aus mehreren Formen zu einer Form kombinieren und Ähnliches. Das Spiel mit grafischen Grundbausteinen führt zu neuen, ungewöhnlichen und freien Formen.

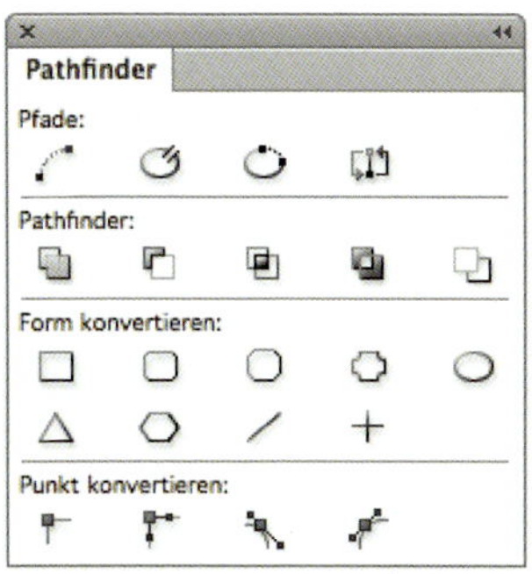

Aus Papier

Wenn Sie nicht über die Software verfügen oder Sie glauben, dass Sie sie nicht gut genug bedienen können, dann schneiden Sie einfach ein paar Grundformen aus Papier aus und legen sie übereinander. Auch so können neue Formen entstehen, die Sie zu weiteren Ideen anregen. Später dann, wenn Linie, Füllung und Farbe gewählt wird, sollten Sie zum Computer zurückkehren.

Passende Grundform als Basis

Bei der Arbeit mit freien Formen können Sie sich von der Aussage leiten lassen, die Sie mit dem Unternehmen verbinden. Für eine weiche, weibliche Assoziation beginnen Sie mit dem Kreis oder dem Oval als Grundform; soll das Logo eher harte Kanten und Linien enthalten, starten Sie mit Rechteck, Quadrat, Dreieck oder einer Linienkombination. Diese Unterscheidung kann, muss aber nicht sein. In unserem Projekt habe ich mir davon helfen lassen und mich an die eher kantigen Grundformen, in dem Fall das Quadrat, gehalten.

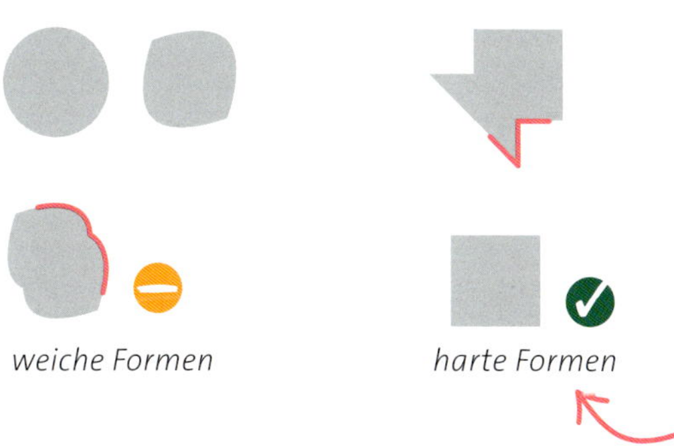

Die Entscheidung fällt für das Quadrat als Grundbaustein.

Tipp für die Füllung

Ich arbeite immer zunächst mit einer hellgrauen Füllung. Kräftige Farben zu Anfang lenken zu sehr ab und beeinflussen die Wirkung, was an dieser Stelle der Entwicklung noch zu früh ist.

Bausteine legen

Mit quadratischen Bausteinen lassen sich wie mit Pixeln nahezu alle Formen bauen. Sie benötigen dazu Linienraster und mindestens 10, besser 15 kleine Quadrate. Die Felder Ihres Linienrasters sollten dieselbe Größe aufweisen wie Ihre Quadrate. Legen Sie jetzt die Quadrate innerhalb des Linienrasters ab – zufällig oder nach einem bestimmten Muster. Verschieben Sie, testen Sie aus. Welche Formen entstehen? Möchten Sie eine bestimmte Assoziation erreichen? Oder soll es sich um eine gänzlich freie Form ohne symbolische Wirkung handeln?

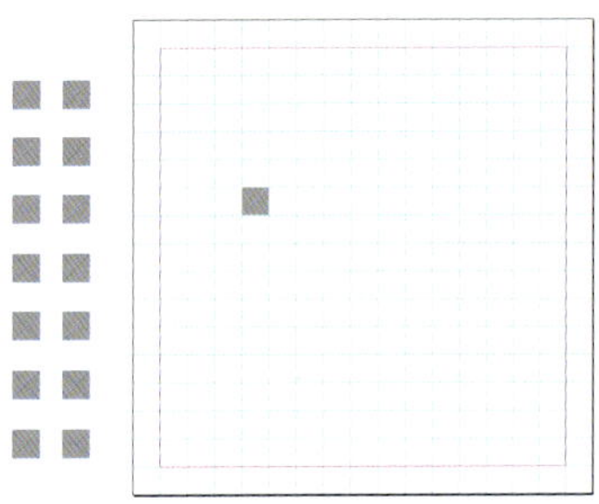

Intuition

Manchmal bildet sich eine Idee auch erst während des Arbeitens. Man legt Quadrate, und plötzlich entsteht intuitiv eine passende Figur.

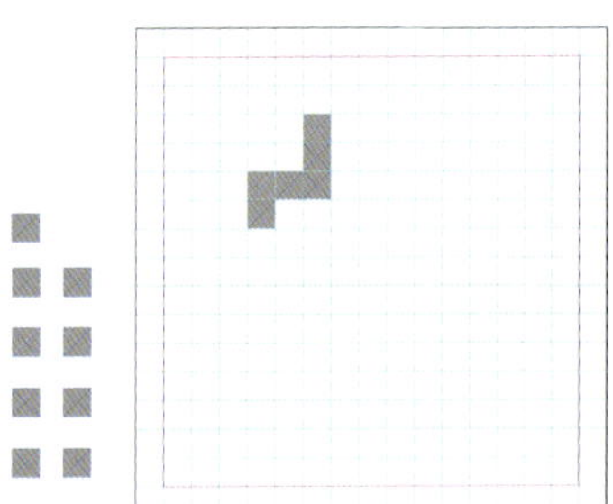

Variieren Sie die Bausteine. Haben Sie bereits eine Idee, was Sie legen könnten?

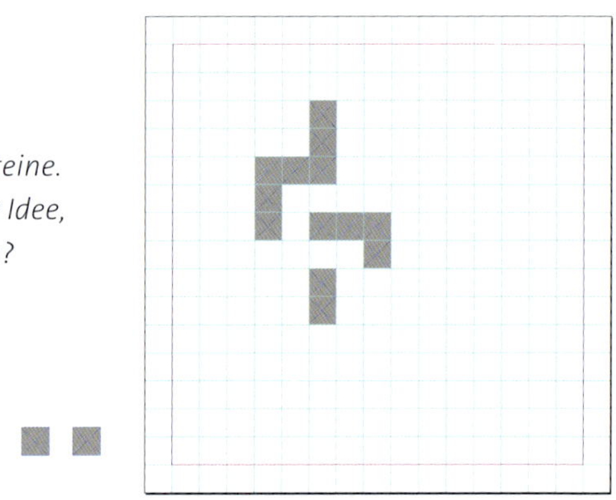

Rotation

Drehen Sie das Raster, und betrachten Sie dann Ihre Figur. Sie sieht wieder völlig anders aus, richtig? Eine Neigung nach rechts verleiht der Pixelform Aktivität und Dynamik.

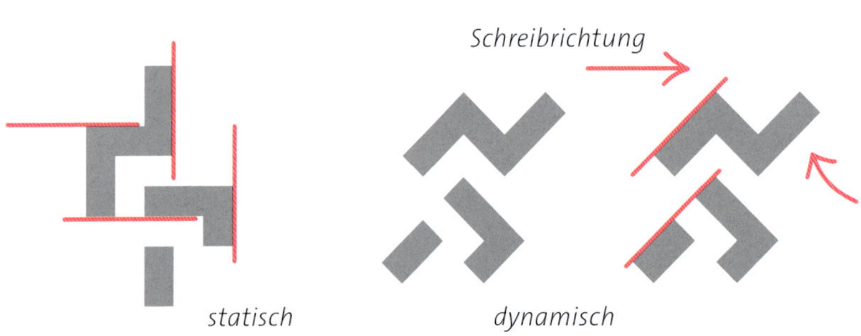

Durch die Neigung entsteht Dynamik und eine nach vorn, in die Zukunft weisende Form.

Füllung und Kontur

Ein schwarz gefülltes Objekt und ein weißes Objekt mit dünner schwarzer Kontur unterscheiden sich stark voneinander. Zum einen deswegen, weil eine Füllung immer für eine andere Assoziation sorgt als ein ungefülltes Objekt; zum anderen unterscheiden sie sich auch deswegen, weil durch die Füllung die Helligkeit beeinflusst wird, und das wiederum sorgt für Leichtigkeit oder für Schwere. Einem schwarz gefüllten Objekt nimmt man kaum Leichtigkeit ab, und ein weißes Objekt mit dünner schwarzer Linie liegt nicht schwer auf dem Boden.

zu schwer

leichter, aber unentschlossen

nicht kämpferisch genug

vertrauensvoll, aber kein Sieger

Keine Wirkung gibt es nicht

Nutzen Sie Füllung und Kontur dazu, um die von Ihnen gewünschte Aussage zu unterstreichen. Keine Füllung bedeutet also nicht keine Wirkung – egal, wie Sie sich entscheiden, eine Wirkung können Sie nicht vermeiden.

heiß, kämpferisch, entschlossen

Die Schriftwahl

Bei der Wahl der Schrift fällt die Entscheidung leicht. Sie soll modern sein, dynamisch, leicht, vorwärtsdrängend. Eine serifenlose Schrift wirkt meist modern, und die Dynamik und Aktivität, die wir benötigen, finden wir bei einem kursiven Schnitt.

PRIMA

Die Stefan ist zu statisch und schwer.

PRIMA

Die Source Sans Pro – modern, aber nicht dynamisch

PRIMA

Die TheAntiquaB wirkt alt.

PRIMA

We've got the Runs

Die Source Sans Pro italic

Proportionen für Ihr Logo

Relevante Größenverhältnisse

Das Verhältnis zwischen Strecken, Größen oder Flächen in der Gestaltung beeinflusst das Gesamtergebnis stark. Harmonie und Disharmonie sind wesentlich davon abhängig.

Der Goldene Schnitt

Wollen Sie noch ein weiteres Geheimnis hinter dem neuen Vogel von Twitter lüften? Es nennt sich der Goldene Schnitt. Dabei handelt es sich um ein Teilungsverhältnis von Strecken. Kurz gesagt geht es darum, eine Strecke so zu unterteilen, dass sie harmonisch auf uns wirkt. Das ist der Fall, wenn sie nach dem Goldenen Schnitt aufgeteilt wird, nämlich im Verhältnis 1:1,618. Sie können die Unterteilung nach dem Goldenen Schnitt für reine Streckenunterteilung, aber auch für Abstände zwischen Objekten verwenden, für Breite und Höhe einer Grundfläche sowie für deren Aufteilung.

Auch und gerade beim Logodesign können Sie die einzelnen Elemente nach dem Goldenen Schnitt platzieren, in der Größe abstufen oder die Farbigkeit unterteilen. Sie können Bilder oder einen anderen Blickfang auf einer Seite nach dem Goldenen Schnitt auf einer Seite platzieren und vieles mehr. Lediglich beim Papierformat wird der Goldene Schnitt eher selten verwendet, wobei es in meinen Augen dafür eigentlich keinen Grund gibt außer einem ökonomischen.

Natur
Der Goldene Schnitt, wie man ihm in der Natur begegnet

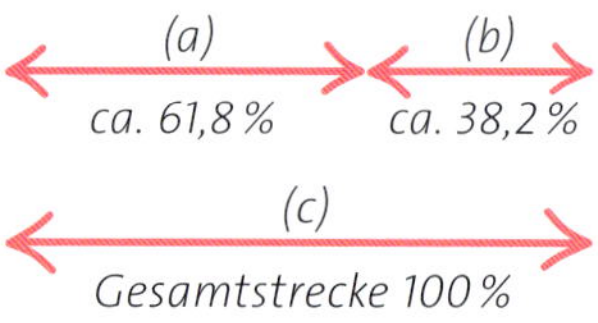

Strecken
Die Streckenaufteilung beim Goldenen Schnitt. Die Proportionen ähneln der Aufteilung von ⅓ zu ⅔.

Der Goldene Schnitt dient also häufig als Basis für die Konstruktion eines Logos. Aber was hat das mit Larry zu tun? Ganz einfach: Die verwendeten Kreise beziehungsweise ihre Größen basieren auf dem Goldenen Schnitt. Betrachten Sie unten stehende Abbildung. Der große Kreis stellt die Basis für den Körper dar, der kleine Kreis wird für viele andere Rundungen im Vogel verwendet.

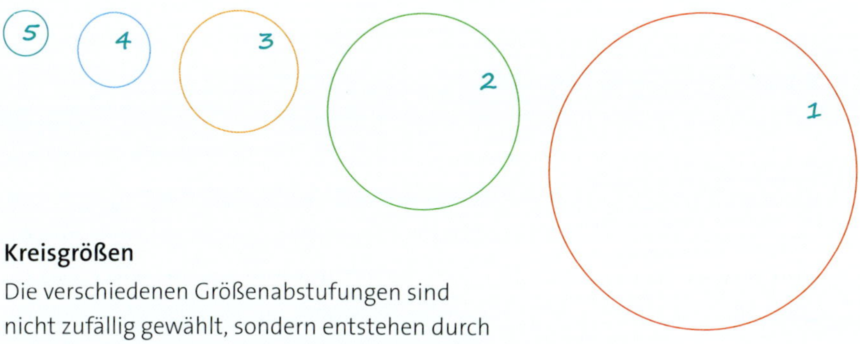

Kreisgrößen
Die verschiedenen Größenabstufungen sind nicht zufällig gewählt, sondern entstehen durch den Faktor des Goldenen Schnitts, die Zahl 1,618. Multipliziert man also den Durchmesser des ersten Kreises mit 1,618, erfahren wir den Durchmesser des zweiten Kreises und so weiter.

Larry und der Goldene Schnitt
Der Twitter-Vogel auf ein Schnittmuster des Goldenen Schnitts gelegt. Die verschiedenen Größen der Kreise basieren alle auf dem Faktor 1,618.

Harmonie und Symmetrie | Grundsätzlich empfinden wir Harmonie als etwas Schönes, weswegen wir auch die Streckenteilung nach dem Goldenen Schnitt als »göttlich« empfinden.

Immer wieder zeigen Untersuchungen, dass diejenigen menschlichen Gesichter als besonders schön empfunden werden, die besonders symmetrisch sind – gleichzeitig werden sehr symmetrische Gesichter als nicht »merkenswert« empfunden. Nun kann man nicht unbedingt in jedem Detail vom menschlichen Gesicht auf eine Gestaltung schließen. Sicher ist aber, dass wir die Symmetrie in der Gestaltung grundsätzlich als harmonisch empfinden, sie vermittelt Statik und Ordnung, wirkt ausgeglichen und ruhig. Beim Goldenen Schnitt ist die Symbiose aus Symmetrie und Asymmetrie, also das symmetrische Gesicht mit dem Schönheitsfleck, die Mischung, die von uns als wirklich schön empfunden wird.

Symmetrie und Asymmetrie bilden eine von uns als harmonisch empfundene Symbiose.

Die Asymmetrie hat genauso ihre Berechtigung in der Gestaltung. Sie ist spannungsreich, dynamisch und lebhaft, die Symmetrie ist ordentlich, statisch und ausgeglichen. Es gibt hier kein Besser oder Schlechter, es gibt lediglich die Frage danach, welche Wirkung Sie erzielen möchten.

Der Apfel, die Kreise und der Goldene Schnitt | Natürlich müssen wir über den berühmten Apfel sprechen. Warum? Weil er ebenfalls ein Beispiel dafür ist, wie perfektes Logodesign und die Platzierung einer Marke funktionieren können. Denn wer kennt ihn nicht, den berühmten Apfel?

Beim Unternehmen Apple funktioniert die Bildmarke par excellence. Erstens repräsentiert das Apfel-Logo das Erscheinungsbild, das Gesicht des Unternehmens. Zweitens steht es für die Leistung des Unternehmens, also vermittelt uns das, was wir erwarten können. Sehen wir den Apfel auf einem Gerät, ruft dies eine Erwartungshaltung bei uns hervor. Sogar ein Apple-Aufkleber auf einer Autoheckscheibe genügt, um in unserem Kopf eine Schlussfolgerung in Gang zu setzen.

> Dreimal Apple
Zwischen diesen drei verschiedenen Logos liegen viele Jahre – und eine Entwicklung, die man als den »Weg zum Einfachen« bezeichnen kann.

Auch der Apfel hat eine Reise hinter sich. Vielleicht erinnert sich jemand noch an die farbig gestreifte Ausgabe oder die bläulich schimmernde Metallvariante? Auch Wort-Bild-Kombinationen gab es, und was viele nicht wissen: Das erste Logo von Apple widersprach sozusagen allen Richtlinien eines guten Logos, ja, es verhöhnte sie fast – es war eine ausgesprochen filigrane Zeichnung, die wie ein barocker Kupferstich anmutete und Isaac Newton sitzend unter einem Apfelbaum zeigte. Übrig geblieben ist der Apfel.

Eine Bildmarke funktioniert, wenn sie eine Erwartungshaltung beim Kunden hervorruft.

Warum sprechen wir jetzt also doch über eines der erfolgreichsten Unternehmen – und eine der erfolgreichsten Bildmarken? Weil ich Ihnen zeigen möchte, dass auch hier die Symmetrie der Kreise, deren Größenverhältnisse nach dem Goldenen Schnitt entstanden sind, beeindruckende Ergebnisse liefert.

Die Rundungen des Apple-Logos

Mit seinen Rundungen oben und unten erhält der Apfel einen harmonischen Schwung, der zum Anbeißen einlädt. Die Rundungen entstehen hauptsächlich durch zwei Kreise in den Größen 1 und 2. Die Abstände zwischen den Kreisen 1 und 2 definieren die Größen des Kreises 3 sowie des Kreises 4.

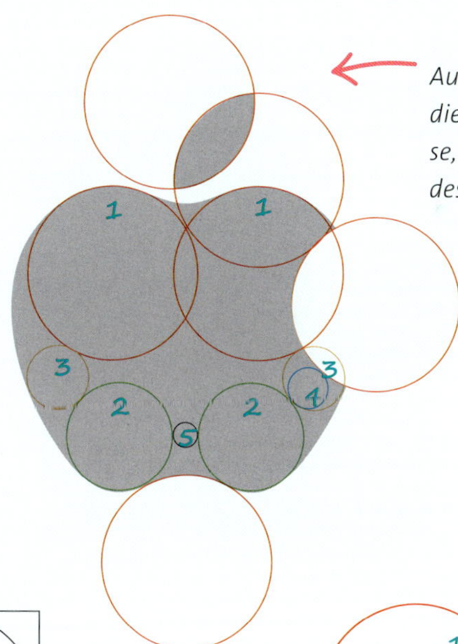

Auch das Blatt des Apfels ist die Schnittmenge zweier Kreise, die auch die Wölbungen des Apfels (1) formen.

Kreise nach dem Goldenen Schnitt skaliert

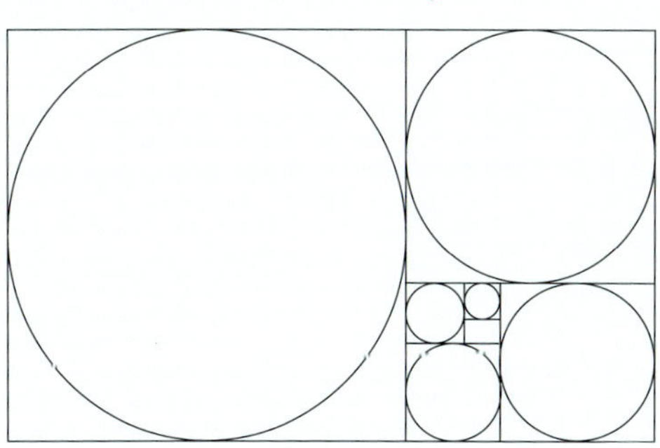

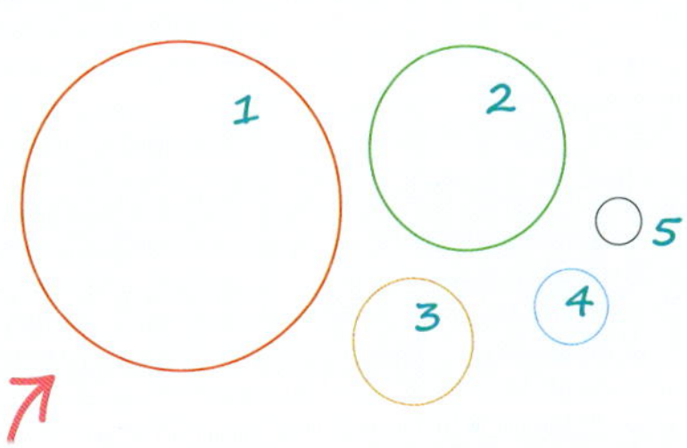

Alle beteiligten Kreise haben – der Größe nach geordnet – ein Verhältnis zueinander von 1:1,618.

Eine weitere Leistung der Apple-Designer ist das Logo von iCloud; die puffige kleine Wolke, die so gar nicht nach Regen oder Gewitter aussieht. Nein, ganz sympathisch kommt sie daher, eine Cumulus humilis, eine Schönwetterwolke. Die harmonische, gefällige Wirkung der Wolke entsteht wieder durch die Kreise beziehungsweise deren Größenverhältnisse. Sie haben nämlich ein Verhältnis von 1:1,618, basieren also auf dem Goldenen Schnitt.

Auch das L von Langenscheidt oder der Mercedes-Stern sind im Größenverhältnis des Goldenen Schnitts unterteilt. Hat Sie der goldene Ehrgeiz gepackt? Zahlreiche bekannte und gut funktionierende Logos basieren auf dem Goldenen Schnitt. Ich bin sicher, dass Sie nach ein bisschen Augenschulung selbst noch einige finden werden.

Die Rundungen von iCloud
Die sympathische Wolke von iCloud basiert – etwas gerundet – auf drei verschieden großen Kreisen, deren Größenverhältnis 1:1,618 beträgt.

Zwei Paare im Verhältnis
Wer es ganz genau nimmt, erkennt, dass es sich um zwei im Verhältnis zueinander stehende Kreispaare handelt.

Zudem ergeben Breite und Höhe aller Kreise, markiert durch das Rechteck im rechten Bild, wieder ein Verhältnis im Goldenen Schnitt.

Wirkt merkwürdig

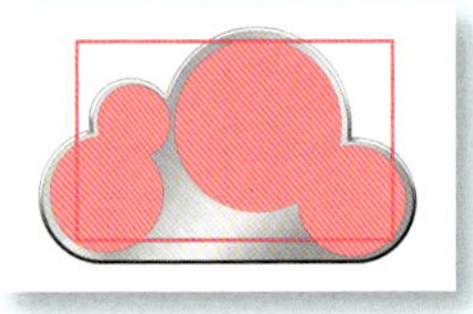

Breite und Höhe zueinander unproportional

Schlechte Kopie
Was stimmt hier nicht? Schlechte Kopien findet man zuhauf, hier beispielsweise von *www.zap2it.com*. Hier stimmen die Kreise, aber die gesamten Ausmaße nicht.

Umsetzung in Ihr Logo | Und die Moral von der Geschicht? Wenn Sie ein Logo entwerfen, ein vorhandenes überarbeiten oder perfektionieren möchten, dann sollten Sie immer zunächst über Proportionen nachdenken. Mathematische Zusammenhänge sind trotz kreativer Prozesse unabdinglich. Ich gehe sogar noch einen Schritt weiter und behaupte, dass mathematische Proportionen Ihre Kreativität unterstützen und Ihre Möglichkeiten erweitern. Vergewissern Sie sich, dass Abstände und Winkel und Kurven in Ihrem Entwurf gleichmäßig und logisch definiert und verteilt sind. Hinterlegen Sie Ihr Skizzenbuch mit grafischen Aufteilungen des Goldenen Schnitts wie Rechtecken, Streckenlängen, Dreiecken, dem goldenen Winkel oder der goldenen Spirale. Aber bitte kein falscher Perfektionismus. Es gilt hierbei nicht, zu 100 % exakt die Formen zu treffen. Ein Schuss Abweichung darf natürlich sein.

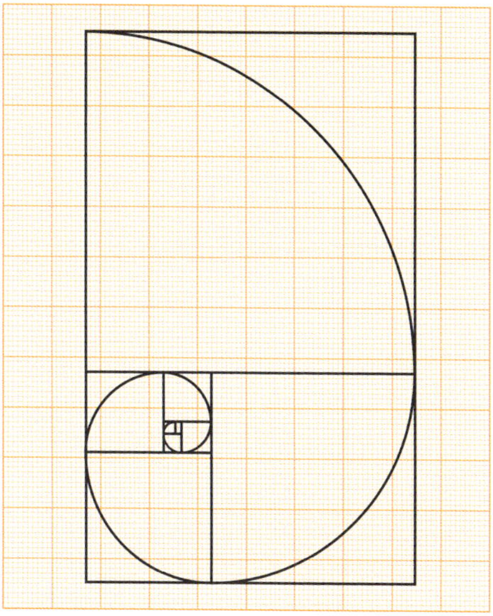

∧ Hilfe bei Skizzen
Die Hinterlegung mit goldenen Maßen

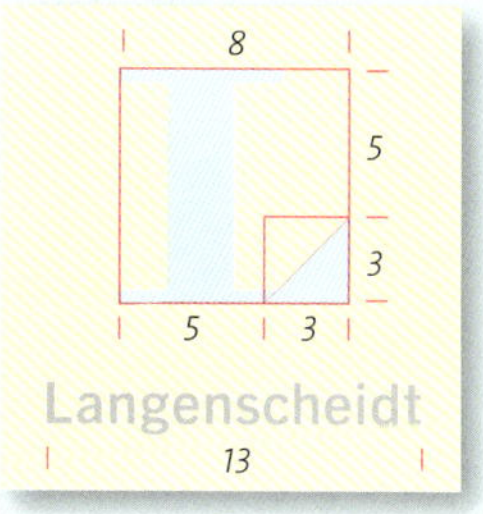

Die Bildmarke von Langenscheidt
Auch die Proportionen des bekannten »L« von Langenscheidt sind nach dem Goldenen Schnitt aufgebaut. Ein Zufall? Ich denke kaum.

Kreise hinterlegen
Sie können bereits auf der Basis des Goldenen Schnitts entwerfen, indem Sie zum Beispiel unterschiedlich große Kreise, abgestuft nach dem Goldenen Schnitt, hinterlegen.

PROJEKT 4

Logo nach dem Goldenen Schnitt

Proportionen für die Landwirtschaft

Berger Landtechnik ist ein traditionelles Unternehmen für landwirtschaftliche Geräte. Es hat sich auf die Herstellung und den Vertrieb von neuen und gebrauchten Landmaschinen spezialisiert. Der Kundenservice beinhaltet einen qualifizierten Reparaturservice sowie ein umfangreiches Ersatzteillager. Neben dem Verkauf verfügen sie über einen kleinen Fuhrpark, den sie bei Bedarf vermieten.

Das Unternehmen möchte ein zeitgemäßes und klares Logo, das seine Branche und Spezialisierung erkennen lässt. Zielgruppe sind Landwirte und Betreiber von landwirtschaftlichen Unternehmen.

Zwei Kreise und eine Klammer

Ob Verkauf, Vermietung oder Reparatur – Traktoren sind das Kerngeschäft des Unternehmens, und das ist im Logo gut erkennbar. Zwei Kreise symbolisieren den Traktor, eine waagerechte Klammer steht für das Dach.

Farbwahl

Bei der Farbwahl haben wir uns ganz klassisch an die Farbe für Natur und Erde gehalten.

Beide Farben eignen sich gut, wir haben uns für Braun entschieden.

Die Unterstützung vom Goldenen Schnitt

Es ist erstaunlich, dass der Goldene Schnitt immer eine Antwort auf die Frage nach Größe, Strecke oder Abstand parat hält. In diesem Projekt beantwortet er uns die Frage nach der Größe der Kreise.

Hintergründe nach dem Goldenen Schnitt

Hinterlegen Sie zunächst Ihren Skizzenblock oder die Seite in Ihrem neuen Dokument mit einer Aufteilung nach dem Goldenen Schnitt. Ob Sie die goldene Spirale, Kreise oder einfach eine unterteilte Fläche in den Hintergrund legen, spielt keine Rolle.

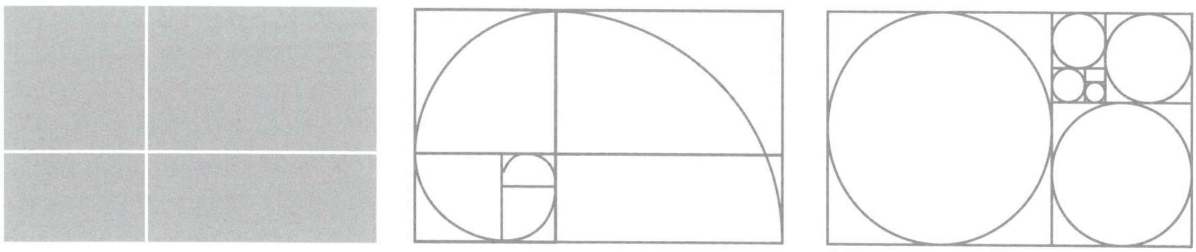

Die Größe der Kreise

Der Kreis erscheint für das Projekt in mehreren Hinsichten passend. Er ist dynamisch und steht für ein harmonisches Arbeiten mit der Natur. Zwei Kreise nebeneinander erinnern uns an ein Fahrzeug, und die stark unterschiedlichen Größen lassen uns sofort an einen Traktor denken. Das Größenverhältnis der beiden Kreise übernehmen wir aber nicht aus der Realität, sondern aus dem Goldenen Schnitt.

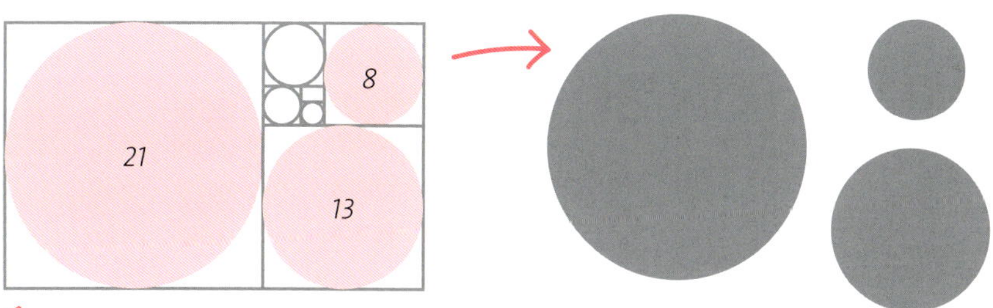

Die Zahlen stehen nicht für feste Größen, sondern für die Verhältnisse der Kreise zueinander.

Drei Kreise

Für unsere ersten Versuche verwenden wir drei Kreise in Größenabstufungen des Goldenen Schnitts. Die Frage ist, mit welchen beiden wir arbeiten.

Erste Versuche

Wir spielen mit den Kreisen und testen bereits hier die durch Füllung und Kontur entstehenden Wirkungen. Schnell steht fest, dass wir zwei konturierte Größen nehmen, die nebeneinanderliegen.

Klammer

Die eckige Klammer ist ein eher technisches, modernes Element. Um 90 Grad gedreht dient sie als stilisiertes Dach und bringt Modernität in die Gestaltung.

Kreise mit Klammer
Die Klammer als kantiger Bestandteil sorgt für einen Kontrast und für Spannung im Logo. Die Enden werden allerdings abgerundet, damit die verschiedenen Elemente miteinander in Verbindung treten können.

Effekt und Farbe

Der in Illustrator hinzugefügte Effekt verleiht der Linie eine Dreidimensionalität und erinnert an dicke Reifen. Allerdings funktioniert das Logo auch eindimensional – hinsichtlich der Reproduzierbarkeit in sehr kleinen Größen ein wichtiger Aspekt. Für die Farbwahl bitten wir die Farben für Natur sowie die technischen Farben anzutreten. Das Braun gewinnt, Grün ist eine Alternative.

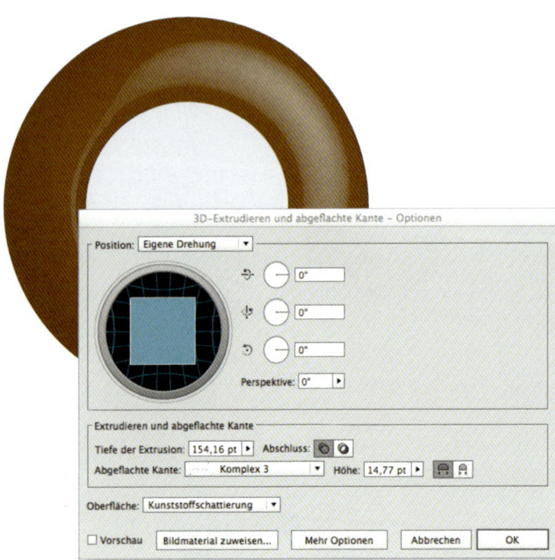

Der Filter 3D-Extrudieren aus Adobe Illustrator verwandelt eine einfache Kontur in ein komplexes Gebilde mit einer Oberflächenstruktur.

Das Logo funktioniert in Braun; ein Grün würde aber auch passen.

Farben im Logodesign

Wirkung auf mehreren Ebenen

Farbe erzielt Aufmerksamkeit, erzeugt Emotionen und trägt zur Wiedererkennung bei. Woran das liegt und wie wir diese Tatsache für die Erstellung unseres Logos nutzen, erfahren Sie in diesem Abschnitt.

Wirkung und Stimmung

Beginnen wir mit der Farbwirkung. Sicherlich weiß heute jeder, dass Farben wirken. Ob die Farb- und Stilberatung bei der Kleidung oder der Einrichtungsberater mit der Wandfarbe – alle möchten uns mit den »passenden« Farben versorgen. Farbe als ein subjektiver Sinneseindruck hat unbestritten eine Wirkung auf uns. Unsere Reaktion auf Farben ist emotional, die Wahrnehmung großteils unbewusst. Somit beeinflussen Farben unsere Stimmung. Die Farbe Gelb wirkt anregend und heiter, das Orange gesellig und erwärmend. Rot wirkt erregend, das Rosa eher zart, das Violett mystisch. Das Blau sorgt eher für kühle und technische, das Grün für natürliche und besänftigende Stimmung. Weiß hebt in der Regel die Laune, Grau ernüchtert und sorgt je nach Helligkeit auch für gedämpfte Heiterkeit, das Schwarz sorgt für seriöse, aber auch düstere Gemütsverfassung.

Farbe und Wirkung
Mehr Infos zur Farbe und Farbwirkung finden Sie im Folgenden und im Kapitel »Mit einem Plakat werben« ab Seite 180.

Farbtemperatur | Aber wussten Sie auch, dass Farben aufgrund ihrer unterschiedlichen Wellenlängen unterschiedliche Temperaturen haben und dass diese Temperaturen tatsächlich von sensiblen Menschen gefühlt werden? Ein Experiment ergab, dass blinde Menschen in roten Räumen eine höhere Temperatur wahrnahmen als in weißen oder blauen Räumen. Faszinierend.

Kalt und warm >
Oben kalte, unten warme Farben

Identifikation und Wiedererkennung

Präsentieren Sie Ihr frisch entworfenes Logo in zwei verschiedenen Farbgebungen Ihren Freunden. Sie können sicher sein, dass lediglich durch eine Farbänderung die Wirkung komplett verändert werden kann. Es gibt zahlreiche Untersuchungen in der Welt der Werbung, die den Einfluss von Farbe auf die Beurteilung von Gestaltungen und Logos aufzeigt. Unterschätzen Sie also nie die Wirkung Ihrer Farbwahl.

Besetzte Farben | Einige Unternehmen setzen sehr stark auf die Wirkung der Farbe, bei anderen spielt die Schrift, die Form oder die Gesamtgestaltung die Hauptrolle. Fällt Ihnen ein Unternehmen ein, das sofort mit einer Farbe assoziiert wird? Mir persönlich kommt sofort die Telekom in den Sinn. Eine eindeutige Farbe, die vom Unternehmen so konsequent eingesetzt wird, erleichtert die Erkennung und Wiedererkennung des Unternehmens enorm. Der Telekom wurde übrigens für ihr Magenta Markenschutz bewilligt. Das Lila von Milka, das Blau von Nivea und knapp 20 weitere Farben genießen in Deutschland Markenschutz.

Manchmal erkennt man Unternehmen, die zwei oder drei Farben verwenden, auch an der individuellen Farbzusammenstellung. Ich denke da an die Unternehmen Germanwings und Langenscheidt oder auch an Sixt. Eine eindeutige Identifizierung nur anhand der Farbe ist aber die Ausnahme. Unternehmen gibt es zahlreiche, und eindeutig identifizierbare Farben sind begrenzt.

^ Firma und Farbe
Das Telekom-Magenta und das Nivea-Blau zählen zu den besetzten Farben.

Farbe unterstützt die Wiedererkennung | Keine Ausnahme ist aber die Verknüpfung zwischen Farbe und Logo und somit auch dem Unternehmen. Damit erhöht man nicht nur die Wiedererkennung, sondern übermittelt dem Betrachter auch automatisch die zugehörige Information. Farbe und Information sind also miteinander verbunden. Farbe ist tatsächlich das Erste, was der Kunde an einem Logo wahrnimmt. Sie unter-

Die Farbe ist ein Baustein bei der Wiedererkennung von Markenzeichen.

Raten Sie >
Die Hausfarben dreier Unternehmen. Fällt Ihnen das zugehörige Unternehmen oder Produkt ein? Die Auflösung steht auf der nächsten Seite.

stützt die Wiedererkennung und transportiert gleichzeitig eine Aussage. Sie spielt also eine solch große Rolle bei der Identifikation, dass eine Änderung automatisch ein unwohles Gefühl hervorrufen würde. Betrachten Sie die Beispiele von Lufthansa, DHL oder bp.

Was Farbe kann

Farbe verbessert bis zu 73 % das Verständnis, bis zu 68 % das Lernen und bis zu 40 % das Lesen.

Wie sehr die Wiedererkennung eines Logos an die Farbe gekoppelt ist, sollten wir uns auch dann immer vor Augen halten, wenn ein Redesign, also eine Überarbeitung des aktuellen Logos, bevorsteht. Mit einer Farbänderung geht ein großer Teil der Identifikation eines Unternehmens verloren, dessen sollte man sich bewusst sein.

Produktabhängige Farbwahl | Weiß ist sauber und Braun ist dreckig, Grün ist natürlich, und Rot ist heiß. Die rosarote Brille sitzt auf der Nase, und man sieht rot vor Wut. Beachten Sie diese Symbolik, wenn Sie ein Logo gestalten. Um welche Branche handelt es sich? Natur, Umwelt und Gesundheit? Sie möchten ein wohliges, natürliches und gesundes Gefühl hervorrufen? Ich denke sofort an Grün und Braun. Sie finden das nicht originell genug? Meiner Meinung nach muss man bei der Farbwahl auch gar nicht originell sein. Aber gut, in Ordnung, dann spielen Sie mit Farbtönen von Grün und Braun, kombinieren Sie eventuell ein Gelb. Aber vermeiden Sie an dieser Stelle Rot- oder Lilatöne. Unterschätzen Sie nicht die Farbsymbolik, die im Unterbewusstsein funktioniert und keine großen Stücke auf »ich probier mal ganz originell das Gegenteil« hält.

Farben müssen nicht originell sein, sondern passend.

Farbe und Wiedererkennung

Durch die veränderten Farben der sicherlich bekannten Logos dauert die Wiedererkennung deutlich länger.

Die Auflösung

Wer hat richtig gerätselt? Auf Seite 56 sehen wir Germanwings, Langenscheidt und Sixt!

Farbe und Zielgruppe

Zielgruppe
Detaillierte Infos zur Zielgruppenanalyse finden Sie im Kapitel »Werben mit Flyer und Broschüre« ab Seite 156.

Definieren Sie die Zielgruppe Ihres Unternehmens – dann erst legen Sie die Farbe fest.

Geschmäcker sind verschieden – nicht zuletzt bei der Auswahl an Farben. Da wir aber schlecht jeden, der möglicherweise unser Logo betrachtet, nach seinen individuellen Vorlieben befragen können, müssen wir auf die kulturelle Bedeutung sowie auf das Wissen der Farbpsychologie zurückgreifen.

Zielgruppe definieren | Laut einigen Studien ist Blau die beliebteste Farbe, dann folgen Rot und Grün. Braun hat die wenigsten Freunde. Allerdings sollten Sie deutlich mehr spezifizieren, wenn Sie gestalten, denn die Zielgruppe spielt bei jeder Gestaltung und somit auch bei der Wahl der Farbe eine entscheidende Rolle.

Fragen Sie sich also, für wen Sie gestalten. Wen möchten Sie ansprechen mit Ihrem Logo? Kinder? Senioren? Jugendliche? Männer? Frauen? Handelt es sich um ein Logo für ein Café in der Nachbarschaft? Dann stellt sich die Frage, in welcher Gegend das Café liegt. In einem Wohngebiet? Neubau, Einfamilienhäuser? Dann sind es überwiegend junge Familien mit Kindern, die Sie ansprechen möchten. Liegt das Café aber in der Nähe einer Uni oder in einem sehr touristisch geprägten Stadtteil, setzt

˅ Altersabhängige Farben
Kinder bevorzugen andere Farben als ältere Menschen.

Farben für Kinder

Farben für ältere Menschen

sich Ihre Zielgruppe vorwiegend aus Studenten und Touristen, also zwischen 20 und 50 Jahren, zusammen.

Farben nach Alter und Geschlecht | Weniges ist so sicher wie die Tatsache, dass Kinder die reinen, kräftigen Grundfarben wie Blau, Gelb und Rot lieben. Im Laufe der Jahre verändert sich die Liebe von kräftig und rein hin zu sanft und pastellig. Senioren bevorzugen Grau- und Beige-Töne, auch Lila und Rosa. Allerdings sind diese Studien nicht so eindeutig, wie wir Gestalter das gerne hätten. Nur eine allgemein gültige Information hätte ich noch – Ausnahmen bestätigen wie immer die Regel: Männer bevorzugen eher die technischen, kühlen Farben wie Grau, Blau oder Grün, und das weibliche Geschlecht sympathisiert eher mit den wärmeren Farben wie den Rot- und Gelbtönen.

Farbsammlungen
Mehr spezifische Farbsammlungen finden Sie im Kapitel »Mit einem Plakat werben« ab Seite 286.

∧ Farbsammlungen
Zwei beispielhafte Farbzusammenstellungen und ihre Wirkung: oben die Farben der Ruhe, darunter die der Aktivität

Bunt oder einfarbig?

Trotz aller Freude über die bunte Vielfalt möchte ich Sie dazu anhalten, auch über ein- und zweifarbige Logos nachzudenken, da diese Farbbeschränkung die Reproduktion erleichtert beziehungsweise manchmal auch erst ermöglicht. Viele Logos bestehen aus nur einer Farbe, ich denke da an den Twitter-Vogel oder das goldene M von McDonald's. Zwei Farben oder eine Farbe und eine Unbunt-Farbe wie Schwarz oder Weiß sind sicherlich oft eine gute Wahl, denken Sie an Facebook oder Amazon.

Einfarbig >
Logos mit einer Farbe sind nicht nur einprägsam, sondern auch medienübergreifend leichter reproduzierbar.

Zweifarbig >
Zweifarbige Logos sind verbreitet, und auch hier ist die Reproduzierbarkeit, wie zum Beispiel auf Kleidung, meist gut möglich.

Darf es denn auch so richtig bunt sein? | Ja, auch das gibt es, und auch das kann funktionieren: so richtig bunte Logos. Mir fällt hier das Logo von NBC ein, natürlich das von Google und das von eBay, aber auch das Unternehmen Microsoft geizt nicht mit Farben. Grundsätzlich erinnern bunte Farbmischungen mit reinen Farben eher an einen Kindergeburtstag, aber die Unternehmen betonen damit auch ihre Kreativität.

Das Logo von NBC ist im wahrsten Sinne des Wortes bekannt wie ein bunter Hund. Seit gut 30 Jahren sehen wir nun den stilisierten Pfau mit Federn, deren Farbreihenfolge sich am Farbkreis orientiert. Die sechs farbigen Federn stehen für die Einführung des Farbfernsehens, die Anzahl sechs steht für die sechs Sparten des NBC. Es wirkt frisch und lebendig und irgendwie auch schon ein bisschen kultig.

∧ Kultiges Logo
In den letzten 80 Jahren hat das Logo eine Menge an Veränderung und Überarbeitung hinter sich.

Achtung Farbe

Farben verändern ein Erscheinungsbild enorm. Hier spielt nicht nur die Wirkung der Farbe selbst, sondern auch deren Helligkeit eine tragende Rolle.

Das natürliche Katzenlogo wird zuerst zur Mädchenkatze und dann fast bedrohlich.

NATURMÖBEL GREENLIFE

NATURMÖBEL GREENLIFE

NATURMÖBEL GREENLIFE

Besonders dann, wenn wie hier im Unternehmensnamen eine Farbe vorkommt, sollte man auch zur entsprechenden Farbe greifen. Das Blau wirkt unnatürlich und das Orange in diesem Fall unseriös.

[Beliebtes Blau]
Übrigens ist die Farbe Blau die beliebteste Farbe. Über 30 % aller großen Unternehmen verwenden sie in ihrem Logo beziehungsweise in ihrem Firmenauftritt. Danach folgen Rot und Schwarz.

Google und eBay nutzen genauso wie Microsoft die vier Farben Rot, Blau, Gelb und Grün. Uns erinnern die Farben an bunte Bonbons oder Spielzeug, und zumindest bei Google ist dies Absicht, denn die Gründe von Google sind bekannt: Das Unternehmen hat sich nämlich bei der Entscheidung für seine Logofarben an Legosteinen orientiert. Rot, Blau, Gelb und Grün sind die Hauptfarben bei Lego. Und da in der Gründungszeit von Google die Erfinder Page und Brin die Gehäuse von Computern aus Lego zusammenbauten, wollten sie die Farben der Steine in ihrem Logo verewigen. Gut, wer nun diesen Hintergrund kennt, hat mehr Verständnis für das Logo. Mir persönlich gefällt es trotzdem nicht.

∧ Vielfarbig
Es kann auch bunt sein. Warum eBay und Google sich für solch ähnliche Logos entschieden haben, ist mir aber nicht klar.

Variationen erlaubt | Clever sind die Grafiker, die ihren Entwürfen Ein- und Mehrfarbigkeit erlauben. So lässt sich die Farbvariante immer an die Umstände wie den Hintergrund oder die Bedruckmittel anpassen. Allerdings brauchen Sie hier besonderes Fingerspitzengefühl, da die Farbe, wie wir nun wissen, stark das Erscheinungsbild prägt. Das Logo muss sich also farbunabhängig etabliert haben, um dann verschiedenfarbig verwendet werden zu können.

Wenn Sie also ein solches Logo gestalten, tun Sie dem Unternehmen beziehungsweise sich selbst einen großen Gefallen, was die Flexibilität anbelangt. Manchmal ist es schon hilfreich, wenn sich die Darstellung des Logos lediglich von positiv nach negativ wechseln lässt. Auf diese Weise kann man den Schriftzug stressfrei auch auf sehr dunklen Hintergründen platzieren.

< Clever gelöst
Lufthansa erlaubt den Wechsel zwischen seinen beiden Hausfarben und erleichtert so die Problematik mit hellen oder dunklen Hintergründen.

Standard: Zwei Farben
Circa 95% aller Unternehmen verwenden zwei Farben für ihr Logo.

Finale Frage: Bunt oder nicht bunt? | Ich bin der Meinung, dass ein gutes Logo nicht viele Farben benötigt. Ein- oder zweifarbige Logos funktionieren wunderbar. Vor allem in kleinen Größen ist ein einfarbiges Logo reproduzierbar, ein mehrfarbiges Logo hingegen kann Schwierigkeiten verursachen, da es entweder nicht mehr lesbar oder erst gar nicht druckbar ist. Insofern sind Sie mit weniger Farben auf der sicheren Seite.

Aus gestalterischer Sicht können auch mit vielen Farben gute Ergebnisse entstehen, allerdings halte ich dies für schwieriger, und meiner Meinung nach erfordert es mehr Übung, mit vielen Farben ein ernst zu nehmendes Ergebnis abzuliefern. Schnell erinnert nämlich der Einsatz von bunten Farben an die Kinderparty und nicht an das Aushängeschild eines Unternehmens.

Farbe und Wirkung – eine Übersicht
Halten die Unternehmen das, was die Wirkung ihrer Farben verspricht?

Technische Einschränkungen | Übrigens sollten Sie Ihr Logo grundsätzlich immer auch einmal in Schwarzweiß testen. Zwar sind Faxgeräte heutzutage nicht mehr das führende Kommunikationsmittel, aber es gibt noch genug Firmen, die ihre Rechnungen oder Bestellungen per Fax verschicken.

Da ein Faxgerät nur Graustufen abtasten kann, ist das Ergebnis eines bunten Logos manchmal erschreckend. Denken Sie bei Ihrem Entwurf also auch an unsere Frage Nummer 6: Ist das Logo reproduzierbar, also auch in kleinen Größen und in Graustufen erkennbar? Entfernen Sie testweise die Farbe, indem Sie es in einer Bildbearbeitung in Graustufen umwandeln. Oder jagen Sie es einfach mal durch ein Faxgerät – der Praxistest eignet sich immer noch am besten, um das Ergebnis zu beurteilen.

Faxen Sie Ihren Logoentwurf testweise. Ist es noch erkennbar?

seriös, vertrauenswürdig, technisch

natürlich, frisch, strahlend

finster, elegant, würdevoll, ausgeglichen

Kreativ, vielseitig, fröhlich

PROJEKT 5

Farben für ein Logo

Naturfarben für ein Kosmetiklabel

Ein kleiner Kosmetiksalon hat neu eröffnet und verkauft Produkte aus seinem eigenen Naturkosmetiklabel. Für den Salon und das zugehörige Label wird ein Logo benötigt. Basis aller Kosmetikprodukte, die unter dem Label erscheinen, ist die Aloe-vera-Pflanze – eine Information, die uns für den Entwurf ein paar Ideen liefern kann.

Der Kunde wünscht sich ein möglichst mehrfarbiges Logo, das seine Kosmetiklinie optimal repräsentiert. Die verwendeten Farben müssen also nicht nur zum Thema passen, sondern auch untereinander harmonieren. Zu starke Kontraste innerhalb der Farbkombination brechen den Einklang mit der Natur und würden zu viel Härte mitbringen.

Farbentscheidung

Die gewählten Farben stehen alle für Natur und Natürlichkeit. Es sind warme Farben, die man in Afrika, dem Ursprungsland der Pflanze, findet. Die Braun- und Ockertöne erinnern an den afrikanischen Boden, das Grün an die Blätter der Pflanze.

Ein Bild der echten Pflanze liefert uns den Charakter für die Gestaltung der Formen. Auch für die Farbwahl orientieren wir uns am Foto.

Farben gesucht?

Sie suchen passende Farben zu einem Thema? Auch wenn in der Gestaltung kein Bild verwendet wird – platzieren Sie trotzdem eines, das zum Thema passt beziehungsweise vielleicht sogar das Thema darstellt.

Grundelemente für das Bildzeichen

Der Kunde hat die Verbindung seines Labels zur Aloe-vera-Pflanze betont. Deswegen entschließen wir uns, ein Blatt als Bildzeichen zu verwenden. Ein Blatt weist oben und unten Spitzen auf. Wir versuchen, die Härte und Männlichkeit dieser Spitzen durch die Kombination mit einem sanften, harmonischen Element aufzuweichen. Auch eine weiche, geschwungene Linie könnte die piksige Ausstrahlung abmildern.

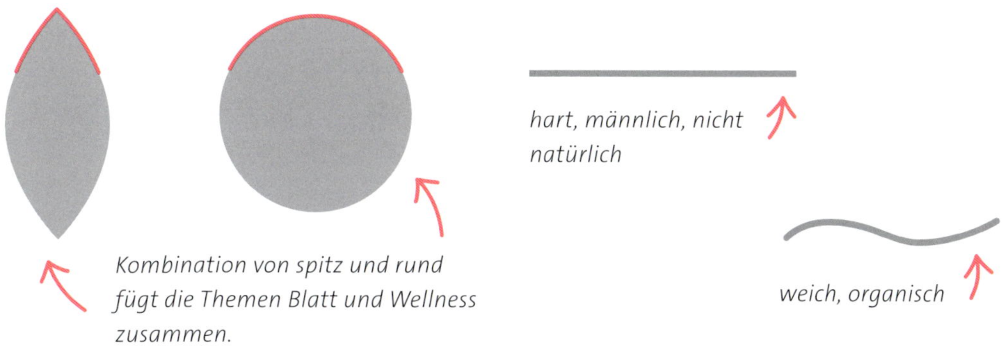

Größe und Stand der Blätter

Wir versuchen eine Kombination aus mehreren Blättern. Bei der Frage nach der Größe entscheiden wir, uns wieder vom Goldenen Schnitt beraten zu lassen. Wir verwenden also drei verschiedene Blattgrößen, deren Größenverhältnis zueinander auf dem Faktor 1,618 beruht. Die drei verschieden großen Blätter kombinieren wir.

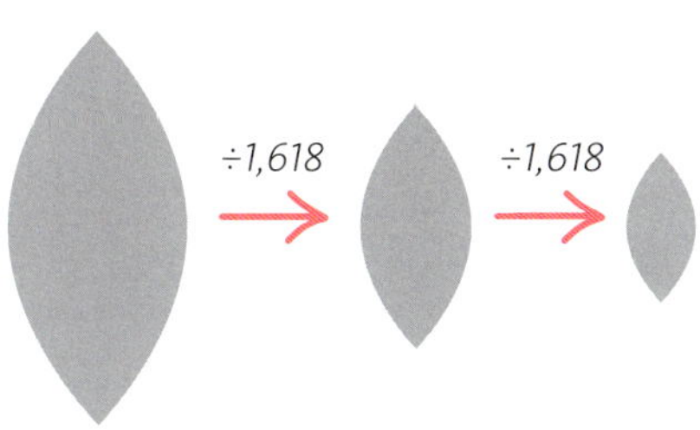

Faktor 1,618

Wenn die neuen Blätter kleiner sein sollen, dann teilen Sie das große Blatt durch 1,618.

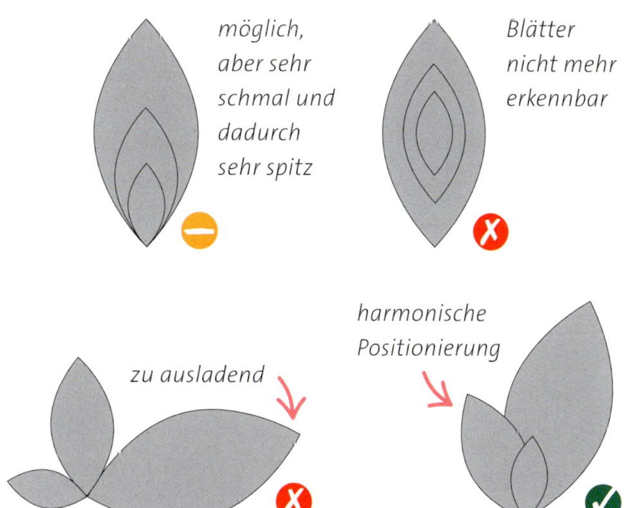

Thematisch passende Farben

Zunächst suchen wir uns Farben, die zum Thema passen. Zum Unternehmen beziehungsweise zum Label fallen mir folgende Begriffe ein: Kosmetik, Natur, Pflanzen, Blätter, Ökologie, Pflege, Wellness, Ruhe, Entspannung, Weiblichkeit. Wir testen nun die verschiedenen Farben.

Natur, Umwelt

Wellness

Weiblichkeit

Farben zum Thema

Greifen Sie auf thematisch sortierte Farbsammlungen zurück. Bei Bedarf sollten Sie sich solche Muster anlegen. Im Kapitel »Mit einem Plakat werben« ab Seite 286 finden Sie einige Vorlagen.

Die Farben gehören zwar zu Natur und Weiblichkeit, sind aber zu kontrastreich.

Grundsätzlich sollten wir bei diesem Thema auf technische Farben wie Blau verzichten.

Braun und Grün sind eine gute Basis, mit dem Weiß aber wieder zu kontrastreich.

Das Orange ist für das Grün zu laut, die Kombination nicht ruhig und natürlich.

Eine einfarbige Variante ist eine gute Möglichkeit; die Farbe passt zum Thema.

Mit Braun, Grün und Ocker ist die Wahl auf natürliche und ruhige Farben gefallen.

Das Logo und die Schrift

Schriftzeichen und Schriftzüge

Typografische Logos können nicht nur den Firmennamen im Logo unterbringen, sondern vermitteln durch die Wahl der Schrift ganz nebenbei auch noch eine Stimmung.

Typografische Logos

Bei der Arbeit mit Schrift stellt die Gestaltung eines typografischen Logos eine Ausnahme dar. Viele der Grundregeln, die in der Typografie gelten, werden bei der Logogestaltung außer Kraft gesetzt. Der größte Unterschied liegt in der Frage nach der Lesbarkeit der Schrift, die bei klassischen Texten im Vordergrund steht. Die Schrift beziehungsweise die Schriftzeichen eines Logos müssen nicht unbedingt gut lesbar sein. Sie sollen einprägsam, individuell, charakteristisch, reproduzierbar und noch ein paar andere Dinge sein – die Lesbarkeit kommt ganz am Ende auf unserer Liste. Bitte beachten Sie also: Wir betrachten an dieser Stelle die Eigenarten eines typografischen Logos und nicht den Einsatz von Schrift im Allgemeinen.

Rufen wir uns noch einmal ins Gedächtnis: Wortmarken bestehen aus typografischen Zeichen in Form des Firmennamens wie zum Beispiel bei eBay, Google, IKEA. Unter Zeichenmarken oder auch Buchstabenmarken versteht man in der Regel ein Logo aus einzelnen Buchstaben, Abkürzungen, Anfangsbuchstaben oder Zahlen, wie zum Beispiel bei H&M.

[Serifen]
Serifen sind die An- und Abstriche sowie die Endstriche von Buchstaben.

Eigene Schrift | Manche Unternehmen lassen speziell für ihr Logo oder als Hausschrift eine eigene Schrift erstellen. So verwendet zum Beispiel das Unternehmen Allianz die Schriften Allianz Sans und Allianz Serif oder Audi seine Audi Type Extended. Diese neue Schrift kann dann entweder alle verfügbaren Zeichen enthalten oder eben nur die im Logo verwendeten Zeichen. So war es übrigens auch bei der Schrift Times, die wahrscheinlich jeder kennt, der schon einmal vor einem Computer saß: Ursprünglich wurden nur die fünf Buchstaben »Times« gestaltet, da sie

[Sans Serif]
Sans Serif bedeutet übersetzt »ohne Serifen« und bezeichnet die Gruppe von Schriften, die keine Serifen aufweisen und deren Strichstärke optisch gleich bleibt.

als Headline des englischen Magazins benötigt wurden. Erst später wurden auch alle anderen Zeichen erstellt und als Gesamtpaket vermarktet.

Alle Porsche Modelle

Alle Porsche Modelle

^ Porsche
Oben der Screenshot von der Porsche-Website, darunter die original Franklin Gothic, die als Grundlage der Porsche-eigenen Schrift dient. Eine leichte Veränderung ist sichtbar.

Standard und doch anders | Es muss aber nicht immer alles neu sein. Einige Unternehmen verwenden eine bestehende Schrift und ändern sie leicht ab. So sieht man bei Porsche die Schriften Porsche Franklin Gothic und Porsche Franklin News Gothic, die auf den Schriften Franklin Gothic und News Gothic basieren und für die eigenen Zwecke und zur Identifizierung lediglich modifiziert wurden.

Und letztlich gibt es auch eine Menge Firmen, die auf bestehende und bewährte Schriften setzen, wie bulthaup mit der Rotis, die Deutsche Post mit der Frutiger oder Fielmann mit der Futura. Es muss also nicht immer der eigene Font sein, um unverwechselbar zu werden. Wenn Sie aber eine handelsübliche Schrift verwenden, sollten Sie beim Logo selbst Individualität zeigen, um dem Unternehmen ein persönliches Gesicht zu geben.

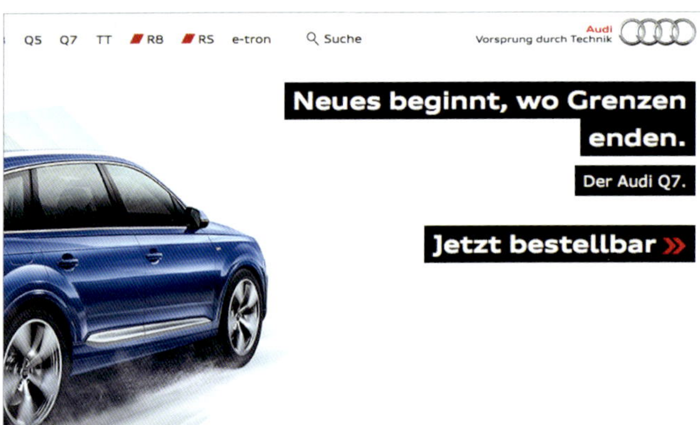

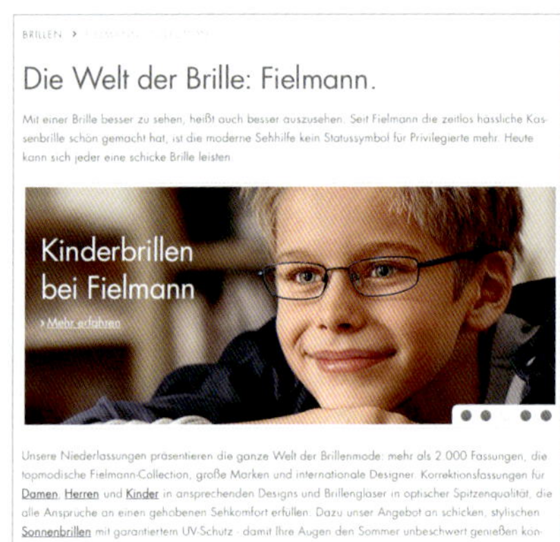

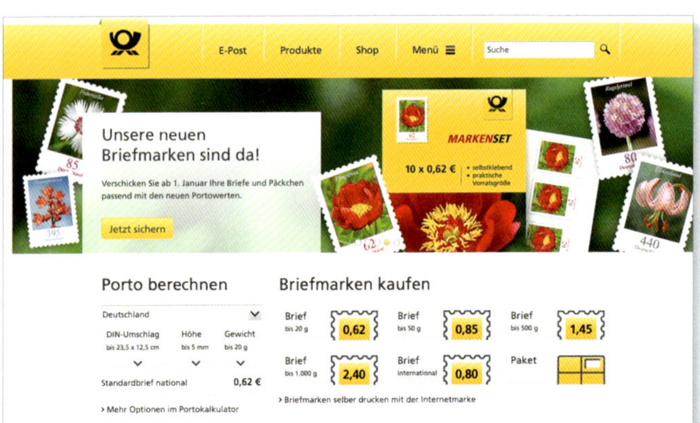

< ^ Audi, Deutsche Post und Fielmann
Audi verwendet seine eigene Audi Type Extended, und die Deutsche Post und Fielmann setzen auf die altbewährten Frutiger und Futura.

Persönlicher Stil | Wenn das Logo lediglich aus dem Firmennamen besteht, dann greifen Sie lieber zu einer unüblichen Schrift, oder verändern Sie die Schrift individuell. Haben Sie selbst oder ein Bekannter von Ihnen eine charakteristische und gefällige Handschrift? Dann ziehen Sie doch vielleicht in Betracht, den Firmennamen selbst zu schreiben. Ein typografisches Logo, selbst geschrieben, wie beispielsweise bei Knorr, hat Stil und prägt sich ein. Achten Sie aber auf die Leserlichkeit; eine extrem unleserliche Handschrift ist zwar individuell, aber nicht einprägsam.

Verknüpfung von Erscheinungsbild und Typografie | Ähnlich wie es besetzte Farben gibt, so gibt es auch besetzte Schriften. Dabei handelt es sich um Schriften, die nur durch ihr Aussehen den Betrachter entweder direkt an eine Marke erinnern oder zumindest an eine Aussage. Die gebrochenen Schriften beispielsweise sind politisch stark besetzt. Abgesehen von dieser Wirkung werden sie fast ausschließlich für ihre traditionelle und heimatverbundene Aussage verwendet, also für Gaststuben, Wirtshäuser oder auch für Themen rund um die Bibel. Beachten Sie also, ob eine Schrift bereits mit einem Thema stark vorbelastet ist.

Falls Sie unsicher beziehungsweise zu sehr im Thema sind, um zu einer Meinung zu finden, dann gestalten Sie das Logo in der gewünschten Schrift und bitten einfach ein paar Bekannte, Ihnen ihren ersten Eindruck des Logos mitzuteilen.

[Gebrochene Schrift]
Die Rundungen dieser Schriftengruppe sind ganz oder nur zum Teil gebrochen.

^ Fette Fraktur
Eine bekannte gebrochene Schrift ist die Fette Fraktur.

^ Individueller Zug
Die Schriftzüge von Senseo, MyFonts oder Knorr sind individuell und unverwechselbar.

Swapped Logos | Wie stark die Wirkung einer Schrift sein kann und wie sehr die gewählte Schrift das Erscheinungsbild prägt, möchte ich Ihnen unten anhand einiger Beispiele zeigen. Der Name eines Unternehmens wurde in Schrift und Farbe ausgezeichnet wie ein anderes Unternehmen. Sie merken bei diesen getauschten Logos, wie unwichtig der eigentliche Text wird und wie stark die Schriftart, die Auszeichnung und die Farbe für die Assoziationen mit den Unternehmen sind.

^ Designer mit Schrift Designerlabels bevorzugen ein typografisches Logo.

Schrift innerhalb einer Branche | Interessanterweise gibt es bezüglich der Logos in manchen Branchen eher eine Angleichung statt einer Abgrenzung. So arbeiten beispielsweise eine Menge teurer Designerlabels ausschließlich mit rein typografischen Logos. Dolce und Gabbana (Futura), Gucci, Saint Laurent, Armani, Boss, Calvin Klein (ähnelt stark der Futura), Prada, Dior oder Joop – alle Unternehmen präsentieren sich ausschließlich mit Typografie. Sie sollten sich aber gut überlegen, ob Sie sich diesem Trend mit Ihrem kleinen Modelabel unbedingt anschließen sollten, oder ob Sie sich bewusst abgrenzen.

Getauschte Logos > Der Designer Fabio Di Corleto hat mit seinem Projekt Swapped Logo auf beeindruckende Weise gezeigt, wie stark das Design unsere Assoziationen bestimmt.

@ Fabio Di Corleto

Typografisches Logo oder Bildmarke? | Ob Sie ein Logo auf Grundlage grafischer Formen oder aus Zeichen bevorzugen, ist Geschmackssache. Praktisch bei typografischen Logos ist in jedem Fall, dass Sie den Firmennamen gleich mit untergebracht haben. Allerdings sollte er dann nicht zu lang sein. Ein kurzer knackiger Firmen- oder Personenname, umgesetzt als typografisches Logo, erfüllt in jedem Fall gleich zwei Zwecke: Wiedererkennung und Namensbindung.

Kriterien für die Schriftwahl

Beginnen wir nun mit der Schriftwahl. Sie haben einen guten Überblick über die zur Verfügung stehenden Schriften? Im Optimalfall haben Sie eine Liste von allen auf Ihrem Rechner verfügbaren Schriften. Ein solches Schriftmusterbuch, mit dem Ihnen von jeder Schrift ein Beispiel vorliegt, hilft bei der Wahl enorm. Jede einzelne Schrift hat ihre ganz individuelle Wirkung, sie strahlt etwas aus, erinnert uns und den Kunden manchmal unbewusst, manchmal ganz offensichtlich an etwas.

Falls Sie keine Beispiele der Schriften zur Hand haben, müssen Sie mit der jeweiligen Software, mit der Sie das Logo entwerfen, die Schriften einzeln ausprobieren, was mühsam sein kann. Insofern ist ein Überblick in Form eines PDFs oder ausgedruckter Seiten sinnvoll.

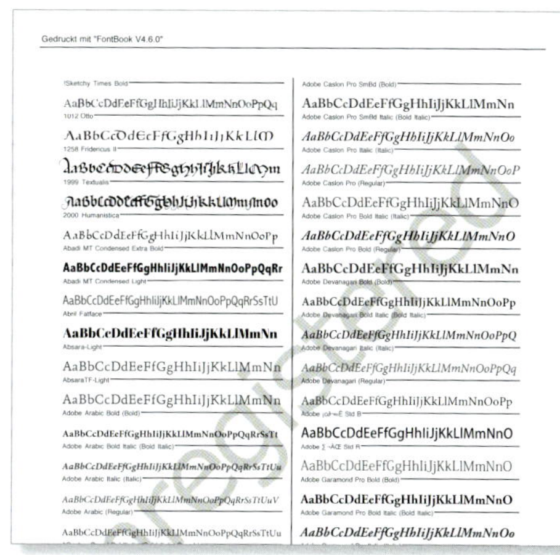

∧ Schriftbeispiele
Die Schriftmuster können Beispieltext oder das Alphabet enthalten. Sinnvoll ist so ein Überblick allemal.

< Software für Schriftmuster
Falls Sie mit InDesign arbeiten, können Sie das Script FontTable *(http://indesignsecrets.com/make-a-font-contact-sheet-in-indesign.php)* oder Fontbook.js verwenden *(https://creative.adobe.com/addons)*. Die Schriftsammlung von Mac OS X (links zu sehen) ist auch in der Lage, zuvor aktivierte Schriften zu drucken, und für Windows-Anwender empfiehlt sich NexusFont *(http://nexusfont.de.softonic.com)*.

Comicschrift
Sie eignet sich nicht für seriöse Auftritte.

Bodoni
Arial

Strichstärke
Betrachten Sie die wechselnden Strichstärken bei der Bodoni – bei der Arial bleibt die Stärke gleich.

Schriftwirkung | Notieren Sie sich zunächst – falls noch nicht getan – Attribute des Unternehmens. Wie möchte das Unternehmen gesehen werden? Was ist der Stil des Unternehmens? Möchte es zuverlässig und vielleicht sogar etwas spießig wirken wie ein Steuerbüro? Oder gemütlich, einladend und verführerisch wie eine Patisserie? Möchte es jugendlich und frech wirken oder lieber leise und höflich? Organisch oder mechanisch?

Beschreiben Sie das Unternehmen. Und blättern Sie nun durch Ihre Schriftmuster. Allen Schriften können Sie ebenfalls solche Attribute zuordnen. Suchen Sie mehrere Schriften heraus, die die gleiche Wirkung haben. Eine verspielte Marke benötigt eine verspielte Schrift, und eine lässige und trendige Marke benötigt eine lässige und trendige Schrift.

Strichstärke | Die Strichstärken können sich stark unterscheiden, und zwar nicht nur von Schrift zu Schrift, sondern auch innerhalb einer Schrift. Die Schriften, deren Strichstärken bei allen Buchstaben nahezu gleich stark bleiben, haben meist keine Serifen, sind also Serifenlose. Wechseln hingegen die Strichstärken, handelt es sich in der Regel um Schriften mit Serifen. Wechselnde Strichstärken findet man auch häufig bei Schreibschriften oder bei Schriften mit handschriftlichem Charakter.

Gruppen verschlagworten
Für die Vorauswahl genügt es, wenn Sie Schriftengruppen mit Schlagwörtern versehen. Dies spart Ihnen jedesmal aufs Neue Zeit.

Akizdenz Grotesk
Arial
Dosis
Franklin Gothic
Frutiger
Gill Sans
Helvetica
JULIUS SANS ONE
Meta
Myriad
Qlassik Bold

modern, nüchtern, zurückhaltend, neutral

Papyrus
Bauhaus
Eckmann

nur für eine ganz bestimmte Stilrichtung einsetzbar

Alex Brush
CaramelCrunch
Heather
Pacifico

elegant, persönlich, vornehm

Schriften mit wechselnden Strichstärken sagt man mehr Lebendigkeit nach als Schriften mit gleichbleibende Strichstärken.

Allgemeine Regeln | Auch wenn jede Schrift individuell betrachtet werden muss, lassen sich trotzdem ein paar allgemeine Regeln zur Wirkung von Schriften festhalten. Beachten Sie bitte wieder, dass die Regeln von Ausnahmen bestätigt werden.

- Schriften ohne Serifen wirken sachlich, nüchtern, ausgeglichen, unpersönlich.
- Schriften mit Serifen wirken seriös, antiquiert, edel.
- Schriften mit dünnen Strichstärken wirken leicht, sportlich, elegant, zurückhaltend, luftig.
- Schriften mit dicken Strichstärken wirken behäbig, laut, fordernd, drängend, schwer.
- Schriften mit wechselnden Strichstärken wirken lebendig, wechselhaft, abwechslungsreich.
- Schriften mit gleichbleibenden Strichstärken wirken beständig, langweilig, bodenständig, ruhig.
- Handschriften und Schreibschriften wirken persönlich.
- Gebrochene Schriften wirken altertümlich, bodenständig, traditionell.

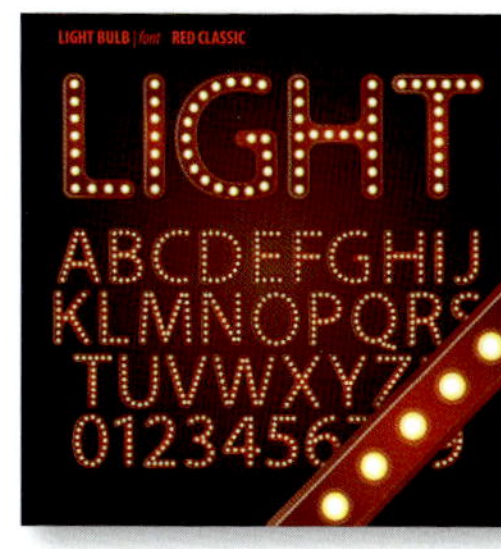

^ Unterschiede
Verschiedene Schriftvariationen

Didot
Garamond
Gentium
Nueava Bold
Stempel Schneider
Goudy Old Style

seriös, alt, elegant, lebendig

Fridericus
Fette Fraktur
Duc De Berry

alt, traditionell, gutbürgerlich

Architects Daughter
Bradley Hand
Chalkduster
CLAIRE HAND
Coming Soon
Delbi
FontOnAStick
Radiohead
scrubble

handschriftlich, individuell, persönlich, fröhlich, gesellig

Abril Fatface
Egyptienne F
Impact
LT Oksana
Onyx
Rockwell

ungewöhnlich laut oder leise, schlank oder dick

Wählen Sie für das Logodesign die Schrift nur nach den benötigten Buchstaben.

Einzelne Buchstaben | In der Regel benötigen Sie für das typografische Logo nicht das gesamte Alphabet einer Schrift, sondern nur ein paar wenige Buchstaben. Bei ungewöhnlichen Schriften ist manchmal jeder Buchstabe ein Kunstwerk – und vielleicht gerade nicht für Ihre Zwecke optimal geformt. Beispielsweise können Schreibschriften sehr ausladende Ober- oder Unterlängen mit großen Schwüngen haben, die Zahlen passen nicht zu den Buchstaben oder das &-Zeichen wirkt staksig. Deswegen ist es bei der Schriftwahl entscheidend, dass Sie genau diejenigen Zeichen in der Schrift testen, die Sie auch benötigen. Ein allgemeiner Blick auf das Alphabet reicht also nicht, um die optimale Schrift zu finden.

Buchstabenkombinationen | Die einzelnen Buchstaben, die Sie benötigen, gefallen Ihnen? Gut – aber jetzt sollten Sie diese auch in der richtigen Reihenfolge austesten. Denn wenn Ihnen beispielsweise das »T« und das »S« gefällt, kann es trotzdem sein, dass die beiden Buchstaben nebeneinander in der benötigten Reihenfolge durch ihre eigenwilligen Kurven überhaupt nicht miteinander harmonieren.

Nicht jede Buchstabenkombination in der vorgegebenen Reihenfolge sieht automatisch gut aus, auch wenn die Buchstaben einzeln ihren Vorstellungen entsprechen. Beurteilen Sie also erst, wenn Sie die finale Buchstabenkombination in der richtigen Reihenfolge vor sich haben.

Schriftwechsel
Besonders Zeichen außerhalb des ABC, wie beispielsweise das & oder @, wirken manchmal, als wären sie von einer anderen Schrift kopiert. Sie passen stilistisch nicht zur eigentlichen Schrift und fallen völlig aus dem Rahmen. Bei den preiswerten oder kostenlosen Schriften fehlen diese Zeichen auch manchmal ganz. Im Beispiel hat die Holla ein stilistisch unpassendes @-Zeichen.

Ausnahmen – wie die Zapfino | Wer gerne und häufig mit einer Schreibschrift arbeitet, sollte sich die Zapfino genauer ansehen. Hermann Zapf, der Vater dieser wunderschönen Schrift, hat nämlich von einigen Buchstaben Alternativen entworfen. So gibt es beispielsweise das »g« in fünf verschiedenen Variationen – genau für solche Zwecke. Achtung, es gibt die Zapfino auch in der sparsamen Variante – also bitte beim Kauf darauf achten, die Variante mit Alternativen zu erwerben.

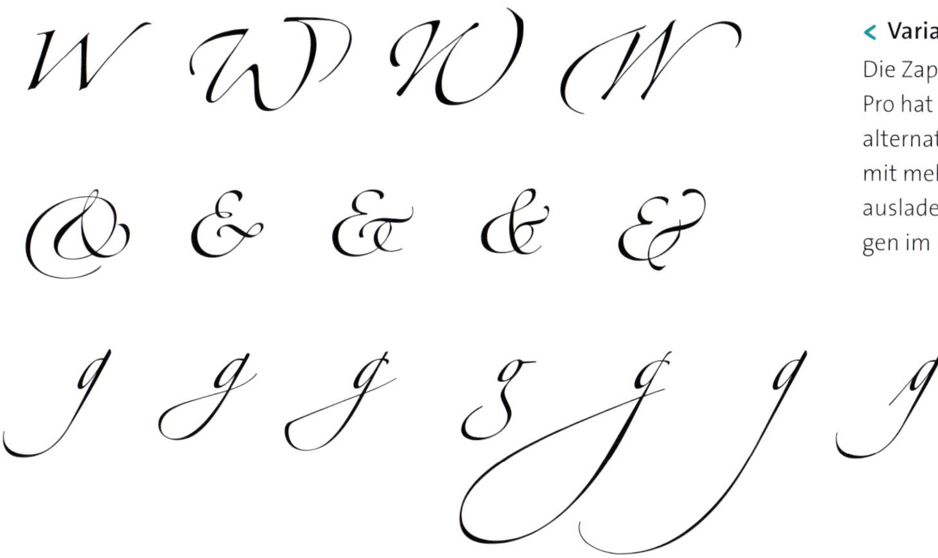

< Varianten
Die Zapfino Extra LT Pro hat eine Menge alternativer Buchstaben mit mehr oder weniger ausladenden Schwüngen im Repertoire.

Schlechte Kombination
In dieser Kombination wirkt das »o« der Schrift Waza LT Pro, als würde es umfallen, da der Winkel des S steiler ist als der des o. Würde man ein T davor kombinieren, passen die Winkel der beiden zusammen. Nutzt aber nichts, wenn man die beiden Buchstaben s und o benötigt …

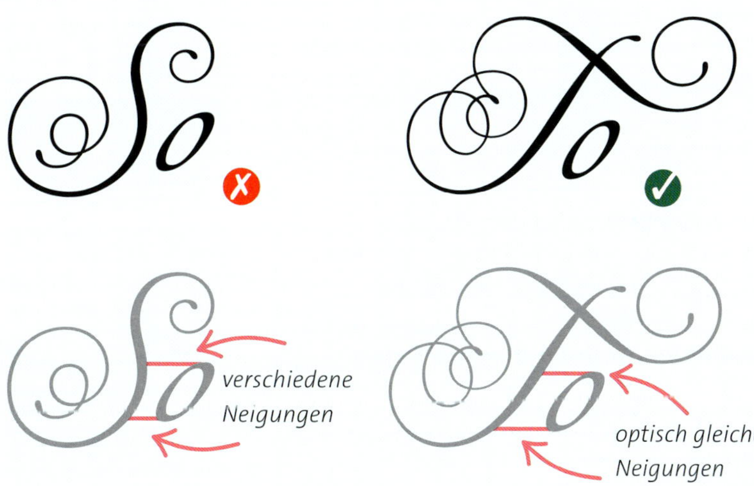

Persönlicher Charakter | Vielleicht liebäugeln Sie bereits mit einer Schrift, aber die von Ihnen benötigten Zeichen lassen sich so nicht verwenden? Manchmal sind es die großen Schwünge, die die gewünschte Kombination nicht zulassen, weil sie Teile des Buchstabens berühren; manchmal wirken zwei Buchstaben in einer bestimmten Reihenfolge hintereinander einfach nicht harmonisch. In solchen Fällen können Sie auch ein oder mehrere Zeichen individuell verändern.

Technisch ist das Verändern relativ einfach, indem die Schrift durch den gleichnamigen Befehl in Pfade umgewandelt wird. In Adobe InDesign sowie auch in der aktuellen Version von Adobe Illustrator finden

Grundelemente
Beim Logoentwurf für eine Schneiderei haben wir uns auf eine Nadel und den Anfangsbuchstaben des Vornamens konzentriert. Er wird in der Scriptina ausgezeichnet. Der Name der Schneiderin soll aber auch untergebracht werden.

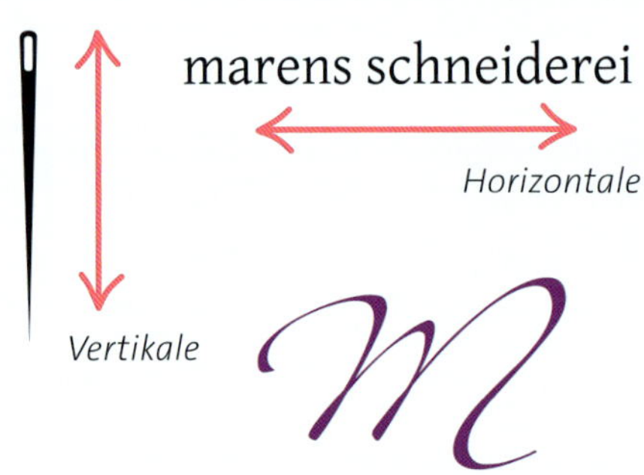

Vertikale und Horizontale
Die Nadel benötigt Raum in der Vertikalen, der Name in der Horizontalen. Dadurch würde trotz kleiner Einzelteile die Gesamtgestaltung viel Platz benötigen.

Das »m« soll durch das Nadelöhr laufen.

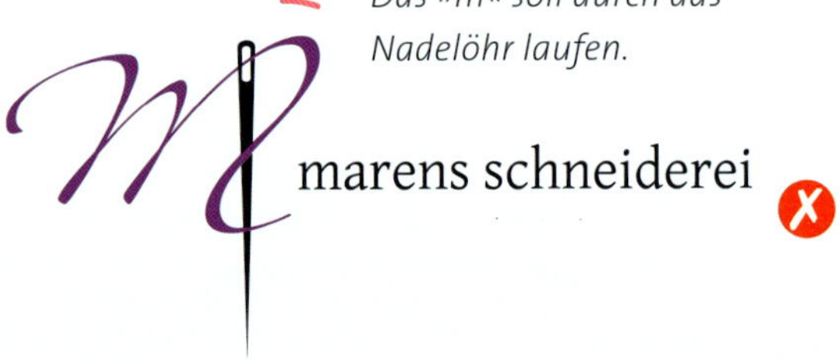

Durch die ausladende Horizontale könnte die Gestaltung teilweise nur sehr klein wiedergegeben werden, was die Reproduzierbarkeit erschwert.

Sie den Befehl namens In Pfade umwandeln im Menü Schrift. Als Ergebnis erhalten Sie Ankerpunkte, die durch Liniensegmente miteinander verbunden sind. Mit ein bisschen Übung lassen sich die Punkte und Linien so verändern, dass störende Ecken oder Schwünge verschwinden, Strecken verlängert oder verkürzt werden, die Bögen aber immer noch harmonisch ins Bild passen.

Durch punktuelle Änderungen wird ein Schriftzug individuell.

Das individuelle Umformen von Zeichen können Sie natürlich auch dann anwenden, wenn Ihnen die Schrift zu normal und gewöhnlich erscheint. Durch die punktuelle Umformung wird Ihr Logo einzigartig und erhält Ihre Handschrift.

Zweizeiler

Damit der Name weniger breit läuft, könnte man ihn zweizeilig setzen. Dafür ist der Bogen des »m« aber zu eng. Wir wandeln also das »m«in Pfade um, damit wir den Schwung nach unten verlängern können.

Hier soll es länger werden.

Der untere Teil der Ankerpunkte wird nach unten verschoben.

Angepasst

Der Bogen streckt sich jetzt so lang nach unten, dass er die beiden Zeilen bequem umschließen kann.

Schrift und Grafik

Grafik und Schrift sollten die gleichen Attribute aufweisen.

Wenn bereits eine Grafik oder ein Bild vorhanden ist, gilt es, eine Schrift zu finden, die mit dem Bildzeichen harmoniert. Auch hier sollten Sie – neben den Attributen zur Firma – Attribute für das Bildzeichen finden. Wirkt es eher modern oder antik, zurückhaltend elegant oder vorlaut frech? In jedem Fall sollte die Schrift die Aussage des Bildzeichens unterstützen und seine Wirkung verstärken. Kontraste beziehungsweise gegensätzliche Aussagen sind an dieser Stelle kontraproduktiv. Treffen Sie zunächst anhand der bereits bekannten Kriterien eine Vorauswahl, und betrachten Sie dann die vorhandene Grafik im Detail.

Abgesehen von ihrer Gesamtwirkung, wie beispielsweise modern, kraftvoll, seriös oder weiblich, sollten Sie die Form beziehungsweise Teile

Rund und breit

Bei diesem Logo fallen besonders die Rundungen und die Betonung der Breite auf.

carflix

vertikale Betonung

Die Yanone Kaffeesatz ist vertikal betont.

carflix

ausgeglichen

Die Syntax ist ausgeglichen, allerdings eher streng und nicht rund.

carflix

horizontale Betonung, weiche Rundungen

Die Swanky and Moo Moo läuft breit, betont also ebenfalls die Horizontale, und hat weiche Rundungen.

in der Form genau betrachten. Sind die Formen organisch, weich, vielleicht etwas rund oder wellig? Oder zwar rund, aber trotzdem glatt? Oder sind sie vielleicht eckig und symmetrisch? Oder herrscht eher eine asymmetrische und unregelmäßige Form vor? Wird die Grafik horizontal oder vertikal betont? Erst wenn Sie die Grafik hinsichtlich all dieser Details beurteilt haben, sollten Sie einige Buchstaben der Testschrift daneben platzieren und mit der Kombination beginnen.

Verschiedene Größen | Da Schriften in verschiedenen Größen unterschiedlich wirken, empfehle ich Ihnen grundsätzlich in diesem Prozess, die Testschrift in mindestens zwei, besser in drei verschiedenen Größen auszuprobieren. Somit verhindern Sie unliebsame Überraschungen, wenn Grafik oder Schrift später einzeln skaliert werden.

Schriften erwerben

Beim Rechnerkauf sind eine große Menge Schriften bereits vorinstalliert, und nahezu bei jedem Softwarekauf kommen weitere dazu. Im Internet findet mal zahllose Websites mit kostenlosen Schriften, den freefonts, und letztlich hat der Kumpel sicherlich auch noch welche, die er gerne kopiert. Auf den ersten Blick gibt es also Schriften in Hülle und Fülle.

Betrachtet man die Schriftenflut aber mal etwas detaillierter, erkennt man schnell, dass sich Schriften in Qualität, aber auch in ihrer Lizenzpolitik und natürlich im Preis stark unterscheiden.

Freefonts | Freefonts sind, wie der Name schon vermuten lässt, kostenlos und somit doch die erste Wahl, oder? Nun, nur sehr wenig im Leben ist kostenlos und gleichzeitig eine gute Wahl, und so verhält es sich auch mit den Schriften. Zunächst ist es so, dass das Wort »Freefont« durchaus verwirren kann, denn häufig findet man bei den Lizenzbestimmungen klare Einschränkungen. Abgesehen davon, dass die Unterscheidung häufig gar nicht so einfach ist, sollten Sie bei solchen Lizenzregeln Vorsicht walten lassen, damit Sie rechtlichen Ärger vermeiden.
Weiterhin bestehen Freefonts häufig aus nur einem Schnitt. Wer also eine fette und vielleicht noch eine kursive Variante einer Schrift benötigt, sollte unbedingt vorher klären, was überhaupt verfügbar ist.

Privat oder kommerziell
Viele Schriftdesigner erlauben bei ihren freien Fonts lediglich die Nutzung für private Zwecke, nicht aber für kommerzielle, so wie hier bei *www.dafonts.com*.

Das Hauptproblem von Freefonts aber ist die Qualität. Das Erstellen einer Schrift ist, wenn man es ernst meint und gewissenhaft ausführt, eine gewaltige Aufgabe, die enormes Fachwissen und viel Zeit benötigt. Somit kann es nur logisch sein, dass viele kostenlose Schriften qualitativ nicht mit kostenpflichtigen Schriften mithalten können. Vor allem die Unterschneidungen, also die Abstände zwischen einzelnen Buchstabenkombinationen, sind bei kostenlosen Schriften mit meist deutlich weniger Präzision und Ausdauer ausgeglichen worden als bei kostenpflichtigen Schriften. Brauchen Sie für Ihr Logo nur einige, wenige Buchstaben, spielt das natürlich keine große Rolle.

✓ Weit hinten, hinter den **Wortbergen**, fern der Länder **Vokalien** und **Konsonantien** leben die **Blindtexte.**

Wortbergen

Die Yanone Kaffeesatz ist eine der wenigen Goldstücke unter den kostenlosen Schriften und eignet sich gut als Headline-Schrift. Ganze vier Schnitte gibt es von ihr, die man untereinander prima kombinieren kann.

✗ Weit hinten, hinter den Wortbergen, fern der Länder Vokalien und Konsonantien leben die Blindtexte. Abgeschieden wohnen sie in Buch-

Wortbergen

Die Thonburi wirkt insgesamt klobig und ungelenk, was nicht nur durch die Form der Buchstaben, sondern auch durch die mal zu großen und mal zu kleinen Abstände verursacht wird.

✗ Weit hinten, hinter den Wortbergen, fern der Laender Vokalien und Konsonantien leben die Blindtexte. Abgeschieden wohnen sie in Buchstabhausen an der

Wortbergen

Die Rabiohead verfügt weder über Umlaute noch über das €. Die Abstände sind insgesamt unregelmäßig und müssen manuell ausgeglichen werden.

Grundsätzlich bestätigen auch hier Ausnahmen immer wieder die Regel. So manch ein Schriftkünstler erfreut sich tatsächlich einfach nur an der Beliebtheit seiner Schrift, ein anderer möchte auf sich aufmerksam machen, und ein dritter bietet einen kostenlosen Schnitt zum Anfüttern an, damit der Kunde diesen benutzt und die anderen dazukauft. All diese Varianten findet man. Aber man findet eben deutlich öfter die Schriften, bei denen schnell klar wird, warum sie nichts kosten.

An dieser Stelle empfehle ich Ihnen zwei Websites, bei denen Sie viele gute Schriften kostenlos erhalten. Das ist zum einen fontsquirrel *(http://www.fontsquirrel.com)* und zum anderen die Schriftsammlung von Google *(http://www.google.com/fonts)*.

Der Umfang von Schriften für den Druck und für das Internet kann sich stark unterscheiden.

Print oder Web | Zahlreiche kostenlose Schriften, die Sie im Internet finden, sind lediglich für den digitalen Einsatz konzipiert. Webfonts werden für die digitale Darstellung technisch optimiert und mit unterschiedlichen Techniken geglättet. Wichtig sind außerdem eine kleine Dateigröße sowie ihre Sicherheit. Ligaturen, Kapitälchen, besondere Ziffern oder andere typografische Besonderheiten hingegen spielen bei Webfonts eine untergeordnete Rolle, machen dafür aber in der Druckwelt den Unter-

1 2 3 4 5 6 7 8 9 0 *Versalziffern*

1 2 3 4 5 6 7 8 9 0 *Mediävalziffern*

Mediävalziffern
Diese Zahlen sind unterschiedlich groß und wirken innerhalb eines Fließtextes harmonischer, weil sie wie Buchstaben nach oben und unten hinausragen.

Wasserflasche Stoffbahn *ohne*

Wasserflasche Stoffbahn *mit*

Ligaturen
Bestimmte Buchstabenkombinationen wie ff, ffl, fl oder das fb sind miteinander verbunden.

FALSCHE KAPITÄLCHEN
in der Lucida Grande

ECHTE KAPITÄLCHEN
in der Kievit Pro

Kapitälchen
Die »kleinen Großbuchstaben« eignen sich zum Auszeichnen von Text. Die Strichstärke des großen Anfangsbuchstabens ist nicht stärker als die anderen Striche.

schied. Um Fonts für den Druck zu gestalten, benötigt man also unterm Strich in der Regel mehr Zeit und Präzision als beim Entwerfen von Webfonts, und kostenlose Fonts sind somit häufig nur für den Einsatz im Web optimiert. Achten Sie also bitte darauf, dass die Schrift für den Druck optimiert ist, wenn Sie sie in Ihrer Gestaltung einsetzen.

Rechte und Pflichten
Beachten Sie bitte die Lizenzbestimmungen, auch wenn Sie nur wenige Buchstaben einer Schrift verwenden.

Kosten und Lizenzmodelle | Zunächst einmal sollte uns als Grafikern klar sein, dass wir ähnlich wie bei der Software niemals eine Schrift kaufen, sondern nur die Erlaubnis, die Schrift zu verwenden. Aus dieser Logik heraus wird auch klar, warum eine Weitergabe einer Schrift grundsätzlich untersagt ist. Generell sind die Preisunterschiede enorm. Wie Sie gerade gehört haben, kann man auch durchaus gute kostenlose Schriften erhalten, Sie können aber auch für eine kleine Familie schnell 1000 Euro bezahlen. Jedes Schriftenhaus hat andere Lizenzmodelle; häufig ist der Einsatz einer Schrift auf eine bestimmte Anzahl an Arbeitsplätzen beschränkt. Und noch eine Information, die häufig unklar ist: Wenn Sie im Auftrag Ihres Kunden eine Schrift für die Gestaltung benötigen, kaufen Sie die Schrift beim Hersteller. Sie und nicht der Kunde sind also Käufer und Lizenznehmer; der Kunde hat auch nach Beendigung des Auftrags kein Anrecht auf die Schrift.

Kosten und Nutzen bei typografischen Logos | Gerade bei der Erstellung eines Logos, das nur aus wenigen Buchstaben besteht, spielt eines der Hauptkriterien für die Qualität einer Schrift, nämlich das Kerning, keine Rolle. Gesetzt den Fall, Sie benötigen wirklich nur zwei, drei Buchstaben, wird man diese sowieso manuell ausgleichen und korrigieren. Auch wird dann meist kein zweiter oder dritter Schnitt benötigt. Suchen Sie also eine Schrift, die nur im Logo zum Einsatz kommt, sollten Sie bei den Freefonts fündig werden. Zudem stellt sich hier schnell die Kosten-Nutzen-Frage: Wer möchte schon viel Geld für eine Schrift ausgeben, von der man nur vier Buchstaben benötigt? Besteht allerdings die Möglichkeit, dass der Kunde später dazu passend weitere Druckgestaltungen in Auftrag gibt, bei denen er die im Logo verwendete Schrift wiedersehen möchte, müssen Sie leider alle Kriterien zur Schriftwahl beachten.

[Kerning]
Als Kerning bezeichnet man das Zurichten, also das Optimieren der Buchstabenabstände zueinander.

PROJEKT 6

Logo aus einem Buchstaben

Glänzend für einen Juwelier

In dieser Projektarbeit gilt es, ein typografisches Logo für ein kleines Unternehmen namens madeleine zu erstellen. madeleine bietet auf dawanda, der Internetplattform für Geschenke, Unikate und Handgemachtes, seinen handgemachten Schmuck an, und zwar hauptsächlich Schmuckstücke aus Silber und Platin. Wir wollen die übliche, verspielte und zarte Schreibschrift, die viel zu häufig für Goldschmiede und Schmuckläden verwendet wird, auf jeden Fall vermeiden und entwickeln ein individuelles typografisches Logo.

Der Stil der Schmuckstücke

In jedem Fall müssen wir den Stil des Schmucks und der Schmiede beachten. Die Schmuckstücke sind klar und organisch, aber nicht hart oder kühl. Sie sind ungekünstelt und markant, aber nicht geometrisch. Sie strahlen Kraft und Wärme aus. Für alle individuell erstellten und handgearbeiteten Schmuckstücke dient das Metall Silber als Grundmaterial.

Der Hauptdarsteller – das Material Silber

Häufig genügt es, wenn Sie sich kurz mit dem Hauptdarsteller des Unternehmens vertraut machen, in diesem Fall mit dem Material Silber. So lassen sich leicht passende Schlagwörter herausarbeiten, die wir dann bei der gesamten Gestaltung beachten.

Noch fruchtbarer ist meist ein Gespräch mit dem Künstler, der über die Gründe spricht, warum er gerade mit diesem Material arbeitet. Hier ist der Künstler von der einzigartigen Farbe, dem Glanz und von der Reflexion des Materials fasziniert.

Durch die verschiedenen Farbschichten entsteht der Eindruck des Schimmerns.

Verwendete Zeichen herausarbeiten

Zunächst klären wir die Frage, welche Buchstaben im Logo verwendet werden sollen. Da der Künstler ein typografisches Logo möchte und das Unternehmen madeleine heißt, könnte man entweder den gesamten Namen oder nur ein oder zwei Buchstaben verwenden. Wir entscheiden uns für Letzteres, da madeleine als relativ langer Name für ein Logo etwas unhandlich und schwerer in Form zu bringen ist als nur ein paar Zeichen.

madeleine

Je länger der Name, desto schwieriger, weil unhandlicher ist es, ihn als Logo zu verwenden.

m **m.**

Das »m« mit einem Punkt dahinter wäre eine schöne Kombination von zwei Zeichen.

Schriftwahl

Durch die Entscheidung, lediglich mit einem Buchstaben zu arbeiten, beachten wir bei der Schriftwahl auch nur diesen einen Buchstaben. Dabei werden wir feststellen, dass uns eine Schrift zunächst als passend erscheinen kann, aber vielleicht gerade das m nicht sympathisch ist. Die gewünschten Assoziationen lauten klar, organisch, kraftvoll, reflektierend, glänzend.

Die Ziggy Zoe ist kindlich rund und erinnert uns nicht an Schmuck.

Die Pepita MT ist mit ihrem Federstrich nicht individuell genug und auch etwas zu kantig.

Die Party LET ist verspielt und nicht würdevoll genug.

Susie's Hand ist sehr individuell und gleichzeitig elegant – eine interessante Wahl.

Die Alex Brush wirkt schwungvoll und kräftig. Aber ist sie individuell genug?

Die Scriptina hat einen sehr individuellen Schwung, wirkt kraftvoll und organisch.

Oder doch die eigene Schrift?

Das »m« der Scriptina eignet sich hervorragend als Typo. Alternativ starten wir Versuche mit der eigenen Handschrift – oder auch mit der eines Freundes, wenn sich Ihre nicht eignet. Verwenden Sie dafür in einem Grafikprogramm wie Illustrator eine geeignete Pinselspitze wie KALLIGRAFIE, AQUARELL oder FÜLLFEDERHALTER – je nachdem, welchen Effekt Sie erzielen möchten.

Eine andere Idee ist, sich das »m« der Scriptina oder einer ähnlichen Schrift in den Hintergrund zu legen und darüberzuschreiben.

Vorhandenes Zeichen individualisieren

Doch lieber ein Zeichen aus einer vorhandenen Schrift? Verändern Sie das Zeichen doch etwas, um ihm mehr Individualität zu verleihen. Arbeiten Sie dafür mit den Zeichenwerkzeugen eines Grafikprogramms.

Pfade bearbeiten

Verändern Sie die Ankerpunkte, um Pfade leicht abzuwandeln. So wird das Zeichen ein Unikat.

Ein Punkt dazu

Der Bogen des »m« bietet sich hervorragend an, um einen Punkt zu ergänzen.

Reflexion und Farbe

Zentrale Punkte bei der Beschreibung des Materials Silber sind die einzigartige Farbe, der Glanz und die Reflexion. Mithilfe der Strichart und der Farbe versuchen wir, diese Begriffe mit dem Logo zu verbinden.

Das Original in der Scriptina mit einem leicht veränderten Punkt

Mit dem Pinsel Marker grob *entstehen spannende Effekte.*

Der Kalligrafie-Effekt ist zu laut und schwer; die Abschlüsse passen nicht zum Material Silber.

Ein Pinsel namens Katzenzungen *erscheint zu unrund, und die sehr unterschiedlichen Transparenzen könnten in der Umsetzung schwierig werden.*

Der Pinsel mit Aquarellspitze erzeugt reflektierende Effekte.

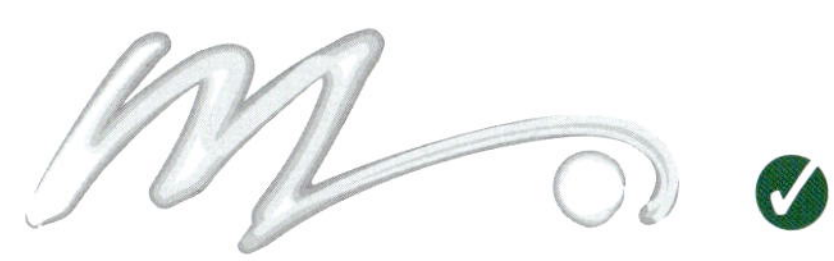

Der Pinseleffekt Aquarell gemischt *mit den hellen und dunklen Bereichen erinnert uns an glänzendes und Licht reflektierendes Silber.*

Farbwahl

Wenn Silber das Licht reflektiert und glänzt, kann es je nach Lichteinfall einen rosa- oder lilafarbenen Schimmer haben. Wir entscheiden uns deswegen relativ schnell für dieses helle Lila. Die Transparenzen und feinen Linien in der Pinselführung erzeugen mit dem Lila einen metallischen Look.

Reproduktion

Aufgrund der filigranen Linienführung könnte es Probleme bei einer starken Verkleinerung geben. Das Logo ist aber so individuell, dass es auch als graue flächige Variante identifizierbar ist.

PROJEKT 7

Logo mit Schriftzug

Wort- und Bildmarke für einen E-Reader

Ein Start-up hat einen E-Reader aus recyceltem Elektroschrott entwickelt, das Vorzeigeprodukt des Unternehmens. Der Name des Unternehmens lautet multivision, der Slogan für das neue Produkt nennt sich »Die grüne Art zu lesen«. Das Unternehmen soll sich mit einem sehr individuellen Logo möglichst schnell so etablieren, dass es auch ohne Zusatz von Name oder Slogan von den potenziellen Kunden erkannt wird. Wichtig ist dem Unternehmen auch, dass sein ökologisches Verantwortungsbewusstsein nach außen demonstriert wird.

Das Logo

Das m und das v von multivision sind leicht stilisiert und werden hintereinandergehängt, was durch die beiden verschiedenen Farben verdeutlicht wird.

Die Idee für das Logo gibt uns der Unternehmensname. Das »m« und das »v« wirken wie aus einem Guss und harmonieren, hintereinandergestellt, hervorragend miteinander.

Der Goldene Schnitt

Auch in diesem Fall basiert das Logo auf der Streckenunterteilung des Goldenen Schnitts. Die Strecke des »m« entspricht circa zwei Dritteln der Gesamtstrecke, das »v« etwa einem Drittel.

Auch wenn sich die Streckenteilung in diesem Fall automatisch ergibt, bestätigt sie uns, dass wir ein harmonisch unterteiltes Logo gestaltet haben.

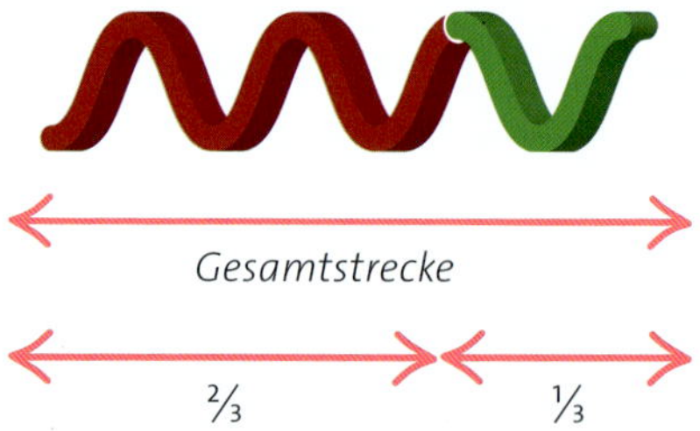

Stilisierung mit Effekt

Wir testen verschiedene Stilisierungsarten der beiden Buchstaben m und v. Wir nutzen die zusammenhängende Bewegung der beiden Buchstaben und arbeiten mit einer geschwungenen Linie, die diese Bewegung stilisiert darstellt. In Adobe Illustrator lassen sich auf einfache Art grafische Elemente mit Effekten auszeichnen.

Wir entscheiden uns für eine dreidimensionale Wirkung mit dem Filter Effekt • 3D • Extrudieren und abgeflachte Kante aus dem Menü Effekt von Adobe Illustrator. Der Filter soll aber die Linie beziehungsweise das m und das v nicht zu sehr entfremden, damit die Buchstaben immer noch zu erkennen sind.

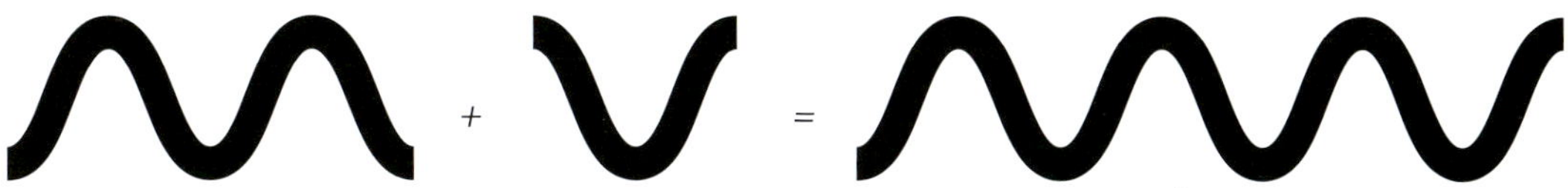

Testen Sie in einer – noch beliebigen – Farbe die Effekte. Bei einer schwarzen Linie wären die Schatten und Effekte nicht erkennbar.

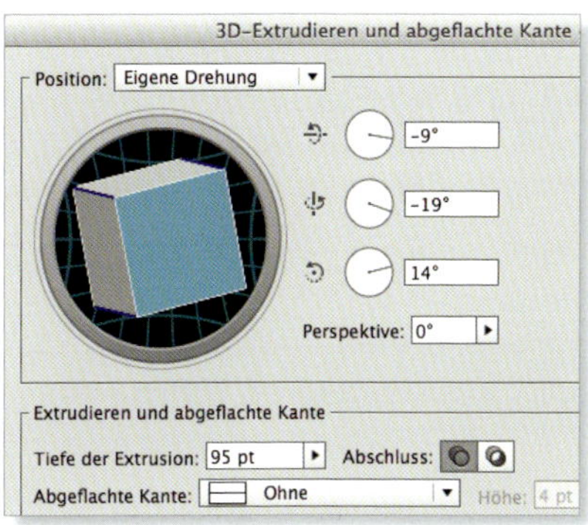

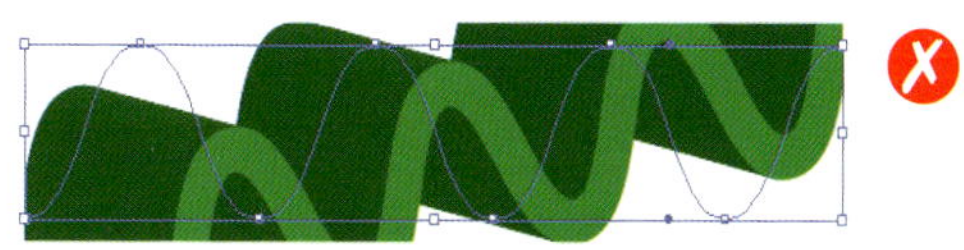

Experimente mit Winkeln und Tiefen

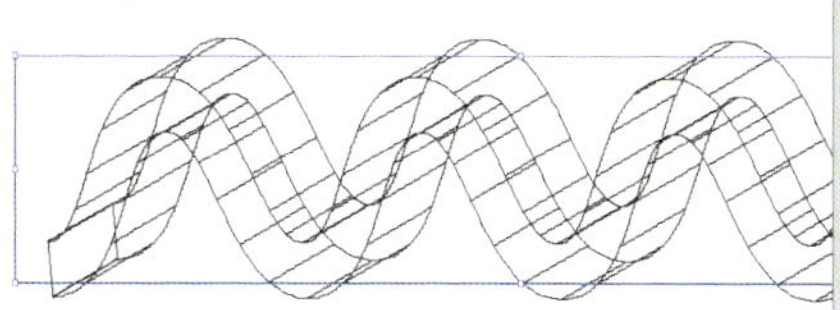

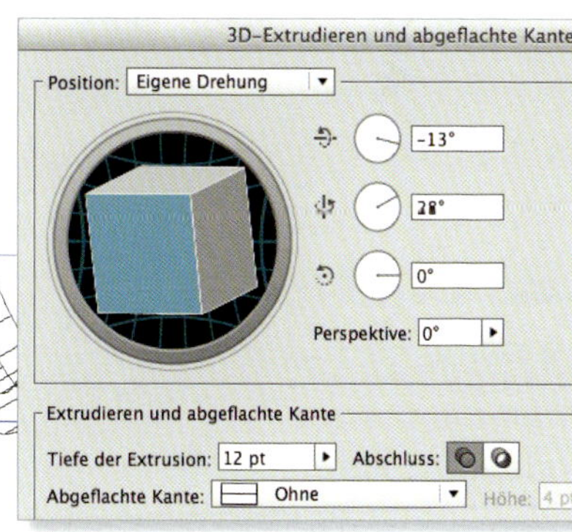

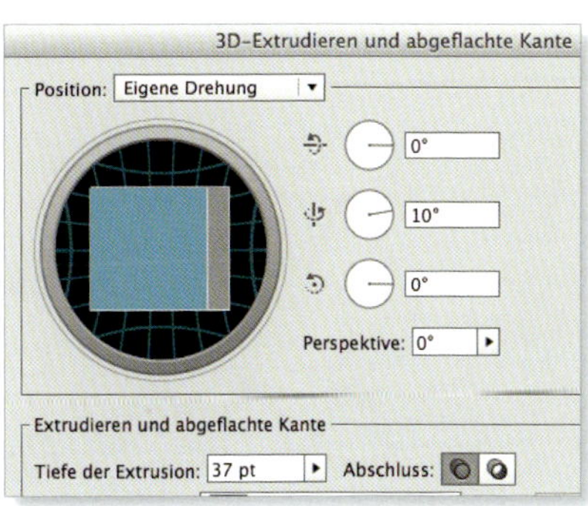

Mit diesen Werten entsteht Dreidimensionalität, aber die Formen sind noch gut erkennbar.

Die Farben für Technik und Umwelt

Die Kombination von Technik und fortschrittlicher Elektronik mit Umweltbewusstsein und ökologischer Ausrichtung soll über die Farben transportiert werden. So steht schnell fest, dass wir zwei Farben verwenden, damit diese Verbindung verdeutlicht wird. Außerdem können wir mit zwei Farben das »m« und das »v« innerhalb der Schlangenlinie hervorheben.

Technik

Natur, Umwelt

Das dunkle Rot steht für Technik, Grün steht für Natur und Umwelt und unterstreicht den ökologischen Aspekt des Unternehmens.

Die Zweifarbigkeit entsteht, indem wir das Ergebnis zerschneiden und dann verschieden färben.

Durch den angewendeten Filter werden die gewählten Farben automatisch abgedunkelt.

Reproduzierbarkeit

Für die dreidimensionale Wirkung weist das Logo einen Schatten auf. Das könnte bei sehr kleiner Darstellung problematisch werden. Die Form ist aber so markant, dass sie auch ohne Schatten und auch in Schwarzweiß funktionieren wird.

Abhängig von Bedruckstoff und Größe könnte der Schatten bei der Wiedergabe Probleme bereiten.

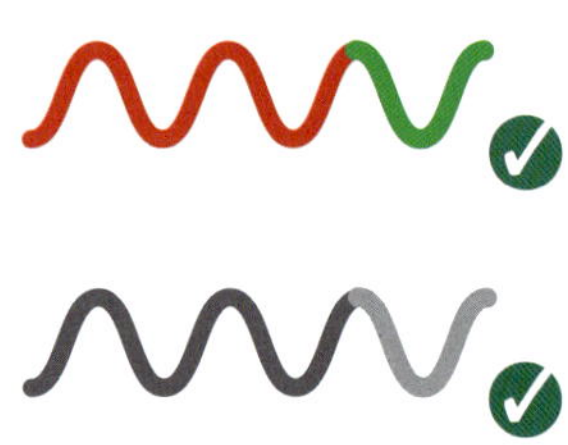

Schriftwahl

Die neue Entwicklung des Unternehmens steht für Technologie und Fortschritt. Entsprechend suchen wir eine Schrift, die weder verspielt noch elegant, sondern klar, technisch und modern ist.

multivision
Die grüne Art zu lesen ✗

Die Stempel Schneider ist zwar keine typisch elegante Serifenschrift, wirkt aber trotzdem zu unmodern.

multivision
Die grüne Art zu lesen ✗

Die Stefan als serifenbetonte Schrift scheint mit ihren dicken Serifen – vor allem in der fetten Variante – zu klobig.

multivision
Die grüne Art zu lesen ✗

Für ein technisches Unternehmen ist eine Schreibschrift wie die Allura eher unpassend, sie wirkt elegant und zart.

multivision
Die grüne Art zu lesen ✗

Die serifenlosen Schriften sind hier grundsätzlich eine gute Wahl. Die Thonburi wirkt aber trotz allem wenig modern, sondern eher schwerfällig.

multivision
Die grüne Art zu lesen ✗

Die Raleway ist technisch, aber auch gesichtslos. Außerdem läuft sie recht breit und benötigt dadurch viel Platz.

multivision
Die grüne Art zu lesen ✓

Die Profile wirkt technisch und modern, aber durch ihre kleinen Eigenheiten auch persönlich und nicht zu unterkühlt.

multivision
Die grüne Art zu lesen

Achten Sie auf saubere Kanten. Die Breite des »mv« entspricht exakt der Breite des Slogans.

PROJEKT 8

Logo aus zerschnittenen Zeichen

Ein individuelles Logo für Taschen

Allura ist ein Shop, der Handtaschen und Accessoires für die Abendgarderobe anbietet. Das junge Unternehmen besteht aus drei Frauen, die alle ihre Taschen selbst entwerfen und in Handarbeit anfertigen. Auch die Accessoires werden entweder selbst produziert oder stammen von befreundeten Goldschmieden, die alle Stücke in Handarbeit erstellen.

Wir wollen hier mit mehreren Schriften beziehungsweise Ausschnitten von Schriften arbeiten. Diese müssen auf eine bestimmte Weise miteinander in Beziehung stehen.

Schriftwahl und Logo

Die Taschen sind filigran gearbeitet und in gehobener Ausstattung, was sich auch in den Preisen widerspiegelt – die Taschen von Allura sind ab 80 Euro aufwärts erhältlich.

Das Logo soll die Individualität der angebotenen Produkte aufzeigen sowie für die gehobene, filigrane und elegante Ausführung der Taschen und Accessoires stehen. Das gelingt uns am besten durch die Kombination zweier Schriften. Die Außenform des A stammt von der Centaur MT, der geschwungene, elegante Querstrich ist ein Schwung vom E aus der Zapfino Extra LT Pro.

Der Bogen mit der Schlaufe erinnert an eine Nadel.

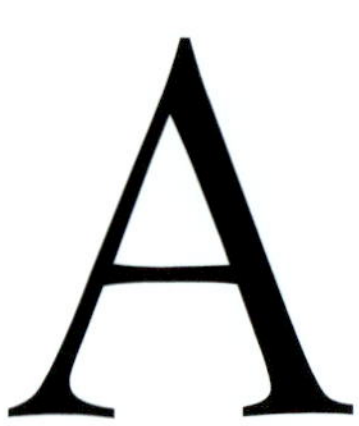

Centaur MT

Zapfino Extra LT Pro

Verbindung der Schriften

Beide Schriften beziehungsweise deren Teilelemente haben wechselnde Strichstärken, was sie beide miteinander verbindet. Wechselnde Strichstärken wirken grundsätzlich elegant und gediegen.

Teile von Buchstaben

Zerschneidet man eine Form, entstehen je nach Ausschnitt völlig neue Figuren. Durch das Vergrößern und Betrachten eines Ausschnitts entdeckt man auch immer wieder Feinheiten oder Bereiche, die man bislang nicht wahrgenommen hat. So öffnen wir unseren Blick für interessante Details und können beim Entwickeln eines neuen Logos Ideen sammeln.

In einer Layout- oder Grafiksoftware erstellt man einen Rahmen, eine Art Fenster, in das man den Buchstaben einfügt. Alle Elemente innerhalb des Rahmens sind dann sichtbar, die Teile des Buchstabens außerhalb des Rahmens sind automatisch abgedeckt. Da der Rahmen kleiner ist als der Buchstabe, ist nun nur der Ausschnitt im Fenster sichtbar.

Schriftwahl und Logo

Der Buchstabe kann nun innerhalb des Rahmens beliebig verschoben und somit der sichtbare Bereich verändert werden.

Das »A« der Baskerville

Das »g« der Minion Pro

Das »N« der Syntax LT

Das »z« der Waza LT Pro

Das »L«der Scriptina

Das »Q« der Rockwell

Das »p« der TheAntiquaB

Das »B« der Adobe Devanagari

Das »&« der Zapfino Extra LT Pro

Das »§« der Playbill

Das »s« der Noteworthy Bold

Bei besonders dicken Strichstärken sollten Sie das Schwarz aufhellen, da die Wirkung sonst sehr einseitig wird. Färben Sie den Buchstaben lieber in Grau, zum Beispiel mit 50 % Schwarz.

Farb- und Pfadwechsel

Spannend wird es, wenn wir den klassischen Weg der schwarzen – oder grauen – Schrift auf weißem Hintergrund verlassen. Der Ausschnitt einer Schrift, nur mit dünner schwarzer Kontur, erscheint zarter, und die weiße Schrift auf schwarzem Grund kontrastreicher. Besonders interessant ist es, wenn Sie die Innen- und Außenpfade teilen.

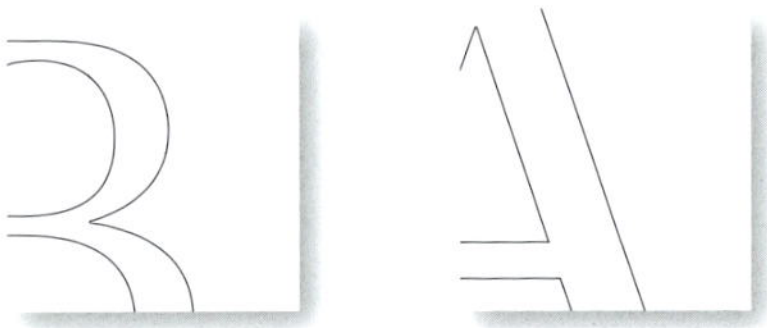

zart

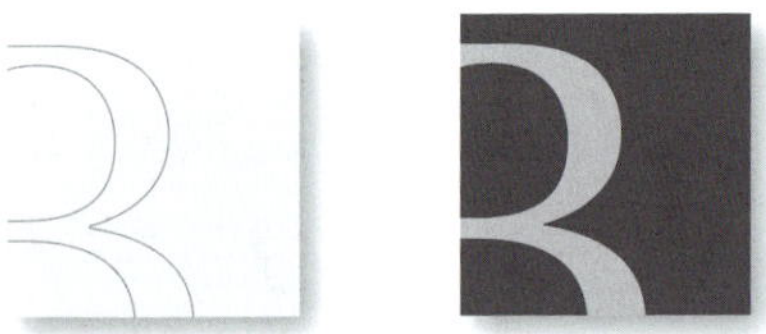

noch zarter　*Kontrastversuche*

kontrastreich

Innenbereiche lösen

Die Innenbereiche in einem B, P oder e, Innenpunze genannt, können aufgelöst werden und wiederum neue Formen ergeben.

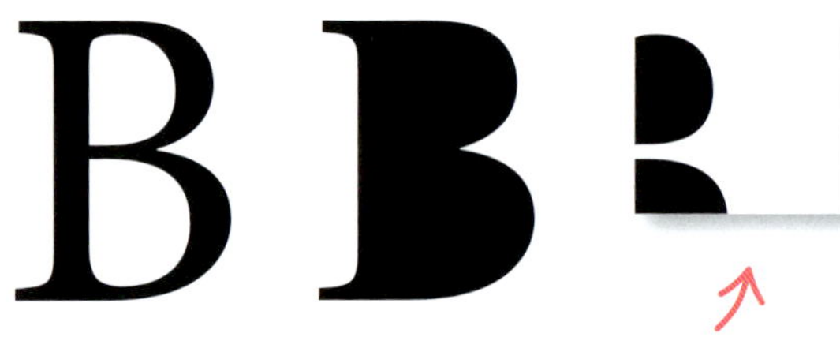

Der Effekt, dass der Innenteil transparent ist, entsteht durch das Verknüpfen zweier, sich berührender Flächen. Der Befehl zum Lösen heißt in Adobe InDesign Verknüpften Pfad lösen.

Buchstabenteile kombinieren

Wir haben bisher jeweils immer einen Buchstaben für sich beziehungsweise Teile von einem Buchstaben betrachtet. Genauso können wir aber tatsächlich einzelne Teile, für die wir uns entschieden haben, ausschneiden und mit anderen Einzelteilen kombinieren.

leicht gedreht

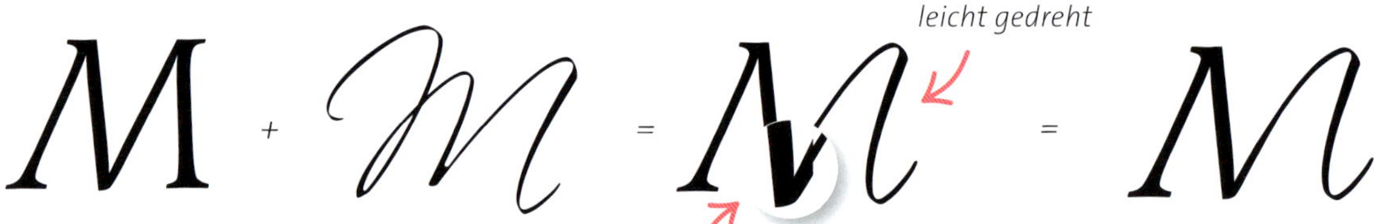

LinotypeSyntaxSerif Light italic　*Scriptina*

Der Übergang muss korrigiert werden.

Konzentration auf das A

Wegen des Namens des Unternehmens, Allura, konzentrieren wir uns auf das A. Die Zweiteilung in links und rechts ist gerade beim A etwas kompliziert und nicht immer optisch gelungen. Wir experimentieren weiter und testen, wie sich das A ohne Querstrich macht.

Rotis Serif · *Lucida Handwriting* · *Übergänge korrigieren* · *Ist die Strichstärke zu dick, wirkt das Logo nicht elegant.*

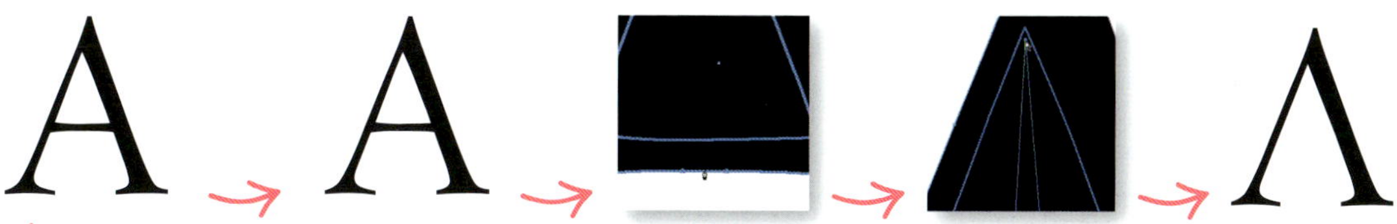

in Pfade umwandeln · *Verknüpften Pfad lösen und neuen Punkt setzen* · *neuen Punkt nach oben auf den alten schieben* · *Innenteil löschen*

Strichstärken

Die Centaur MT eignet sich gut wegen ihrer leicht wechselnden Strichstärken.

Der Schwung kommt aus der Zapfino

Das A könnte nun einen Querstrich aus einer anderen Schrift vertragen – eine Schrift, die die Eleganz und hochwertige Verarbeitung unterstreicht. Die Zapfino Extra LT Pro hat viele Schwünge und Teilstriche – wir finden einen passenden im unteren Teil des E.

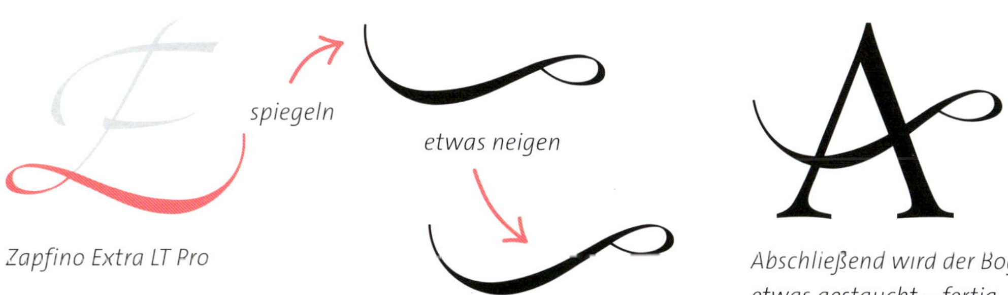

Zapfino Extra LT Pro

Abschließend wird der Bogen noch etwas gestaucht – fertig.

PROJEKT 9

Handschriftliches Logo

Organisches Typo-Logo für Muffins

Ein neues Café mit zugehöriger Konditorei hat eröffnet. Die Konditorei hat sich auf Muffins spezialisiert. Hier werden die kleinen Kuchen mit ungewöhnlichen Zutaten hergestellt, und die Unternehmer möchten sich mit diesen besonderen Muffins profilieren. Angeboten werden in erster Linie süße Kreationen mit verschiedensten süßen und fruchtigen Zutaten, wie zum Beispiel Zuckerstreuseln, Gummibärchen oder Obst.

Jeder Muffin ist mit einer Papierbanderole versehen, auf der das Logo beziehungsweise der Schriftzug gedruckt werden soll. Die Muffins sind verspielt und süß, und der künftige Kunde soll mit dem Schriftzug genau diese Attribute verbinden.

Schriftwahl und Logo

Der Schriftzug enthält den Unternehmensnamen »YaMMie« sowie den Slogan »Muffins und mehr«. Das Logo besteht aus dem verspielt gebogenen Banner, das nach hinten wegknickt, sowie dem Kreis mit Namen und Slogan in weißer Schrift.

Verspielt und süß – zwei Begriffe, die zu den Muffins genauso wie zum Logo passen.

Aufkleber und mehr

Der Kreis mit Unternehmensname und Slogan kann auch separat verwendet werden, wenn das Banner aus Platzgründen wegfallen soll. Beispielsweise lassen sich mit dieser Gestaltung ganz hervorragend Aufkleber drucken, mit denen die Papiertüten, in die die Muffins eingepackt werden, zugeklebt werden.

auch einzeln mit getauschter Farbe verwendbar

Form und Farbe

Banner wie dieses finden Sie in vielen kostenlosen Grafikbibliotheken; unter anderem enthält auch Illustrator in seiner Grundausstattung diverse Banner. Wenn Sie das Risiko von Doppelungen vermeiden wollen, ändern Sie das Banner doch einfach mit ein paar Handgriffen individuell ab, indem Sie zum Beispiel die Biegung verformen.

Die Farbe ist schnell gefunden – süß und fruchtig soll sie sein, verspielt und gesellig.

Alternativ könnte der Name direkt auf dem Banner stehen, allerdings ist man dann weniger flexibel.

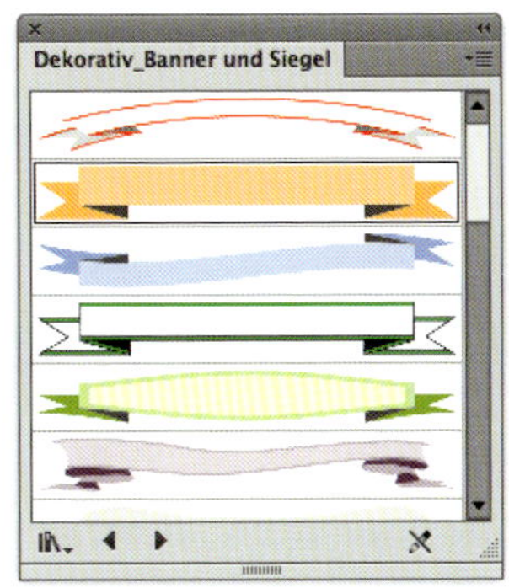

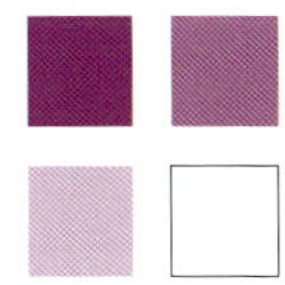

Illustrators Banner

Schriftwahl: verspielt und organisch

Für die Schriftwahl notieren wir folgende Muffin-Attribute: süß, individuell, verspielt, handgemacht. Mit diesen Attributen fallen direkt sämtliche Serifenlosen (zu kühl und nüchtern) und Serifenschriften (zu elegant und gediegen) weg. Schnell landen wir bei den individuellen und verspielten Handschriften. Doch Vorsicht, bei Handschriften sind häufig die Großbuchstaben, wie wir sie für die beiden MM in der Mitte des Namens benötigen, viel zu ausladend.

Die Bradley Hand ITC TT ist nicht schlecht, aber zu wenig verspielt – und vor allem läuft sie sehr breit, wodurch die Schriftgröße sehr klein würde.

Das große »M« der Lauren Script wirkt mitten im Wort unharmonisch, außerdem läuft sie auch relativ breit.

Die Amatic SC läuft sehr schmal, wodurch wir bei gleicher Breite die Schriftgröße erhöhen können.

Die Oberkante und die Buchstaben selbst sind unregelmäßig und organisch.

Eine Geschäftsausstattung gestalten

Ihr Corporate Design

Professioneller Auftritt

Das Logo für Ihr neues Unternehmen ist entworfen. Nun gilt es, das Unternehmen in jeder Hinsicht nach außen zu präsentieren. Für eine professionelle Außenwirkung sind Visitenkarten und Briefpapier unerlässlich.

Begriffsdefinition

Die optisch und grafisch einheitliche Gestaltung eines Unternehmens nennt man Corporate Design. Wer also sein Logo, den Firmennamen, die Farben und die Schriften in Form gebracht hat, hat das Corporate Design seines Unternehmens gestaltet. Auch das verwendete Papier oder das Verpackungsmaterial zählen dazu. Das Corporate Design umfasst somit die komplette Gestaltung aller Werbemittel, die Wirkung nach außen, durch optische Symbole. Dadurch können Sie sich von Mitbewerbern abgrenzen und einen eigenen Charakter schaffen, den der Kunde wiedererkennt.

Das Corporate Design wiederum ist ein Teil der CI, der Corporate Identity. Die CI betrifft nicht nur die Gestaltung von Werbemitteln, sondern die Persönlichkeit des Unternehmens. Dazu zählen die Philosophie, das Verhalten der Mitarbeiter dem Kunden gegenüber oder auch die Unternehmenssprache.

Was umfasst die Geschäftsausstattung?

Visitenkarte und Briefpapier gehören zur Grundausstattung.

Die Geschäftsausstattung eines Unternehmens reicht, abhängig von Größe und Branche, von der Grundausstattung mit Visitenkarte und Briefbogen bis hin zu allen erdenklichen Werbematerialien. Mit individuell gestalteten Umschlägen und Formularen, Rechnungsbögen und Rundschreiben, Gutscheinen und Einladungen, Geschäftsberichten und

Prospekten repräsentiert die Geschäftsausstattung das Unternehmen. Haftnotizen mit dem eigenen Logo sind praktisch und erfreuen die Kunden. Auch der klassische Kugelschreiber, ein Stempel, Aufkleber oder Verpackungen aller Art können die Ausstattung erweitern. Die Menge und Art der Werbemittel hängt natürlich in erster Linie von der Größe des Unternehmens und von den finanziellen Mitteln ab, und nicht jedes Kleinunternehmen benötigt personalisierte Aufkleber oder Verpackungen. Visitenkarten und Briefbögen allerdings gehören zur Basisausstattung, denn beides ist im Geschäftsalltag unverzichtbar.

Kontaktaufnahme | Die Visitenkarte ist das üblichste und geeignetste Mittel, um Kontakt aufzunehmen. Ob Sie mit der Karte ein Gespräch beginnen oder beenden – in jedem Fall übergeben Sie dem potenziellen Kunden mit Ihrer Visitenkarte sozusagen eine Denkstütze, eine Erinnerung an Ihr Unternehmen. Versuchen Sie, eine Verbindung zwischen Ihrer Karte und Ihnen beziehungsweise Ihrem Unternehmen zu schaffen – dann erinnert sich der Kunde auch an Sie, wenn er Ihre Karte wieder in die Hand nimmt.

^ Schlüsselanhänger & Co.
Eine Geschäftsausstattung mit allerlei Varianten

Eine Frage des Formats

Die richtige Größe

Visitenkarten und Briefbögen haben genormte Maße. Während man bei Visitenkarten aber gerne auch mal aus der Reihe tanzt, sollte die Größe des Briefbogens aus verschiedenen Gründen beim Format DIN A4 bleiben.

Welche Größe für die Visitenkarte?

Format
Mehr Infos zur Wirkung von Formaten finden Sie ab Seite 298.

Das Standardformat für Visitenkarten beträgt 55 × 85 Millimeter, als Hoch- oder Querformat. Sie wollen kein Standard sein, sondern etwas Besonderes? Das ist zunächst verständlich – niemand sieht sein Unternehmen gerne als normal an. Doch beim Format rate ich Ihnen trotzdem zur Norm.

Größere Karten | Auch wenn gedruckte Visitenkarten nicht mehr die Bedeutung haben wie noch vor einigen Jahren (heute schickt man sich die Karten auch gerne mal als digitale VC), ist sie immer noch das Medium, das von einer Hand oder Theke in die andere Hand wandert, also in die Hand des potenziellen oder zu pflegenden Kunden. Aber – in der Hand des Kunden bleibt sie ja nicht. Nach einem kurzen Moment muss der Kunde die Karte verstauen. Und das tut er in der Regel in seiner Geldbörse oder Brieftasche.

Und hier kommt mein Argument für die Standardgröße: Haben Sie dem Kunden eine größere Karte gegeben, passt sie nicht mehr in sein scheckkartengroßes Fach, also dort, wo auch die Kredit- und EC-Karten sind. Und dann kann es leicht passieren, dass die Karte im Mülleimer landet statt in der Brieftasche. Deswegen empfehle ich Ihnen grundsätzlich, bei der Größe der Visitenkarte nicht aus der Reihe zu fallen.

Wenn Sie sich abheben möchten, experimentieren Sie mit dem Material, mit der Farbe und der Gestal-

v Quadratisch
Eine quadratische Visitenkarte ist originell, aber nicht praktisch.

© Wolf Manufaktur, Ingelheim

tung, lassen Sie prägen und mit Gold drucken, verwenden Sie Plastik statt Papier, runden Sie die Ecken ab oder lassen Sie die Visitenkarte duften – aber vergrößern Sie nicht das Format.

Übrigens sind auch Klappkarten eine Alternative. Hier arbeitet man auch mit dem Standardformat, aber die Karte besteht aus vier Seiten und lässt sich aufklappen.

^ Klappkarte
Eine originelle Klappkarte: Der erste Teil des Namens steht auf der Vorderseite, der zweite Teil auf der Innenseite.

Kleinere Karten | Auch ein Verkleinern des Visitenkartenformats ist nicht unbedingt empfehlenswert. Maximal 5 Millimeter sollte die Karte schrumpfen – wird sie noch kleiner, ist es schwierig, die nötigen Informationen unterzubringen; vor allem aber rutscht sie dann leicht aus den Fächern in einer Brieftasche heraus, was den Kunden ebenfalls dazu bewegen könnte, sie wegzuwerfen, falls er sie nicht zuvor schon verloren hat. Somit landen wir wieder beim Format von 50–55 Millimetern für die eine und 80–85 Millimetern für die zweite Seite.

Visitenkarte scannen
Übrigens gibt es mittlerweile auch Scangeräte, die innerhalb weniger Sekunden die Daten einer Visitenkarte im Standardformat einlesen und in Text umwandeln.

Format für Briefbogen

Beim Format für den Briefbogen sind wir noch stärker an die DIN-Vorgaben gebunden. Diesmal nicht, um nicht den Kunden zu verärgern, sondern weil es nun mal das DIN-A4-Format ist, das der Drucker problemlos bedrucken kann, das in einem handelsüblichen Ordner abgeheftet wird, das mit dem voreingestellten Locher gelocht wird und das in einen genormten Briefumschlag passt. Der Briefbogen hat also eine Größe von 210 × 297 Millimetern und passt, wenn er zweimal gefalzt wird, genau in einen DIN-lang-Umschlag mit dem Format 220 × 110 Millimeter.

Ausgestattet >
Briefbögen, Visitenkarten und Umschläge

Der Aufbau einer Visitenkarte

Informationen an der richtigen Stelle

Nicht nur die Art der Informationen, sondern auch deren Platzierung ist verantwortlich dafür, ob Ihre Visitenkarte ein Erfolg oder ein Misserfolg wird.

Inhalte der Visitenkarte

Bei verschiedenen Dienstleistungen können mehrere Kartenvarianten sinnvoll sein.

Klären wir zunächst, welche Informationen überhaupt auf der Visitenkarte Platz finden sollen. Hier gibt es unterschiedliche Ansichten und Meinungen. Die Mehrheit der Visitenkarten informiert über den Namen des Unternehmens inklusive Logo plus den Namen des Ansprechpartners beziehungsweise bei Einzelunternehmen nur den Namen des Unternehmers. Dann muss natürlich die Anschrift mit Telefon, Webadresse und E-Mail auf die Karte. Das sind die Informationen, die auf einer klassischen Visitenkarte zu finden sind und die auch in der Regel empfehlenswert sind.

Sparsame Informationen | Alternativ findet man auch Visitenkarten, die lediglich Namen, Logo plus E-Mail oder Namen, Logo plus Webadresse enthalten, nach dem Motto: Schau doch auf meiner Website, wenn

[Weitere Angaben]
Natürlich können Sie abhängig vom Unternehmen weitere Angaben machen. Dazu zählen eine Wegbeschreibung, Fotos oder Gestaltungen, Infos zum Angebot, mehrsprachige Informationen, oder die Rückseite dient als Terminkärtchen.

< Alles dabei
Eine Visitenkarte mit den notwendigen Informationen für einen Frisörladen

du mehr Informationen brauchst. In manchen Fällen ist eine solche Minimierung auch in Ordnung – zumindest dann, wenn eine Dienstleistung angeboten wird, für die man weder Adresse noch Telefonnummer benötigt, um sie in Anspruch zu nehmen. Allerdings schließt man damit auch einige Interessenten aus. Ergo: Grundsätzlich sollten die Informationen auf einer Visitenkarte die Fragen nach Standort und Erreichbarkeit beantworten. Ausnahmen bestätigen die Regel.

QR-Code | Auch das sieht man immer öfter: ein QR-Code auf einer Visitenkarte. Der zweidimensionale Barcode, der aus schwarzen und weißen Punkten besteht, kann ebenfalls die Informationen bereithalten und sogar noch aktuelle News oder weiterführende Daten enthalten. Aus gestalterischer Sicht verbreitet er allerdings eher Unwohlsein als Freude, da er etwas klotzig wirkt und eine Mindestgröße benötigt. Hingegen lassen sich die relativ neu entwickelten sogenannten Visual-QR-Codes in die Gestaltung mit einbinden, wenn auch in erster Linie in eine Grafik oder ein Bild und nicht in eine textlastige Visitenkarte.

Bei einem normalen Leseabstand (und somit Scanabstand) sollte die Mindestgröße des Codes circa 2,5 × 2,5 Zentimeter betragen.

[QR-Code]
Diese zweidimensionalen Codes lassen sich mit Handys, Smartphones und Tablets einscannen und enthalten Adressdaten oder beliebige andere Textinformationen.

Wenig Infos
Eine Karte, nur mit Name und E-Mail-Adresse. Auch das ist möglich, aber nicht immer sinnvoll.

Code integrieren
Den QR-Code sollte man in die Gestaltung einbinden, sonst wirkt er fehl am Platz.

Ein klarer Aufbau ist wichtig

Der Betrachter möchte den Inhalt einer Visitenkarte schnell überblicken, um die für ihn gerade wichtigen Informationen zu verwenden. Die Inhalte müssen also gut lesbar und klar strukturiert sein. Vermeiden Sie eine Überfrachtung, und lassen Sie das weg, was entbehrlich ist. Setzen Sie Prioritäten.

Blickfang als Startpunkt | Welche Information soll der Betrachter als Erstes wahrnehmen? Was ist die wichtigste Information auf dieser Karte? Worüber identifiziert sich das Unternehmen? Sie müssen dem Betrachter also als Erstes einen Blickfang bieten. Dieser Blickfang kann ein Bild, eine Textzeile oder eine Grafik wie auch ein Logo sein und stellt gleichzeitig den Startpunkt der Wanderung dar.

Meist ist der Blickfang der Name des Unternehmens plus Logo, bei Einzelpersonen der Name der Person. In manchen Fällen kann es auch der Beruf sein, der oberste Priorität genießt. Letztlich kann auch der Geschmack mitentscheiden. Unabdingbar ist in jedem Fall, eine Entscheidung zu treffen, denn nichts ist weniger ansprechend als ein Druckmedium mit ungegliederten Inhalten.

Blickverlauf
Detaillierte Infos zu Blickverlauf und Blickführung finden Sie im Kapitel »Mit einem Plakat werben« ab Seite 262.

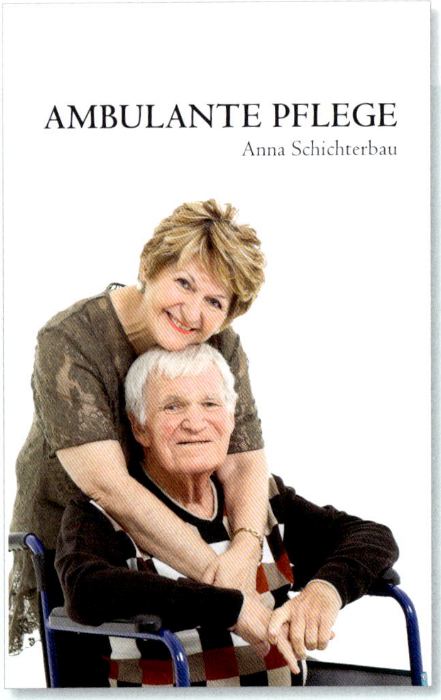

Blickfang Bild
Bei dieser zweiseitigen Karte fungiert das Bild auf der Vorderseite mit dem direkten Blick zweier Personen als Blickfang. Von da aus verläuft der Blick zum Text.

Zudem hat ein Blickfang noch eine weitere Aufgabe, nämlich eine wortwörtliche: In unserer schnelllebigen und von Informationen überfluteten Zeit versucht der Gestalter, mit dem Blickfang den Blick des Betrachters zu fangen und festzuhalten und ihn für die gezeigten Inhalte zu interessieren. Aufgrund der begrenzten Größe fungiert die Visitenkarte aber eher als Gesamtkunstwerk und dient somit als Ganzes für den Blickfangmoment.

Blickfang setzen

Während bei den oberen beiden Karten kein Blickfang ersichtlich ist, hat auf der rechten Karte der Schriftzug mit Logo die Funktion des Blickfangs übernommen. Der Blickfang aus Logo und Unternehmensname funktioniert gut.

Hierarchien festlegen | Prioritäten setzt man, indem man Hierarchien vergibt. Jeder, der ein Druckmedium oder auch eine Website betrachtet, möchte von der Gestaltung »geführt« werden, also durch die Art und Weise der Gestaltung gesagt bekommen: »Hier ist die wichtigste Information, hier solltest du also zuerst hinsehen. Und dieses solltest du als Zweites betrachten. Diese und diese und diese Informationen sind gleich wichtig, die kannst du also in beliebiger Reihenfolge betrachten.«

Ein- oder zweiseitig | Hier entscheidet der Geschmack. Einseitige Visitenkarten sind üblicher, ein wenig preiswerter, und meist genügt der Platz, um die gewünschten Informationen unterzubringen. Wer aber Raum für weitergehende Informationen oder Fotos benötigt, kann Vorder- und Rückseite bedrucken. Wer noch mehr Platz benötigt, um beispielsweise Infos zu seinem Unternehmen unterzubringen, kann Klappkarten einsetzen. Hier entstehen durch eine Falzung links oder oben vier Seiten.

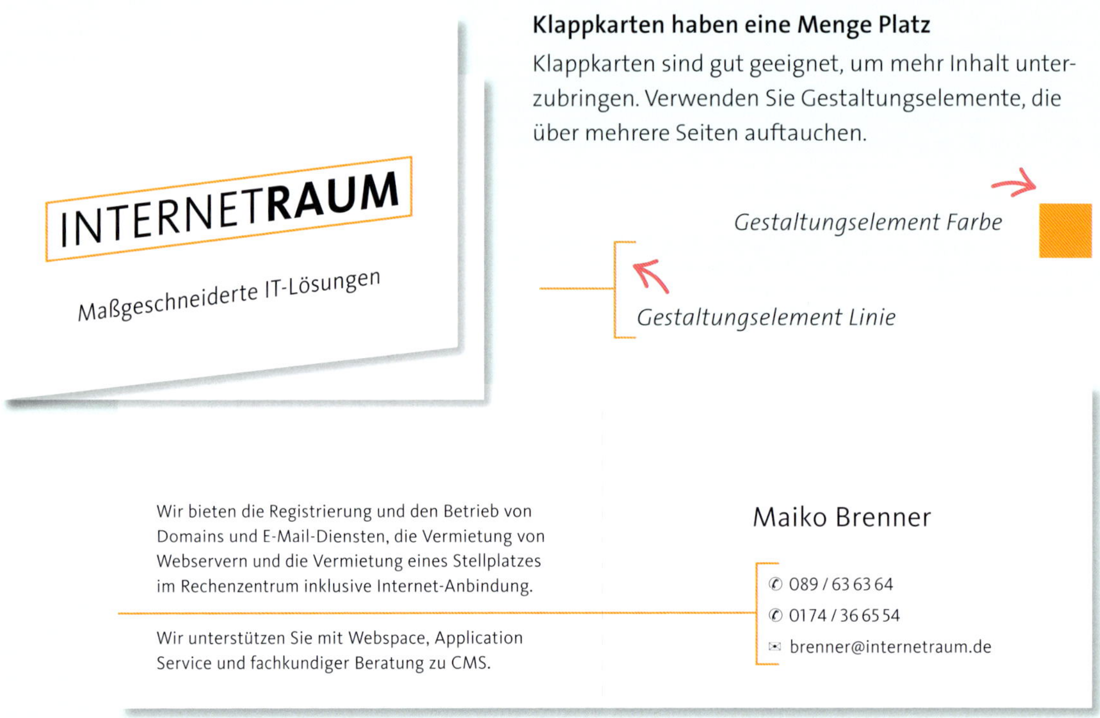

Klappkarten haben eine Menge Platz
Klappkarten sind gut geeignet, um mehr Inhalt unterzubringen. Verwenden Sie Gestaltungselemente, die über mehrere Seiten auftauchen.

Abgestuft

Verschiedene Hierarchien erreichen Sie durch verschiedene Schriftgrößen, aber auch durch verschiedene Schriftschnitte wie fett und normal.

Vorderseite: Durchgehende Gestaltung

Farbe und Schriftart sowie der zweifarbige Schriftzug sind auf Vorder- und Rückseite identisch.

Hoch oder quer | Querformatige Karten sind verbreiteter, aber deswegen nicht besser oder schlechter. Wer eine größere Textmenge unterbringen muss, ist mit ihnen besser beraten. Auch die Logoform entscheidet mit über das Format. Ein schmales, hohes Logo passt auf einer hochformatigen Karte optisch meist besser als auf einem Querformat. Durch seine Seitenheit erregt es automatisch mehr Aufmerksamkeit. Betrachten Sie also zuerst den Inhalt, und entscheiden Sie dann über das Format.

Im Querformat kann das Logo oben oder unten, links oder rechts stehen.

Hoch oder quer

Bei der Verteilung der Informationen haben Sie im Hochformat weniger Spielraum, sie lassen sich nur untereinander platzieren.

Ein rundes Logo erlaubt beide Formate. Allerdings sollte es nicht unten stehen.

Rundungen werden leicht herausgeschoben.

Ränder

Grundsätzlich sollten Sie 5 Millimeter Platz lassen zwischen dem Rand der Visitenkarte und den Inhalten wie Text und Grafik oder Logo. Je nach Textlauf kann der Abstand auch größer sein. Angeschnittene Bilder werden natürlich direkt an den Rand beziehungsweise über den Rand hinausgeschoben.

Textblöcke | In der Regel sollten zwei bis drei Textblöcke auf einer Visitenkarte ausreichen. So können beispielsweise Name und Unternehmen mit zugehörigem Logo und einem Slogan einen Block ausmachen, die restlichen Informationen entweder den zweiten oder einen zweiten und dritten. So sind alle Informationen schnell erfassbar. Vermeiden Sie, die Informationen in einzelne Zeilen zu zerlegen und über das Format zu verstreuen.

Verteilte Informationen

Hier sind vier Informationsblöcke auf alle vier Ecken der Karte verteilt worden. Außerdem ist das Hintergrundbild sehr unruhig, was das Sammeln der Informationen zusätzlich erschwert.

Hier wird nur ein Ausschnitt des Bildes verwendet. Dadurch wird es ruhiger.

Blume und Schriftzug sind durch das schwungvolle H miteinander verbunden.

Farbe für den Schriftzug wird dem Bild entnommen.

Drei Textblöcke wurden zu einem zusammengefasst.

Textausrichtung | Entscheiden Sie sich für ein oder maximal zwei Arten, wie Sie den Text ausrichten. Die Klassiker sind linksbündig und rechtsbündig ausgerichteter Text, also je ein Textblock mit einer linken und mit einer rechten Textkante. Häufig sieht man dazu den Blickfang, also den Namen oder Firmennamen, zentriert, was drei Ausrichtungen entspricht und was ich nicht unbedingt empfehle.

Farbe

Freie Farbwahl
Gibt es weder eine Haus- noch eine Logofarbe, können Sie die Farbe nach Wirkung und Zielgruppe auswählen.

Gibt es bereits eine Hausfarbe oder ein Logo? In diesen Fällen sollten Sie – wenn Ihnen die Gesamtwirkung bunt genug ist – den Rest der Karte schwarzweiß gestalten. Die Alternative ist, die bestehende Farbe oder die Farben wieder aufzugreifen und in der Gestaltung zu verwenden. Wenn nur eine Farbe vorgegeben ist, können Sie eine zweite dazu kombinieren. Beachten Sie dann die Wirkung von Farbkombinationen, wie im Kapitel »Mit einem Plakat werben« ab Seite 288 angegeben.

Drei Ausrichtungsarten
Immer wieder sieht man drei verschiedene Ausrichtungsarten auf einer Kartenseite. Bitte nicht!

Eine einheitliche Ausrichtung bringt Übersicht in die Gestaltung.

Die zentrierte Linie in der Mitte erlaubt ausnahmsweise verschiedene Ausrichtungen.

Kontrast | Ebenso wenig, wie der Betrachter wichtige Informationen suchen will, möchte er die Informationen mühsam entziffern. Kontrast ist die Voraussetzung dafür, dass wir etwas erkennen können. Mangelnder Kontrast zwischen Vorder- und Hintergrundfarbe ist also ein Faktor, der das Erkennen von Informationen erschwert. Achten Sie also auf genügend Kontrast zwischen Schrift und Hintergrund.

Farbwahl und Wirkung
Mehr Infos dazu finden Sie im Kapitel »Ein Logo gestalten« ab Seite 58 und im Kapitel »Mit einem Plakat werben« ab Seite 280.

Farbe und Kontrast
Hier sind durch Logo und Slogan drei Farben beziehungsweise Farbtöne vorgegeben. Nehmen Sie sie in die Gestaltung auf. Achten Sie aber auf genug Kontrast.

Aufgehelltes Rot wird Rosa, das passt gar nicht.

zu wenig Kontrast

Slogan in Weiß für genug Kontrast

genug Kontrast

Schriftwahl

Zielgruppe
Detaillierte Infos zur Zielgruppenanalyse finden Sie im Kapitel »Werben mit Flyer und Broschüre« ab Seite 156.

Treffen Sie die Auswahl nach dem Charakter und der Aussage der Schrift. Definieren Sie also – falls noch nicht getan – die gewünschte Außenwirkung Ihres Unternehmens beziehungsweise Ihrer Dienstleistung, und suchen Sie dann eine Schrift, die die gleichen oder ähnliche Attribute aufweist. Dabei spielt die Lesbarkeit eine untergeordnete Rolle – bei den minimalen Textmengen müssen wir uns wenig Gedanken um die Ermüdung der Augen machen. Hier ist also in erster Linie die Art, Form und Wirkung der Schrift ausschlaggebend.

Schrift und Logo | Falls ein Logo mit Schriftzug oder sogar eine Hausschrift vorhanden sind, sollte diese Schrift in jedem Fall in der Visitenkarte wieder auftauchen. Schaffen Sie also eine Verbindung zwischen Schriftzug und dem Rest der Karte, indem Sie die Schrift wieder aufgreifen.

Passende Schriften gesucht
Das Logo, ein schwungvolles und handschriftliches m, sucht eine passende Schrift.

Die gesuchte Schrift sollte modern sein, leicht und nicht mit dem auffälligen Typologo konkurrieren.

✗ madeleine — *Die Yanone Kaffeesatz ist zu schwer für das leichte Logo.*

✗ madeleine — *Die Waza LT Pro ist auch eine Schreibschrift, hat aber einen anderen Charakter.*

✗ madeleine — *TheAntiquaB wirkt zu konservativ.*

✗ madeleine — *Die Kursive TheSansOsF und eine Handschrift harmonieren nicht miteinander.*

✓ madeleine — *Die Myriad MM light ist leicht genug und bleibt im Hintergrund.*

Optimale Schriftgrößen | Zwei verschiedene Schriften in der gleichen Größe sind noch lange nicht gleich groß. Deswegen ist es schwierig, Empfehlungen für Schriftgrößen zu vergeben. Üblicherweise ist für die Adressdaten eine Schriftgröße zwischen 9 und 11 Punkt optimal, Name und/oder Beruf können sich optisch absetzen und somit zwei bis vier Punkt größer sein.

Drei Größen und zwei Schriften | Mischen Sie nicht mehr als zwei verschiedene Schriften oder (!) drei verschiedene Schriftgrößen miteinander, denn das gilt typgrafisch als schlechter Stil. Beim Einsatz verschiedener Schriften sollten Sie sich auf zwei verschiedene Größen beschränken.

Schriftgrößen
In Originalgröße abgebildet: Drei verschiedene Größen, aber nur eine Schrift (in bold und regular), die News Gothic MT. So kann es aussehen.

genug Kontrast zwischen Vorder- und Hintergrund

PROJEKT 10

Überarbeitung einer Visitenkarte

Karte eines Malermeisters aufwerten

Ein Malermeister und Handwerker hat bereits eine Visitenkarte mit Schriftzug namens HMM, das für Herbert Müller, Maler, steht. Die Karte und das Logo sollen nun überarbeitet und verbessert werden, dabei soll der Schriftzug erhalten bleiben.

Bei der vorliegenden Karte sind einige Fehler gemacht worden. Im ersten Schritt wollen wir die Fehler definieren, denn nur dann können wir sie im zweiten Schritt auch beheben.

Neben der geordneten Neuversion bieten wir ihm noch eine völlig neue Gestaltung an.

Fehler analysieren

Bei der Visitenkarte sind eine Menge gestalterische Fehler gemacht worden. Schriftzug und Logo sind unpassend, es gibt zu viele und ungeeignete Schriften. Auch die Farbwahl ist nicht geglückt.

Durch neue Farbe, Schriftwahl und Schriftgrößen kommt Ordnung in die Karte. Optische Achsen schaffen Klarheit und Professionalität.

Ränder, Achsen und Platzierung

Unser Auge sucht immer ganz automatisch nach optischen Achsen, also nach gedachten waagerechten und senkrechten Linien, an denen sich Inhalte bündig aufreihen. Das verleiht Struktur und Professionalität. Durch fehlende Achsen erscheinen die Inhalte unsortiert und unübersichtlich.

In der Karte sind keine Achsen vorhanden. Die linke Kante des Namens ist nicht bündig mit dem Werkzeug, die Oberkante des Werkzeugs ist nicht bündig mit der Adresse. Die Telefonnummer hat keine gleiche Unterkante mit dem Namen. Das Mischen der Ausrichtungen (linksbündig und zentriert) verstärkt die Wirkung.

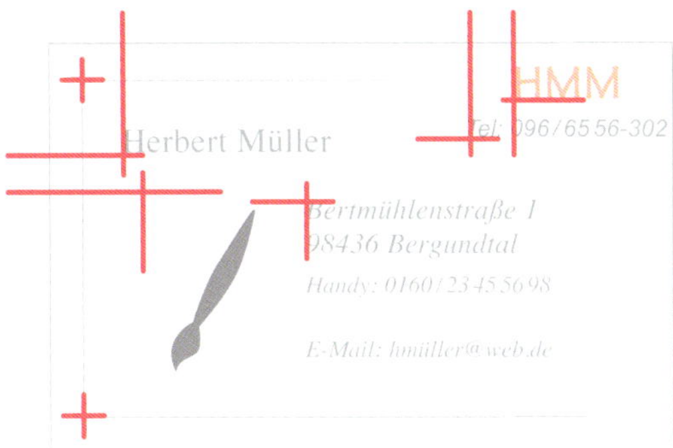

Name und Logo sind unten bündig. Beide Telefonnummern stehen jetzt zusammen.

Gestaltungselemente Linie und Logo

Eine Linie als Gestaltungselement ist grundsätzlich nicht verkehrt, passt aber hier nicht zum Thema, und für Achsen sorgt es ebenfalls nicht, da Längen und Breiten keine Bündigkeit mit anderen Elementen aufweisen.

Dem Logo in Form eines Pinsels sieht man an, dass es aus einer kostenlosen Piktogrammsammlung oder Ähnlichem stammt – es wirkt plump und gewöhnlich.

Schriften analysieren und verbessern

Die Karte wurde in der Times gesetzt – eine Schrift, die weder schön ist noch in irgendeiner Verbindung mit dem Beruf steht. Dazu wurde die Arial in Kursiv kombiniert, ebenfalls eine weder ästhetische noch individuelle Schrift. Der Schriftzug ist in der roten Tekton gesetzt. Die Schriften passen nicht zusammen. Zudem sind drei verschiedene Schriften und vier verschiedene Größen zu viel.

Herbert Müller
Bertmühlenstraße 1

Times und Times italic

Tel: 096/65 56-302

Arial italic

HMM

Tekton

Modern und kräftig

Wir brauchen eine Schrift, die modern und kräftig wirkt und als Grundschrift dient. Sie sollte sich nicht zu sehr in den Vordergrund drängen, denn wir brauchen noch eine zweite, individuelle Schrift für den Schriftzug.

HMM
Herbert Müller
Bertmühlenstraße 1

Die Thonburi für den Schriftzug wirkt unpersönlich und kühl, das große M scheint unten abgeschnitten, und die Schrift hat keine Verbindung zum Malerberuf. Die Neucha scheint zwar individueller, ist aber zu zart und zu geschwungen.

HMM
Herbert Müller
Bertmühlenstraße 1

Die Segeo Print ist zwar individuell, aber etwas zu beschwingt und leichtfüßig. Die Stefan als Grundschrift wirkt mit ihren betonten Serifen ganz passend. Segeo Print und Stefan sollten nicht miteinander kombiniert werden.

HMM
Herbert Müller
Bertmühlenstraße 1

Merke: Verwenden Sie niemals eine Schreib- oder Handschrift in Versalien wie hier bei der ZackSwashOldMedium. Abgesehen davon passt sie auch nicht zum Thema. Die Grundschrift LinotypeSyntax Serif ist etwas zu zart und elegant für das Thema.

HMM
Herbert Müller
Bertmühlenstraße 1

Die FFF Tusj für den Schriftzug strahlt Kraft aus und passt mit ihrem handgearbeiteten Stil hervorragend zum Thema. Als Grundtext findet sich die PT Sans, die sich zurücknimmt, aber mit ihrer Breite trotzdem stark genug ist.

Farbe und Beruf

Rot ist die Farbe der Liebe, heiß und weiblich. Männlich wird sie erst, wenn sie dunkler wird. Für den Malermeister und Handwerker sollte man eine männliche, starke Farbe verwenden.

Da das Logo entfernt wurde, sollte man die Berufsbezeichnung ergänzen, da nur der Schriftzug HMM nicht aussagekräftig genug ist.

männliche Farben

Platzierung und Feintuning

Nun müssen die Elemente noch platziert werden. Da Name und Beruf jetzt einen höheren Textblock bilden, stellen wir ihre Oberkante optisch bündig mit der Adresse. Die linke Kante des Schriftzugs wird bündig mit der linken Kante der Adressdaten. Die Adressdaten setzen wir alle gleich groß, zwischen Adresse und Telefon / Web kommt ein kleiner Raum.

kleiner Raum

Berufsbezeichnung gleiche Größe wie der Name

Zweite Variante

Eine alternative Gestaltung mit etwas ungewöhnlicheren Elementen. Der Schriftzug HMM ist entfallen, dafür haben wir einen Farbklecks in die rechte untere Ecke platziert, der aussagekräftiger ist. Außerdem ist die Adresse entfernt worden, da sie für seine Aufträge keine Rolle spielt. Die linke obere Ecke der Karte wurde abgerundet.

PROJEKT 11

Das Bild für eine Visitenkarte

Blickrichtung für einen Personal Trainer

Ein Karate- und Kickboxtrainer arbeitet als Personal Trainer und möchte nun mit einer Visitenkarte für sich werben. Die Visitenkarte soll ein Foto von ihm enthalten. Dazu hat er eine Reihe von Bildern von einem professionellen Fotografen machen lassen, aus denen wir Gestalter wählen sollen.

Die Aufgabe ist nun, sich für das beste Bild zu entscheiden und es samt den Texten optimal auf der Karte zu platzieren.

Denkbar ist bei der Verwendung von Bildern auch eine zweiseitige Karte, aber die Fotos sind in Farbe und Intensität zurückhaltend genug, um einseitig zu gestalten.

Zwei Vorschläge
Das Foto wird im linken Drittel der Visitenkarate platziert, der Text rechts auf zwei Drittel Breite verteilt. Bei der Größe des Bildes kann man sich wieder am Goldenen Schnitt orientieren. Eine Halbierung der Gesamtfläche sollte man vermeiden.

Alternative mit umgestelltem Text

circa ⅔ der Gesamthöhe und circa ⅓ der Gesamtbreite

Bildauswahl anhand der Körperhaltung

Die Blickrichtung, aber auch die gesamte Körperhaltung der fotografierten Person entscheidet über die Blickrichtung des Lesers. Der Blick des Lesers folgt also dem des Fotografierten.

Zudem empfinden wir aufgrund unserer Leserichtung von links nach rechts einen Text- oder Blickverlauf nach links als zurück, einen Verlauf nach rechts als vorwärts und zukünftig.

Körperhaltung (von uns aus gesehen) nach links

Der linke Arm des Trainers vor der Brust verstärkt die Abweisung.

Blick von der Karte weg

Platziert man das Bild in der linken Hälfte, führt der Blick des Trainers nach außen, weg von den Inhalten. Die Hände unterstützen sogar noch den Blick, da sie gezielt in eine Richtung zeigen.

Es geht rückwärts

Rechts platziert blickt der Trainer zwar in die Karte hinein, allerdings zeigt die Körperhaltung immer noch rückwärts.

Körper zeigt (von uns aus gesehen) nach rechts, aber hat dem Betrachter den Rücken zugewandt

Blickrichtung zum Text

zukunftsweisend, vorwärts orientiert

Vorwärts

Blick und Körperhaltung zeigen in die Karte hinein und vorwärts.

Schriftwahl und exakte Ausrichtung

Wir suchen eine dynamische und kraftvolle Schrift. Gleichzeitig darf sie ruhig etwas individuell sein, da sich auf der Karte nicht eine Karateschule, sondern ein Personal Trainer präsentiert, dessen Spezialität im individuell zugeschnittenen Training liegt. Ein Verbindung zu Asien wäre optimal, da alle aufgeführten Sportarten aus Asien stammen.

Die Noteworthy ist individuell, aber nicht kraftvoll. Durch ihre vertikale Betonung und ihren minimalen Linksdrall wirkt sie etwas steif und unsportlich.

Die OpenSans ist eine frei zugängliche Serifenlose, die für Online-Zwecke gestaltet wurde. Sie wirkt für einen Personal Trainer zu unpersönlich.

Die runden Enden verleihen der Dosis etwas Weiches, die Buchstabenform hingegen etwas Computerhaftes.

Die Palatino als zeitlose Renaissance-Antiqua wirkt wie viele Serifenschriften eher seriös und streng, aber nicht dynamisch und sportlich.

Die Skia ist kraftvoll, aber nicht zu schwer, und die ungewöhnlichen Rundungen des g oder des a haben etwas asiatisch Anmutendes.

Exakt arbeiten

Je größer die Schrift, desto größer ist auch der Weißraum um den einzelnen Buchstaben herum. Deswegen beginnen das B und das S nicht exakt untereinander, obwohl die Textrahmen exakt platziert wurden.

Achten Sie auf solche Details, und verschieben Sie eine Zeile, damit eine optische Achse entsteht.

Farbe für die Schrift

Verwendet man ein Farbbild in der Gestaltung und gibt es keine weiteren Vorgaben wie eine Hausschrift oder ein Logo, sollte man eine Farbe aus dem Farbbild entnehmen. Unser Bild bietet allerdings nicht viel mehr außer Weiß und Schwarz. Trotzdem sollte man die Schrift nicht schwarz färben, da das Gesamtbild dadurch relativ hart würde. Ein leicht gerastertes Schwarz, also ein Dunkelgrau, harmoniert hier besser.

Das Grau wirkt weniger hart als Schwarz und fügt sich etwas harmonischer in das Gesamtbild ein.

Grau ist nicht Grau

Je nach Zusammensetzung kann ein Grau sehr unterschiedlich wirken. Achten Sie darauf, Sie erzielen nämlich immer eine andere Wirkung. Ein rötliches Grau wirkt wärmer, ein bläuliches Grau kühler. Die Prozente definieren die Bestandteile von Cyan, Magenta, Gelb und Schwarz.

Hintergrund verlängern

Manchmal reicht die Größe des Hintergrundes im Bild nicht aus, um das Format zu füllen. In einer Bildbearbeitung lassen sich solche Hintergründe aber relativ einfach verlängern, indem man beispielsweise einen Streifen aus dem vorhandenen Bereich kopiert und wiederholt. Vermeiden Sie harte Kopierkanten, indem Sie beispielsweise mit einem Weichzeichner arbeiten – aber bitte nur für den Hintergrund; die Person vorn muss scharf bleiben.

PROJEKT 12

Neugestaltung einer Visitenkarte

Ein Blumenladen mit Hibiskus-Logo

Der Blumenladen Hibiskus möchte für sich werben und benötigt Visitenkarten. Der Laden ist ein sehr kleiner, liebevoll geführter Laden, der wenig Massenware anbietet. Jeder Strauß wird nach den Kundenwünschen individuell gebunden.

Das Logo steht bereits fest, es ist eine leicht abgewandelte Vektorblume, wie Sie sie in Grafikprogrammen oder als freie Grafik im Internet leicht finden. Für die Visitenkarte fehlt nun die Schrift, die wir passend zum Logo heraussuchen.

Florale Gestaltung

Die Zapfino Extra LT Pro wurde für den Namen verwendet, die LinotypeSyntaxSerif wurde dazu kombiniert. Als Hintergrundfarbe dient ein Gelb mit einer leichten Struktur, das der Grafik entnommen wurde.

[Vektor und Pixel]

Vektorgrafiken bestehen aus Linien und Kurven, die mit Ankerpunkten verbunden sind. Gearbeitet wird in Adobe Illustrator, CorelDRAW oder Adobe InDesign. Einige Websites bieten Grafiken kostenlos an.

Bei Pixelbildern wie Fotografien wird mit einzelnen Bildpunkten gearbeitet, die – klein genug und neben- und untereinander platziert – das Gesamtbild ergeben. Eine Bildbearbeitung wie Adobe Photoshop arbeitet auf diese Art und Weise.

Kostenlose Vektorgrafiken

Achten Sie auf das Kleingedruckte bezüglich kommerzieller Nutzung:

- *http://de.freepik.com*
- *www.flaticon.com*
- *http://iconmonstr.com*

Logoanalyse und Schriftwahl

Jede Grafik hat einen ganz eigenen Charakter, ihre eigene Wirkung. Der eine Faktor für die Wirkung ist die Regel- oder Unregelmäßigkeit der Außenkanten: Glatte und runde Kanten rufen eine andere Wirkung hervor als raue Kanten, und raue eckige unterscheiden sich noch einmal von aufgerauten, aber runden Kanten. Zum anderen weckt eine gleichbleibende Linienstärke andere Assoziationen als Linien mit wechselnder Stärke. Letztlich spielt auch die Größe der Fläche beziehungsweise deren Füllung eine Rolle bei der Gesamtwirkung.

Auf das Wesentliche reduziert
Die Blume wird hier zum Symbol, fast piktogrammartig dargestellt. Die Ränder sind weich und rund, aber nicht rau; die Strichstärke ist breit und gleichmäßig.

Dazu passt eine flächig wirkende Schrift mit kräftigen, gleichmäßigen Strichen wie die Source Sans Pro Semibold.

Spitze Wirkung
Dieses Logo ist ebenfalls stark reduziert. Durch die karoartige Darstellung der Blüte wirkt es nicht weich, sondern eher hart und spitz; die Vertikale ist stark betont. Die gleichmäßigen Striche erinnern an künstliche Formen.

Die PT Sans Narrow hat gleiche Strichstärken und ist als schmale Variante (Narrow) vertikal betont.

Filigran
Dieses filigrane Logo hat glatte Kanten und feine Details, die Strichstärke ist gleichmäßig. Durch die fehlende Füllung entsteht eine sehr luftige, leichte Wirkung.

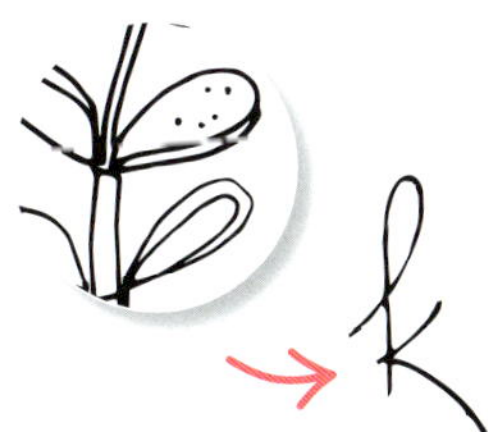

Die Dreamer erscheint filigran, hell und luftig und trotz Handschriftcharakter mit fast gleichen Strichstärken.

Organisch und wechselhaft
Dieses Logo hat einen fotoähnlichen Charakter. Es besteht nicht aus glatten, sondern aus organischen und unregelmäßigen Formen und wirkt durch die Farbe natürlich. Die Stärke der Blattadern ist nicht gleichmäßig, sondern wechselt.

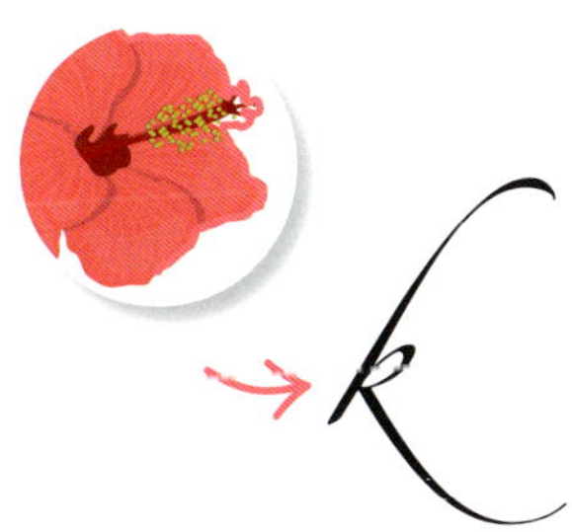

Die Zapfino Extra LT Pro hat wechselnde Strichstärken und wirkt organisch und lebendig.

Besonderheiten bei Schreib- und Handschriften

Schreibschriften und Schriften mit handschriftlichem Charakter sind sehr beliebt. Obwohl sie sich sehr stark unterscheiden können, strahlen viele von ihnen Individualität und Eleganz aus. Beim Einsatz dieser Schriftgruppen gibt es einige Regeln zu beachten, die sich trotz der verschiedenen Ausprägungen verallgemeinern lassen.

Besonderheit Nummer 1: Keine Versalien

Verwenden Sie niemals eine Schreibschrift in Großbuchstaben oder in Kapitälchen.

Besonderheit Nummer 2: Kombination

Verwenden Sie niemals mehrere Schreibschriften innerhalb einer Gestaltung.

Besonderheit Nummer 3: Laufweite

Bei vielen der Schriften muss man manuell die Buchstabenabstände nacharbeiten.

Besonderheit Nummer 4: Lesbarkeit

Durch ihre unregelmäßige Art und ihre kleinen Mittellängen sind viele Schreibschriften in kleinen Größen schlecht lesbar.

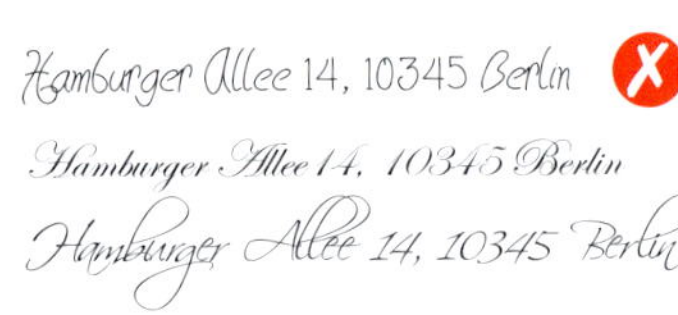

Besonderheit Nummer 5: Individuelle Buchstaben

Entscheiden Sie sich erst, wenn der Text feststeht. Durch die individuell geformten Buchstaben wirkt das eine Buchstabenpaar gelungen, ein anderes unharmonisch.

Weiße Räume und Löcher

Freier Raum ist ein unschätzbares Gestaltungsmittel. Gerade Designanfängern macht er Angst, wodurch häufig die viel zu voll gepackten Gestaltungen entstehen. Das Gegenteil sollte der Fall sein – erfreuen Sie sich an freiem Raum, denn er lässt Platz zum Atmen und hilft dem Betrachter beim Konzentrieren auf das Wesentliche. Die wichtigste Regel bei der Platzierung heißt: Links und oben steht er für Luft und Freiraum und erlaubt Betonungen. Wird er hingegen rechts oder unten platziert, kann er ein optisches Loch verursachen. Das muss nicht sein, aber die Gefahr besteht. Achten Sie darauf.

Hintergrund

Damit Hintergründe weniger flächig erscheinen, können sie Elemente aus dem Vordergrund hell wiederholen. Nehmen Sie Ausschnitte oder einzelne Stücke aus den Vordergrundelementen, und wiederholen Sie diese mit leichtem Farbunterschied.

Gefärbt wird in Gelb, ein Bildbearbeitungsfilter fügt den Streifen leichte Unregelmäßigkeiten zu.

Der Aufbau eines Briefbogens

Normen für die Geschäftskorrespondenz

Ein Briefbogen ist genauso wie die Visitenkarte ein notwendiges Werbe- und Kommunikationsmittel eines jeden Unternehmens. Sie benötigen ihn für Rechnungen, als Lieferschein für die Korrespondenz mit Lieferanten und Partnern oder einfach nur als Anschreiben.

Inhalte des Briefbogens

Wie auch die Visitenkarte repräsentiert der Briefbogen Ihr Unternehmen nach außen und sollte deswegen CI-konform sorgfältig und professionell gestaltet werden. Je nach Gestaltung und Verbrauch sollte man die Grundgestaltung in der Druckerei drucken lassen und dann nur noch die Inhalte eindrucken.

Pflicht: DIN-Vorgaben | Einige Informationen sollten auf jeden Fall auf die Geschäftskorrespondenz, andere sind optional. Zu den Pflichtinformationen zählen:

- **Die Anschrift:** Dieses Feld sollte auf der linken Seite stehen und so platziert werden, dass es – in einem Fensterumschlag verpackt – optimal zu lesen ist.
- **Der Absender:** Dieser steht oberhalb des Anschriftenfeldes in kleiner Größe.
- **Weitere Informationen:** Dazu können Ihr Zeichen, unser Zeichen, Name, Telefonnummer, E-Mail-Adresse, Datum oder die Abteilung zählen. Diese Informationen finden sich üblicherweise rechts neben der Anschrift, etwas nach unten versetzt.
- **Die Bankverbindung:** Der Einfachheit halber sollten Sie grundsätzlich auch die Bankverbindung auf dem Briefbogen platzieren. Häufig stehen die Infos am unteren Ende des Bogens oder auch rechts oben. Denken Sie daran, IBAN und BIC anzugeben. Wenn der Empfänger die Bankverbindung dann gar nicht benötigt, kann er sie ja ignorieren.

Andernfalls müsste man immer zwei Varianten der Briefbögen drucken lassen, was die Arbeit unnötig verkompliziert.

- **Einzelunternehmen:** Bei nicht im Handelsregister eingetragenen Einzelunternehmen muss der Briefbogen einen ausgeschriebenen Vornamen und Nachnamen enthalten. Bei Einzelunternehmen, die im Handelsregister eingetragen sind, müssen der Firmenname mit Rechtsform, der Ort, Registernummer und Registergericht zu lesen sein; alternativ zur Registernummer kann auch die Steuer- oder Umsatzsteuernummer angegeben werden.
- **GbR oder BGB:** Eine GbR oder BGB-Gesellschaft braucht die Familiennamen aller Gesellschafter mit mindestens einem ausgeschriebenen Vornamen.
- **GmbH:** Eine GmbH benötigt den Firmennamen, die Rechtsform, den Sitz, Registergericht, Registernummer sowie Vor- und Nachnamen aller Geschäftsführer.

Bitte informieren Sie sich ganz gezielt für Ihr Unternehmen bei Ihrem Anwalt oder Steuerberater, welche Angaben für Ihr Unternehmen beziehungsweise für das Unternehmen Ihres Kunden vonnöten sind – andernfalls kann das Fehlen von Informationen zu rechtlichen Problemen führen, die man vermeiden kann.

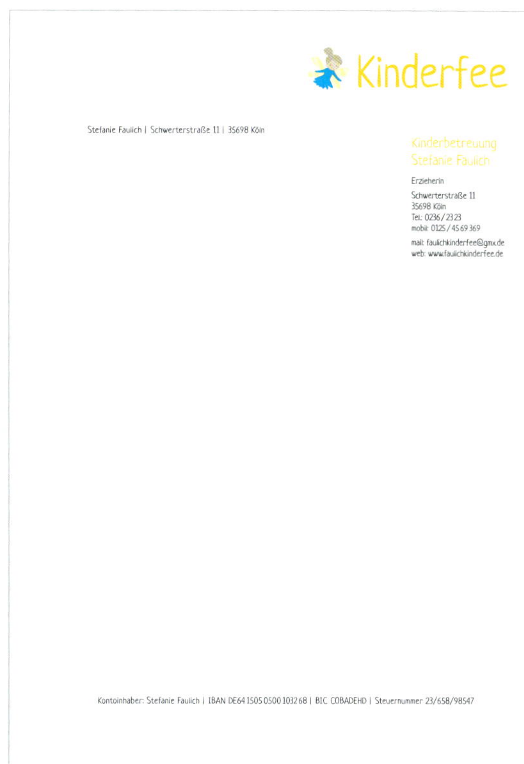
Kinderfee
Stefanie Faulich | Schwerterstraße 11 | 35698 Köln
Kinderbetreuung
Stefanie Faulich
Erzieherin
Schwerterstraße 11
35698 Köln
Tel.: 0236 / 23 23
mobil: 0125 / 45 69 369
mail: faulichkinderfee@gmx.de
web: www.faulichkinderfee.de
Kontoinhaber: Stefanie Faulich | IBAN DE64 1505 0500 1032 68 | BIC COBADEHD | Steuernummer 23/658/98547

Name und Bankverbindung

Einzelunternehmen ohne Handelsregisternummer benötigen den ausgeschriebenen Vor- und Zunamen. Die Angaben der Bankverbindung sollten immer platziert werden, falls der Briefbogen auch als Rechnung zum Einsatz kommt. Die Bankverbindung steht häufig am unteren Rand, kann aber auch an den rechten Rand gestellt werden.

Optionale Informationen | Je nach Unternehmen kann es hilfreich sein, weitere Informationen auf dem Briefbogen unterzubringen:

- **Logo:** Das Logo des Unternehmens ist keine Pflicht, aber allemal die notwendige Kür, um die CI und das Gesicht zu wahren.
- **Slogan:** Auch der Slogan gehört zum Unternehmen und sollte in jedem Fall mit dem Logo zusammen auf dem Briefpapier das Erscheinungsbild komplettieren.
- **Falz- und Lochmarken:** Erleichtern die Arbeit mit dem Briefbogen, indem Sie das Falzen und Lochen an den richtigen Stellen vorgeben.
- **Weitere Informationen:** Eventuell kann es sinnvoll sein, für ein bestimmtes Unternehmen noch zusätzliche Informationen wie weitere Standorte, die Website oder anderes unterzubringen.

Aufteilung

Der Briefbogen wird auf einem genormten Format, dem DIN A4, gedruckt. Dieser wird in der Regel in einem genormten Umschlag, dem DIN lang mit Fenster, verschickt. Sollen mehrere Seiten verschickt werden, kann man die DIN-A4-Seiten auch in einen genormten DIN-A5-Umschlag stecken. Sie sehen: Dem DIN-Format kann man nicht entkommen. Und genau deswegen gibt es auch für die Gestaltung des Briefpapiers einige DIN-Vorgaben, an die wir uns halten sollten, in diesem Fall nach DIN-Norm 5008. Andernfalls lässt sich im Fensterfeld nicht die Adresse, sondern Teile der Korrespondenz lesen, oder das gelochte Papier passt nicht in den DIN-A4-Ordner, weil die Lochung nicht in der Mitte ist.

❶ Platz für Gestaltung (Logo, Firmenname, Slogan etc.)

❷ Absender (kleine Schrift, meist 6 oder 7 Punkt), meist zentriert ausgerichtet

❸ Frei lassen für Adresse

❹ eventuell frei lassen für Anmerkungen/Stempel

❺ Daten der Firma, circa 9–12 Punkt Größe

❻ (optional) Zeile für Notizen/ Zeichen und Datum; Oberkante auf 97,5 mm;

❼ Betreff, Oberkante auf 114 mm

❽ Anrede, Oberkante auf 127 mm

❾ Falzmarken auf 105 und 210 mm

❿ Lochmarke auf 148,5 mm

⓫ Brieffuß: zusätzliche Firmenangaben wie Bankverbindung, Steuernummer, Handelsregisternummer etc., Schriftgröße etwas kleiner als in Punkt ❺; kann in mehreren Blöcken oder auch langen Zeilen gesetzt werden; Höhe variabel.

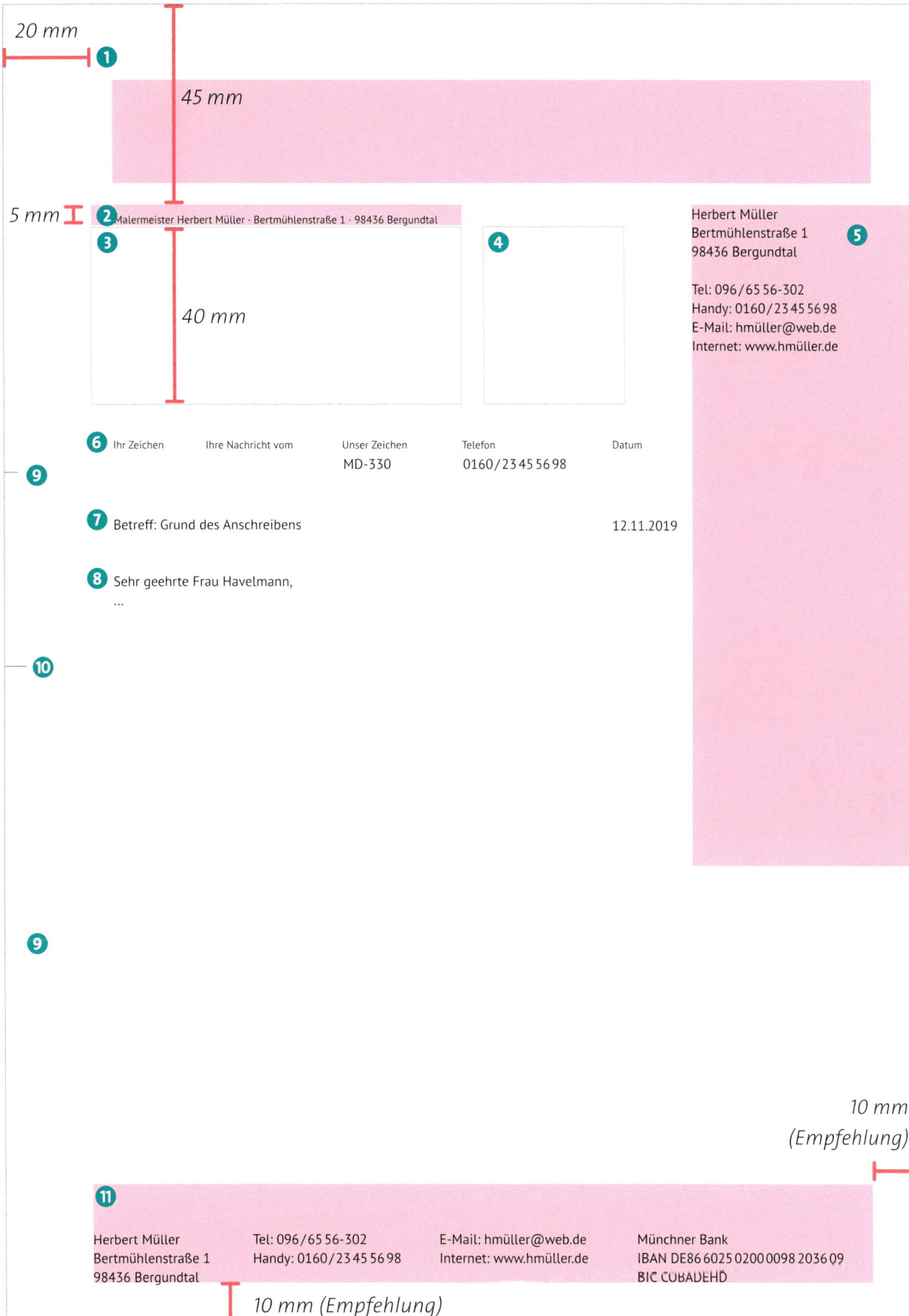
20 mm
1
45 mm
5 mm
2
Malermeister Herbert Müller · Bertmühlenstraße 1 · 98436 Bergundtal
3
40 mm
4
Herbert Müller
Bertmühlenstraße 1
98436 Bergundtal
5
Tel: 096/65 56-302
Handy: 0160/23 45 56 98
E-Mail: hmüller@web.de
Internet: www.hmüller.de
6
Ihr Zeichen
Ihre Nachricht vom
Unser Zeichen
MD-330
Telefon
0160/23 45 56 98
Datum
9
7
Betreff: Grund des Anschreibens
12.11.2019
8
Sehr geehrte Frau Havelmann,
...
10
9
10 mm
(Empfehlung)
11
Herbert Müller
Bertmühlenstraße 1
98436 Bergundtal
Tel: 096/65 56-302
Handy: 0160/23 45 56 98
E-Mail: hmüller@web.de
Internet: www.hmüller.de
Münchner Bank
IBAN DE86 6025 0200 0098 2036 09
BIC COBADEHD
10 mm (Empfehlung)

Gestaltung

Zwar haben wir nur drei Bereiche, in denen Sie mehr oder weniger frei gestalten können, aber das sollte genügen, um den Briefbogen mit Ihrem individuellen Erscheinungsbild zu prägen. Die freien Bereiche befinden sich oben, rechts und unten. Innerhalb dieser können Sie mit Farben und Elementen genauso arbeiten wie auf einer Visitenkarte oder Postkarte. Allerdings sollten Sie den grundsätzlichen Unterschied beachten: Der Briefbogen ist kein Werbemittel, das Sie auf der Straße oder bei einer Veranstaltung verteilen. Sie wollen mit ihm also nicht unbedingt Blicke fangen, sondern Informationen CD-konform und gut lesbar vermitteln.

Der Firmenname samt Logo sollte auf jeden Fall oben platziert werden, da hier der erste Blick des Lesers landet. Ob das Logo links oder rechts steht, entscheidet man abhängig vom restlichen Design.

die drei freien Bereiche oben, rechts und unten

Unser Malermeister

Auf dem Briefbogen des Malermeisters finden sich die gleichen Gestaltungselemente wie auf der Visitenkarte: das tiefdunkle Blau, der Farbklecks (einmal negativ und einmal positiv), die gleiche Schrift (PT Sans) und der Einsatz von negativer Schrift.

Schrift | Die Variationen bei der typografischen Gestaltung sind beschränkt. Setzen Sie die Absenderzeile in 6 bis 7 Punkt; die Angaben zum Unternehmen, zur Bankverbindung etc. sollten Sie in 10 bis 12 Punkt auszeichnen.

Haben Sie eine Hausfarbe oder eine Hausschrift? Natürlich sollte diese beim Briefbogen wieder auftauchen. Ob Sie ausschließlich Ihre Hausschrift verwenden oder eine zweite hinzukombinieren, hängt von der gewählten Schriftart ab. Schmückende Schriften wie Schreibschriften sind in kleinen Schriftgraden schlecht lesbar. Haben Sie eine solche als Hausschrift, verwenden Sie sie am besten nur für Ihren Schriftzug, der Rest sollte in einer anderen, gut lesbaren Schrift gesetzt werden – wer will schon eine IBAN in verschnörkelter Schreibschrift entziffern? Hingegen ist bei einer gut lesbaren Hausschrift mit mehreren Schnitten eine zweite Schrift meist nicht nötig.

Bei manchen Schriften ist die Lesbarkeit in erster Linie von der Schriftgröße abhängig.

Logo und Schriftzug sind hier konzentriert im rechten Teil platziert.

Der Bereich für Anmerkungen muss nicht zwingend frei gehalten werden.

Zusätzliche Informationen wie Geschäftsführer oder Handelsregister können hier stehen.

Das Gestaltungselement Farbe mit abgerundeten Ecken wird hier wiederholt.

PROJEKT 13

Details für den Briefbogen

Freundliche und moderne Arztpraxis

Eine Zahnarztpraxis benötigt eine Visitenkarte sowie einen Briefbogen. Das Logo ist ein stilisierter, nicht gefüllter Zahn. Weitere Gestaltungselemente sind ein dunkles Grau sowie eine Fläche mit weißer und grauer Kontur. Alle Elemente sind an den Ecken abgerundet und weich, und dieses Stilelement wurde auch bei der Schriftwahl beachtet.

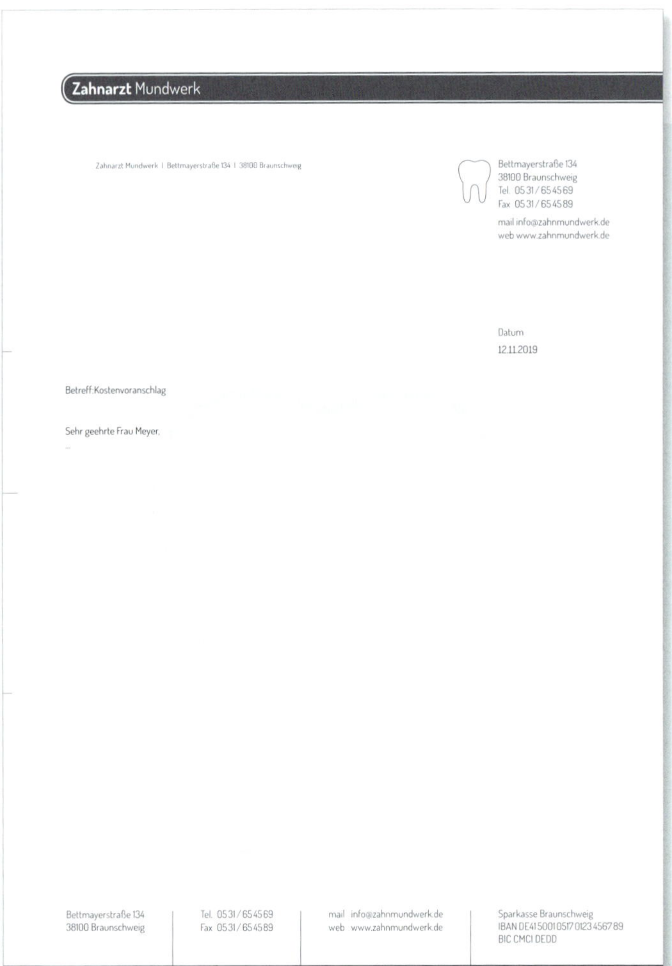

Guter Eindruck

Optische Achsen sorgen für eine übersichtliche und professionelle Wirkung.

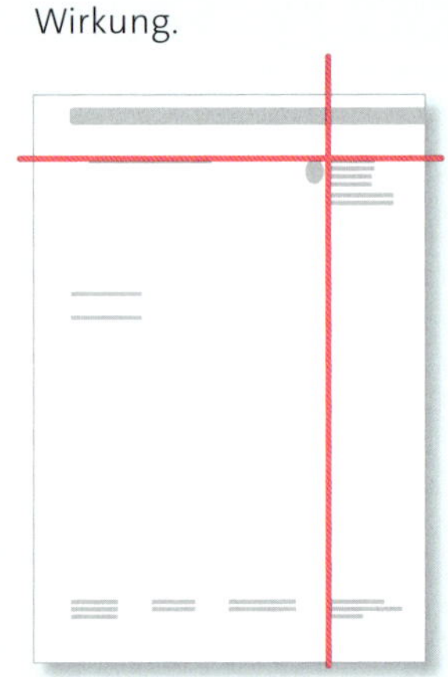

Die Wahl einer passenden Schrift

Die Linien haben runde Enden, die dunkelgraue Hinterlegung hat abgerundete Ecken, und das Logo, der Zahn, wirkt ebenfalls weich und rund. Wir suchen eine Schrift, die ebenfalls rund und weich wirkt.

Ein weiteres Kriterium für die Schriftwahl ist die gewünschte Außenwirkung. Die Praxis möchte sachlich, klar, sauber und sehr modern wirken. Gleichzeitig möchte das Team nicht als kalt oder hart empfunden werden.

Zahnarzt Mundwerk

Eine Handschrift wie die Hanoded Hand wirkt durch die unregelmäßigen Buchstabenformen unruhig und lässt an eine zittrige Zahnarzthand denken – nicht gut.

Zahnarzt Mundwerk

Die Concorde wirkt zwar ernsthaft, aber nicht technisch fortschrittlich.

Zahnarzt Mundwerk

Die klassische Helvetica ist zwar etwas abgegriffen, aber modern und sachlich. Ihr fehlt aber die runde Wirkung.

Zahnarzt Mundwerk

Mit der Dosis landen wir einen Treffer. Als Serifenlose ist sie modern und technisch, die runden Enden machen sie aber weich und freundlich.

Einheitliches CD und Details

Für ein einheitliches CD verwenden wir gleiche Gestaltungselemente. Die senkrechte, graue Hinterlegung des Namens auf der Visitenkarte wird auf dem Briefbogen als Querbalken wiederholt. Die Adressdaten finden am rechten Rand ihren Platz, die Kontodaten unten. Das Logo kann an verschiedenen Stellen oder aufgehellt als Hintergrundobjekt platziert werden.

Detail Linienstärke

Zu den Details, auf die es zu achten gilt, zählt beispielsweise auch die gleiche Linienstärke von Schrift und Kontur des Logos.

Auch die Linien am unteren Rand weisen die gleiche Stärke auf.

Mikrotypografie – Details für Professionalität

Neben optischen Achsen und passenden Linienstärken gibt es auch beim Setzen des Textes bestimmte Vorgaben, die zur Lesbarkeit beitragen und teilweise auch vom Duden vorgegeben sind. Achten Sie auf diese Details – sie tragen zu einer professionellen Wirkung bei.

Telefonnummern gliedern

Ich empfehle, die Zahlen von Telefon- und Faxnummern für eine bessere Lesbarkeit in Zweiergruppen von rechts zu gliedern. Vor und nach dem Schrägstrich sollten Sie ebenfalls einen kleinen Raum einfügen. Verwenden Sie einen halben Wortzwischenraum oder ein Drittelgeviert.

Tel. 05 31 / 65 45 69
Fax 05 31 / 65 45 80

... 31 / 65 ...
... 31 / 65 ...

Je nach Schrift ist manchmal eine optische Korrektur nötig. Hier ist der Platz vor dem / größer als dahinter, obwohl die gleichen Räume verwendet wurden.

Bankverbindung gliedern

Die Bankleitzahl wird in zwei Dreier- und eine Zweiergruppe unterteilt, die Kontonummer in Dreiergruppen von rechts. Die IBAN wird von links in fünf Vierergruppen und eine Zweiergruppe gegliedert; die BIC wird nicht in Gruppen unterteilt.

Bankleitzahl 500 105 17
Kontonummer 0123 456 789

IBAN DE41 5001 0517 0123 4567 89

Übrigens: BIC, Postleitzahl, Handelsregisternummer und Steuernummer werden nicht gegliedert.

Anführungszeichen und andere Satzzeichen

Die deutschen Anführungszeichen wirken am Satzanfang unten wie eine 99, am Satzende oben wie eine 66. Gerade Striche sind keine Anführungs-, sondern Zollzeichen. Die spitzen Anführungszeichen (Guillemets) zeigen nach innen und sind ebenfalls korrekt.

Grundsätzlich sind alle Satzzeichen ohne Abstand direkt hinter den Buchstaben zu platzieren. Ausnahme bildet das Auslassungszeichen (Ellipse), das übrigens nicht aus drei einzelnen Satzpunkten besteht, sondern als eigenes Zeichen existiert. Es sollte mit einem halben Wortzwischenraum vom letzten Buchstaben getrennt werden.

„An- und Abführungen“

12 Zoll 12 "

»An- und Abführungen«

Ich bin wirklich sprachlos!

Ich bin wirklich sprachlos …

Uhrzeit gliedern

Die Uhrzeit wird im 24-Stunden-Format angegeben. Stunden und Minuten werden entweder mit einem Doppelpunkt oder mit einem Punkt gegliedert; eine vorangestellte Null ist nur in Tabellen sinnvoll.

9:25 Uhr
9.25 Uhr
09.25 Uhr
9.25 h

Das Zeichen h für hora ist auch möglich.

Zahlen, Maßeinheiten, Prozent und Grad

Zahlen werden mit drei Ziffern von rechts gegliedert, eine Zahl sollte aus optischen Gründen aber nie alleine stehen. Als Gliederungszeichen dient ein halber bis ein ganzer Wortzwischenraum oder auch ein Punkt. Dezimalstellen werden mit einem Komma getrennt.

Zwischen einer Zahl und dem Prozentzeichen genügt ein halber Wortzwischenraum und zwischen einer Zahl und dem Gradzeichen ebenfalls, wenn die Einheit folgt.

69 698
69.698
17,98 kg
2987 km
34 %
9 °
9 °C

Striche

Der Trennstrich wird auch Divis oder Bindestrich genannt und hat die Länge eines Viertelgevierts. Er wird bei Trennungen und bei Kopplungen verwendet. Vor und nach ihm kommt kein Leerraum.

Der Gedankenstrich in der Länge eines Halbgevierts wird für eine Gedankenpause verwendet, und dabei kommt vor und nach ihm ein Wortzwischenraum. Er wird auch für Währungen, Strecken und als Bis-Strich verwendet, hier aber ohne zusätzlichen Raum.

Hals- und Beinbruch
VIP-Lounge

Es wurde – auch ohne seine Zustimmung – viel getrunken.
23,– Euro
Frankfurt–München
9.30–18.00 Uhr

[Geviert]

Die typografische Maßeinheit Geviert ist ein Quadrat, dessen Kantenlängen der Schriftgröße entsprechen. Ein Geviert einer 12-Punkt-Schrift ist also 12 Punkt breit und 12 Punkt hoch.

[Abstände in InDesign]

In Adobe InDesign gibt es mehrere Möglichkeiten, Abstände zu verändern. Sie können feste Größen wie ein Halbgeviert, ein Drittelgeviert oder ein Achtelgeviert einfügen. Sie können aber auch über die Laufweitenkorrektur arbeiten. Hier entsprechen 1000 Einheiten einem Geviert.

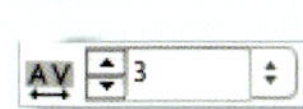

PROJEKT 14

Mehrseitiger Briefbogen

Farbenfroher Eisladen

Ein Eisladen macht Werbung. Zu den Attributen der gewünschten Außenwirkung zählen »guter Geschmack«, »appetitlich« und »selbstgemacht«, da der Eisladen nicht zu einer Kette gehört. Der Name »Erdbeere und Freunde« verhilft uns bei der Farbwahl recht schnell zu einem Erdbeerrot, das an verschiedenen Stellen der Gestaltung immer wieder auftaucht.
Das Besondere bei der Gestaltung hier ist, dass der Kunde häufig Briefe mit zwei Seiten verschickt und eine originelle und passende Gestaltung einer zweiten Seite benötigt.

Gestaltungselemente

Der Eisladen wird mit dem Element Kreis und der Farbe Rot gestaltet. Ein weiteres Gestaltungselement sind die Kapitälchen.

Johanna Bremthal
Torplatz 12
53115 Bonn

zweite Seite

Hervorhebung mit Kapitälchen

Innerhalb des Briefbogens werden zum einen Teile des Textes mit dem Gestaltungselement Rot ausgezeichnet, zum anderen in Kapitälchen. Die Kapitälchen sind eine Auszeichnungsart, die dezent und elegant wirkt. Im Vergleich zu Großbuchstaben gliedern sie sich besser in den restlichen Text ein, da sie durch ihre wechselnden Größen nicht so balkenartig wahrgenommen werden.

Torplatz 12 · 53115 Bonn	*normale Schreibweise*	
TORPLATZ 12 · 53115 BONN	*Großbuchstaben (Versalien genannt)*	→ TORPLATZ
TORPLATZ 12 · 53115 BONN	*Kapitälchen*	→ TORPLATZ

Besondere Zahlen

Normale Zahlen weisen alle die gleiche Größe auf. Deswegen fügt sich eine ganze Reihe von Zahlen nicht gut in einen Text ein, da genauso wie bei Großbuchstaben auch hier der Wechsel zwischen Klein und Groß fehlt.

Einige Schriften, die ein umfangreicheres Angebot an Zeichen haben, bieten sogenannte Mediävalziffern. Sie haben Ober- und Unterlängen und fügen sich deshalb harmonisch in das Schriftbild ein.

Torplatz 12 · 53115 Bonn	*Versalziffern*	→ 53115
Torplatz 12 · 53115 Bonn	*Mediävalziffern*	→ 53115
TORPLATZ 12 · 53115 BONN	*Kapitälchen mit Mediävalziffern*	

[Kapitälchen]
Als Kapitälchen bezeichnet man Buchstaben, die die Form von Großbuchstaben in der Größe von Kleinbuchstaben haben. Verwendet werden sie wie Kleinbuchstaben.

[Mediävalziffern]
Die Mediävalziffern haben Ober- und Unterlängen und je nach Schnitt auch unterschiedliche Breiten.

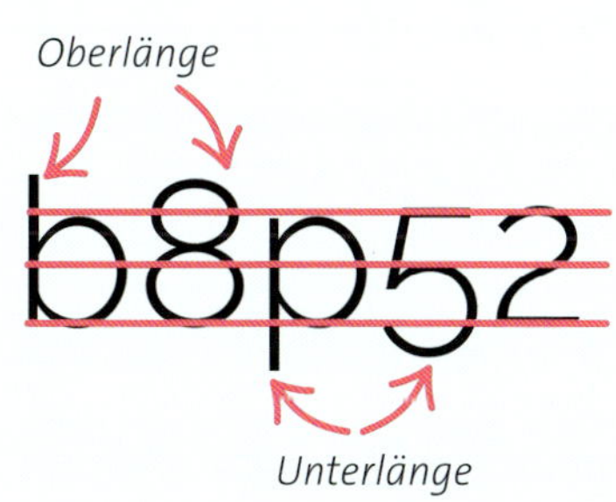

Eine zweite Seite

Im Gegensatz zur ersten Seite, auf die in jedem Fall abhängig von der Unternehmensform bestimmte Angaben wie Steuernummer oder Rechtsform platziert werden müssen, sind Sie bei der Gestaltung der zweiten Seite frei. Auch das Adressfeld muss nicht mehr frei gehalten werden. Logo und Unternehmensname sollten aber in jedem Fall auf der zweiten Seite ihren Platz finden, eventuell auch noch die Adresse. Eine Seitennummerierung auf beiden Seiten ist sinnvoll, entweder in Form von »Seite 1« oder in Form von »Seite 1 von 2«.

Gestaltungselement wiederholen

Neben dem Logo und dem Unternehmensnamen können Sie auf der zweiten Seite weitere Gestaltungselemente wiederholen. Das vermittelt den Eindruck eines durchgehenden Designs und unterstützt die Wiedererkennung.

In diesem Fall wird bereits auf der ersten Seite mit einem roten Rahmen mit abgerundeten Ecken gearbeitet. Der Rahmen wird randabfallend, nach unten offen geformt.

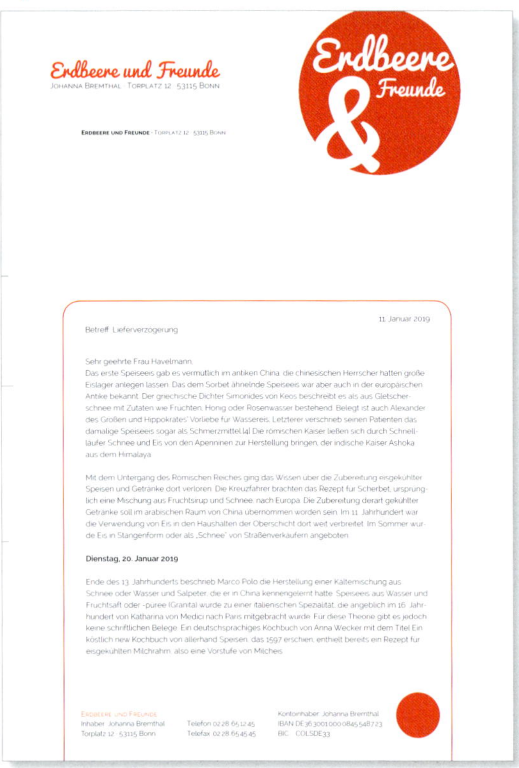

Erdbeere und Freunde
Johanna Bremthal · Torplatz 12 · 53115 Bonn

Erdbeere & Freunde

Erdbeere und Freunde · Torplatz 12 · 53115 Bonn

11. Januar 2019

Betreff: Lieferverzögerung

Sehr geehrte Frau Havelmann,
Das erste Speiseeis gab es vermutlich im antiken China, die chinesischen Herrscher hatten große Eislager anlegen lassen. Das dem Sorbet ähnelnde Speiseeis war aber auch in der europäischen Antike bekannt. Der griechische Dichter Simonides von Keos beschreibt es als aus Gletscherschnee mit Zutaten wie Früchten, Honig oder Rosenwasser bestehend. Belegt ist auch Alexander des Großen und Hippokrates' Vorliebe für Wassereis. Letzterer verschrieb seinen Patienten das damalige Speiseeis sogar als Schmerzmittel.[4] Die römischen Kaiser ließen sich durch Schnellläufer Schnee und Eis von den Apenninen zur Herstellung bringen, der indische Kaiser Ashoka aus dem Himalaya.

Mit dem Untergang des Römischen Reiches ging das Wissen über die Zubereitung eisgekühlter Speisen und Getränke dort verloren. Die Kreuzfahrer brachten das Rezept für Scherbet, ursprünglich eine Mischung aus Fruchtsirup und Schnee, nach Europa. Die Zubereitung derart gekühlter Getränke soll im arabischen Raum von China übernommen worden sein. Im 11. Jahrhundert war die Verwendung von Eis in den Haushalten der Oberschicht dort weit verbreitet. Im Sommer wurde Eis in Stangenform oder als „Schnee" von Straßenverkäufern angeboten.

Dienstag, 20. Januar 2019

Ende des 13. Jahrhunderts beschrieb Marco Polo die Herstellung einer Kältemischung aus Schnee oder Wasser und Salpeter, die er in China kennengelernt hatte. Speiseeis aus Wasser und Fruchtsaft oder -püree (Granita) wurde zu einer italienischen Spezialität, die angeblich im 16. Jahrhundert von Katharina von Medici nach Paris mitgebracht wurde. Für diese Theorie gibt es jedoch keine schriftlichen Belege. Ein deutschsprachiges Kochbuch von Anna Wecker mit dem Titel Ein köstlich new Kochbuch von allerhand Speisen, das 1597 erschien, enthielt bereits ein Rezept für eisgekühlten Milchrahm, also eine Vorstufe von Milcheis.

Erdbeere und Freunde
Inhaber: Johanna Bremthal
Torplatz 12 · 53115 Bonn

Telefon 0228 65 12 45
Telefax 0228 65 45 45

Kontoinhaber: Johanna Bremthal
IBAN DE36 3001 0000 8455 4872 3
BIC: COLSDE33

Erdbeere und Freunde
Johanna Bremthal · Torplatz 12 · 53115 Bonn

Erdbeere & Freunde

Das erste französische Café, das auch Speiseeis anbot, eröffnete 1686 in Paris der Italiener Francesco Procopio di Cultelli, ein Koch Ludwigs XIV.: das Café Procope. Um 1700 wurde Speiseeis auch in anderen europäischen Kaffeehäusern bekannt. Im 18. Jahrhundert wurde Speiseeis in Frankreich dann auch auf der Straße verkauft. Am Boulevard des Italiens eröffnete ein Neapolitaner das erste richtige Eiscafé. Die erste bekannte Gelateria in den späteren USA gab es 1770 in New York. In Hamburg eröffnete 1799 die vermutlich erste deutsche Eisdiele im Alsterpavillon.

Herzlichst
Ihre Johanna Bremthal
Erdbeere und Freunde

Erdbeere und Freunde
Inhaber: Johanna Bremthal
Torplatz 12 · 53115 Bonn

Telefon 0228 65 12 45
Telefax 0228 65 45 45

Kontoinhaber: Johanna Bremthal
IBAN DE36 3001 0000 8455 4872 3
BIC: COLSDE33

Auf der zweiten Seite wird der Rahmen übernommen, aber mit der Öffnung nach oben. So unterstützen wir den Eindruck eines fortlaufenden Textes.

Eine dritte und vierte Seite

Für den Fall, dass »Erdbeere und Freunde« auch hin und wieder drei oder mehr Seiten bedrucken möchte, sollte man eine Seite gestalten, die – beliebig oft – als Zwischenseite fungieren kann. Die Linienelemente sind nach oben und unten geöffnet, was die Fortsetzung des Textes in beide Richtungen symbolisiert.

Passend zum Umfang

Das Unternehmen sollte alle drei Arten der Grundgestaltung in der Druckerei drucken lassen. Für die Eindrucke mit dem Laserdrucker werden dann immer passend zum Umfang die jeweiligen Bögen verwendet.

Unten endet die Seite wie die erste Seite – mit den über den Rand laufenden Linien.

Damit die Linie nicht durch den Schriftzug links oben und durch das Logo rechts läuft, wird sie einfach mit einer weißen Fläche abgedeckt und so unterbrochen.

Druck der Visitenkarte

Es muss nicht immer Papier sein

Wenn Sie bei der Größe der Visitenkarten schon nicht besonders flexibel sein können, dann zumindest beim Material und bei der Umsetzung. Es gibt zahlreiche Möglichkeiten, Papier zu veredeln und zu variieren – oder nicht auf Papier, sondern auf einem anderen Material zu drucken.

Papierwahl für die Visitenkarte

Beginnen wir mit dem Papier. Eine Visitenkarte wird oft in die Hand genommen und sollte dabei nicht gleich knicken oder Eselsohren bekommen. Deswegen sollte das Material relativ fest und stabil sein.

[Grammatur]
Die Grammatur (viele sagen auch »Papierstärke«) ist das Flächengewicht von Papier und wird in Gramm pro Quadratmeter angegeben. Eine Grammatur von 350 g/m² bedeutet, dass ein Bogen mit der Größe von einem Quadratmeter 350 Gramm wiegt.

Papierstärke | Eine sehr häufig verwendete Grammatur für Visitenkarten beträgt 300 g/m², aber auch 350 g/m² bis hin zu 400 g/m² werden verwendet. Letztlich sind nach oben keine Grenzen gesetzt, und so manch ein Unternehmen profiliert sich durch Karten mit 600 g/m². Allerdings sagt die Stärke des Papiers nicht allein etwas über die Stabilität aus. Vielmehr spielt auch die Art des Kartons eine Rolle, so zum Beispiel wie hoch er verdichtet ist.

Papierfarbe | So verlockend ein bunter Strauß an Papiermustern auch ist, bedenken Sie, dass Sie mit der Visitenkarte Ihr Unternehmen präsentieren und dass die gewählte Papierfarbe dem Corporate Design Ihres Unternehmens entsprechen muss. In der Praxis überwiegt immer noch das dankbare Weiß. Es ist mit schwarzer oder dunkler Schrift am lesefreundlichsten, und wenn Sie Angst haben, mit einer weißen Visitenkarte unterzugehen, dann können Sie auch über eine Veredelung nachdenken, die häufig mehr Eindruck macht.

Eine farbige Visitenkarte ist zwar auch eine Variante, um etwas mehr aufzufallen, allerdings ist farbiges Papier auch deutlich teurer. Bei Druck auf farbigem Papier muss man beachten, dass der Kontrast zwischen Vordergrundfarbe, also Schriftfarbe, und der Hintergrundfarbe, also der des

Papiers, groß genug ist. Ist der Kontrast, also der Unterschied zwischen Text- und Papierfarbe, zu gering, ist das Erkennen des Textes mühsam, und schon verliert der potenzielle Kunde das Interesse, und die Karte landet schneller im Müll, als Ihnen lieb ist.

Natürlich können Sie auch ganz dunkles Papier bedrucken lassen, dann allerdings mit sehr hellen Farben. Diese Farben müssen absolut deckend sein, damit das dunkle Papier nicht durchscheint. Je nach Papier wird das Druckmotiv dann per Heißfolienprägung, UV-Offset oder auch im Siebdruck auf den Bedruckstoff gebracht.

Im Gegensatz zu der Methode, weißes Papier durch das Anlegen von großen Flächen zu färben, hat die Methode, direkt mit einem farbigen Papier zu arbeiten, mehrere Vorteile: Häufig trocknen die Oberflächen schlecht oder sie sind rau, wodurch große Farbflächen schlecht haften, die Originalhaptik bleibt erhalten und man riskiert keinen Farbabrieb. Fragen Sie am besten in der Druckerei nach, welche Variante Ihnen die besten Möglichkeiten bietet.

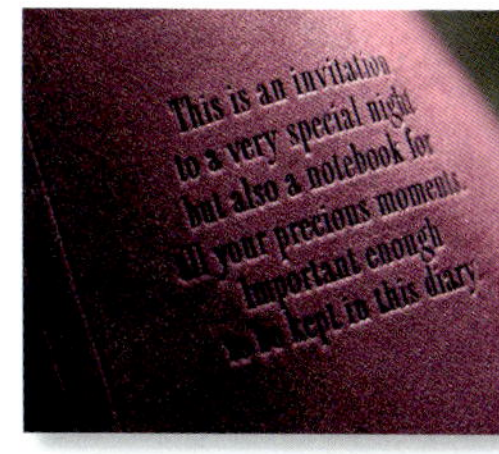

© www.boelling.com

^ Heißfolienprägung
Samtähnliche Oberfläche mit Heißfolienprägung

Papierart | Bei der Wahl der Papierart sind wenig Grenzen gesetzt. Viele greifen zum sogenannten Bilderdruckpapier, wobei man sich hier noch zwischen der glänzenden und der matten Version entscheiden muss. Bilderdruckpapier ist üblich, allerdings nicht unbedingt sehr stabil und zusätzlich oft teurer.

Manchmal empfehlen Druckereien auch ein Chromoluxpapier beziehungsweise den Chromokarton. Der meist mehrfach gestrichene Karton besteht aus mehreren Lagen, ist allerdings nicht beschreibbar. Für eine Notiz, die Sie Ihrem Kunden auf der Karte hinterlassen wollen, ist er also ungeeignet.

Die weiße Schrift wird im Druck ausgespart.

Anschnitt
Die dunkle Fläche wird über das gesamte Format platziert und an jeder Seite noch um 3 Millimeter vergrößert.

Chromolux
Der Chromokarton ist mehrfach gestrichen.

Wenn die Karte glänzen soll, sollten Sie in jedem Fall das stärkere Papier wählen, da die Kombination aus glänzendem, aber labberigem Papier schnell billig wirkt – denken Sie an die Karten der Gebrauchtwagenkäufer, die man regelmäßig an der Windschutzscheibe oder am Türgriff seines Autos findet.

Eine gute Wahl ist das Invercote-Papier. Es hat eine optimale Farbwiedergabe und ist stabil. Zudem eignet es sich hervorragend für Veredelungen aller Art wie Blind- und Heißfolienprägungen.

Leinenstruktur
Die Leinenstruktur verleiht dem Papier eine elegante, handgemachte Note.

Eine schöne Alternative zum herkömmlichen Bilderdruckpapier ist Papier mit einer Leinenstruktur. Auch Karten aus Buchbinderpappe, Mikrowellpappe oder einer Bierdeckelpappe sind je nach Einsatzbereich eine originelle Idee, mit der Sie auffallen können. Verlieren Sie aber vor lauter Begeisterung über das umfangreiche Angebot nicht aus den Augen, dass die Karte und somit auch das gewählte Papier zu Ihrem Unternehmen passen und die richtigen Assoziationen hervorrufen muss. Eine Visitenkarte mit einer groben Oberfläche, die beim Betrachter ein Bierdeckel-Feeling hervorruft, wirkt bei einem Nagelstudio oder einem Schmuckatelier unpassend, eignet sich aber hervorragend für eine Kneipe, eine Musikbar oder einen Handwerksbetrieb.

Immer wieder sieht man auch Papiere mit einem sogenannten Farbkern. Dabei wird ähnlich wie bei einem Sandwich eine sehr starke, farbige Zwischenschicht mit einer Grammatur von bis zu 1000g/m^2 zwischen Vorder- und Rückseite eingefügt. Der Kern ist in verschiedenen Farben erhältlich, die allerdings in der Regel vorgegeben und nicht frei wählbar sind.

Farbkern
Der Farbkern hat eine Grammatur bis zu 1000 g/m^2.

Alternative Materialien

Es muss nicht immer Papier oder Karton sein. Wer sich über das Material profilieren möchte, kann als Bedruckstoff auch Plastik wählen, was je nach Druckart und Veredelung auch hübsch aussehen kann. Noch origineller sind Visitenkarten aus Metall, die entweder matt, poliert oder gebürstet für einen ganz besonderen Look sorgen. Letztlich lassen sich Ihre Daten aber auch auf Stoffe wie Holz, Leder, Gummi, Filz oder Vinyl drucken. So kann ein Schreiner auf originelle Weise seine Daten auf Holzkarten drucken, ein Schneider auf Filz oder Stoff und ein Schuster auf Leder – bleibt allerdings die Frage, ob die Kosten-Nutzen-Rechnung dann immer noch aufgeht.

Veredelung

Heutzutage sind veredelte Druckerzeugnisse keine Ausnahme mehr. Die Möglichkeiten bei der Veredelung sind nahezu unbegrenzt. Um Visitenkarten zu veredeln, eignet sich zum Beispiel ein Lack, der transparent oder glitzernd ist. Auch Duftlacke sind möglich: Wird an der Karte gerieben, strömt Kaffee- oder Meeresbriseduft aus der Karte, ganz nach Belieben. Allerdings fallen für solche Effekte deutlich höhere Kosten an.

Ein Hingucker sind auch geprägte Karten, bei denen Teile auf der Karte erhöht oder vertieft werden. Ein Wechsel zwischen matten und glänzenden Bereichen erreicht man mit einer Planprägung oder Heißfolienprägung, was auch einen schönen Effekt erzielt. Auch das Ausstanzen bestimmter Formen – wie zum Beispiel des Logos – sind Hingucker.

Grundsätzlich lässt sich nicht jedes Papier beziehungsweise jeder Bedruckstoff auf jede Art und Weise veredeln. Wollen Sie beispielsweise Ihre Karte prägen lassen, darf das Papier nicht zu dick sein. Überlegen Sie also erst, welche Veredelung für Sie und Ihr Unternehmen in Frage kommt, und entscheiden Sie dann zusammen mit der Druckerei, welcher Bedruckstoff kombiniert wird.

Alternative Materialien

Ob Holz, Leder, Metall oder Plastik – es gibt eine Menge alternativer Bedruckstoffe. Wichtig ist aber, dass sie nicht nur originell sind, sondern zur Dienstleistung passen.

© supercapacity

© Coal & Wood

© www.rethinkcanada.com

© elevate inc.

Keine Karte?

Sie finden grundsätzlich Visitenkarten zu altbacken oder für Ihr Unternehmen unangemessen? Letztlich haben Sie natürlich eine Menge Alternativen, um Ihre Daten an den Kunden weiterzugeben. Mir fallen hier bedruckte Eisstiele, Streichholzpackungen oder Lesezeichen ein. Auch Wäscheklammern, Bierdeckel, eine Kaugummi-Banderole oder Luftballons lassen sich mit Ihren Daten bedrucken und verteilen!

© Atomic Toy Co.

© John Russell

© Richard Cardona, hypnodesign.com

∧ Luftballons & Co.
Sie mögen keine Visitenkarten? Alternativen gibt es viele.

Klappkarte mit Fenster
Bei Klappkarten wirkt die ausgestanzte Form wie ein Fenster, das den Blick auf einen Punkt fokussiert.

Innenseiten links und rechts ↗

Wahl der Druckerei

Heutzutage sind diverse kleine und größere Online-Druckereien am Markt, und viele liefern gute Ergebnisse. Natürlich freut sich die alteingesessene Druckerei aus Ihrem Stadtviertel auch immer über Druckaufträge, und hier ist die Beratung individuell und professionell. Letztlich ist es auch eine Frage des Preises – ohne Beratung ist es in der Regel preiswerter, so auch bei den Druckereien. Wer sich auf dem Gebiet des Drucks und der Weiterverarbeitung noch nicht so wohl fühlt, dem ist mit dem persönlichen Gespräch vor Ort sicherlich besser gedient.

Online-Druckereien

- *Flyeralarm.de*
- *Diedruckerei.de*
- *Saxoprint.de*
- *Wirmachendruck.de*
- *Flyerpilot.de*
- *Vistaprint.de*

Gestaltung von der Stange | Online-Druckereien bieten häufig gleichzeitig auch noch Gestaltungsvorlagen an. Ein großer Teil zeugt von mangelnder Professionalität und ist nicht zu gebrauchen. Hin und wieder sind auch brauchbare Gestaltungen dabei. Wer aber über die technischen Möglichkeiten verfügt, eine Karte selbst zu gestalten, sollte das auch tun. Zum einen können Sie sicher sein, dass die Konkurrenz nicht zufällig die gleiche Vorlage verwendet hat wie Sie, und zum anderen können Sie sicher sein, dass Sie Ihre Karte unverändert oder auch mit aktualisierten Daten nachdrucken können – eine Vorlage aus der Druckerei kann morgen nicht mehr verfügbar sein.

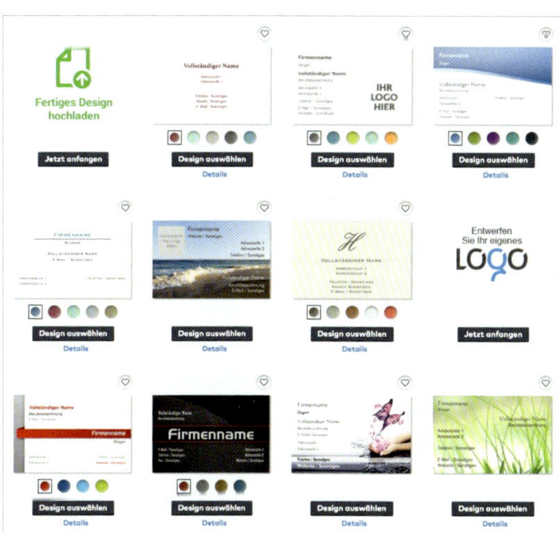

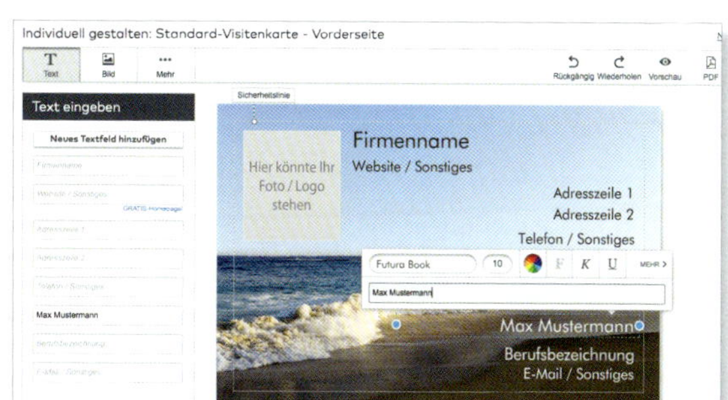

< ^ Vorlagen
Einige Druckereien bieten Gestaltungsvorlagen für Visitenkarten an.

Druckverfahren

Offset oder Digitaldruck, das fragen sich viele. Die Antwort ist von einigen Faktoren abhängig, nämlich von der zur Verfügung stehenden Zeit, von Farbe, Papier und vor allem von der gewünschten Auflage. Wenn Sie Ihren Druckauftrag konfigurieren, haben Sie meist gar nicht die Wahl, da Ihnen die Druckereien abhängig von der Auflage das Verfahren vorgeben.

Digitaldruck | Da beim Digitaldruck direkt von einem elektronischen Datenträger gedruckt wird, fallen die Vorkosten wie die Erstellung der Filme weg. In puncto Zeit ist der Digitaldruck dem Offsetdruck überlegen, da weniger Arbeitsschritte nötig sind, und zudem müssen die Erzeugnisse nach dem Druck nicht mehr trocknen. Für kleine Auflagen bis 100 Stück ist der Digitaldruck eine gute Alternative, und der Preisvorteil macht sich vor allem bemerkbar, wenn vierfarbig gedruckt wird. Allerdings lassen sich nicht alle Grammaturen bedrucken, meist ist bei 250 g/m² Schluss. Zudem können keine Sonderfarben wie HKS oder Pantone gedruckt werden.

^ Offsetdruck
Grundsätzlich ist der Offsetdruck qualitativ hochwertiger.

Offsetdruck | Der Offsetdruck basiert auf dem Prinzip der sich gegenseitig abstoßenden Flüssigkeiten Wasser und Öl. Druckende Stellen auf der Druckplatte nehmen Fett an und weisen Wasser ab, die nicht druckenden Stellen nehmen Wasser an und weisen Farbe ab. Ein Hauptvorteil des Offsetdrucks ist seine Variabilität. Im Offset können fast alle Formate und Papiere in verschiedenster Grammatur sowie alle Sonderfarben oder Schmuckfarben wie Metalltöne oder Neonfarben gedruckt werden.

Druckdaten prüfen

Druckdaten erstellen
Detaillierte Infos zu den technischen Anforderungen finden Sie ab Seite 308.

Jede Druckerei hat ihre eigenen Vorgaben, wie druckreife Daten auszusehen haben. Dazu zählen das Dateiformat, Anschnitte, aber auch Angaben zum Farbauftrag oder zur minimalen Linienstärke. Solche Angaben findet man in der Regel auf der Website der Druckerei. Bitte beachten Sie die Angaben, da Sie andernfalls keine Reklamationsmöglichkeit haben, falls das Druckergebnis nicht wie gewünscht aussieht.

Druck des Briefbogens

Selber drucken oder drucken lassen

Bei der Materialwahl für den Briefbogen müssen wir die Welt der originellen Materialien wieder verlassen. Der Zweck eines Briefbogens ist, ihn zu bedrucken und per Post zu versenden. Somit sind wir an nicht zu großem Gewicht sowie an faltbarem, lochbarem Material interessiert, und das liefert uns nur das Papier.

Papierwahl für den Briefbogen

Verwenden Sie am besten eine Papierstärke von 80 g/m². Mit dieser Grammatur können Sie drei Blätter in einem Umschlag versenden, ohne das Gesamtgewicht von 20 g zu überschreiten. Wiegt der Brief nämlich mehr als 20 g, müssen Sie leider statt der üblichen 70 Cent zurzeit 85 Cent bezahlen.

Bei der Art des Papiers sind Sie relativ flexibel. Der Standard ist ein lasertaugliches Offset- oder Recyclingpapier. Aber auch bei dieser Grammatur gibt es schöne Alternativen, wie beispielsweise Papier mit einer Leinenstruktur oder einer gerippten Oberfläche.

Mit drei Seiten DIN A4 plus einem Umschlag bleiben Sie unter 20 Gramm Gewicht.

In Bunt
Farbiges Papier ist eine Alternative.

Farbiges Papier | Wenn Sie mit einem farbigen Papier liebäugeln, wählen Sie bitte eine helle Farbe. Auf dem Briefbogen stehen eine Menge wichtiger Informationen in relativ kleiner Schrift, die gut lesbar sein müssen. Im Gegensatz zur Visitenkarte soll der Briefbogen aber nicht negativ bedruckt werden. Weiße Schrift auf dunklem Papier ist hier also keine Alternative.

Aber auch hier können Sie statt eines farbigen Papiers wieder mit einer farbigen Fläche arbeiten. Für eine farbige Vorder- und Rückseite müsste der Bogen allerdings vorn und hinten bedruckt werden, was natürlich unsinnig ist, wenn nur die Vorderseite gestaltet ist – dann ist die Ausgabe für das farbige Papier in der Regel noch günstiger.

Der Druck

Eine gute Gestaltung hat es verdient, professionell gedruckt zu werden. Grundsätzlich haben Sie zwei Möglichkeiten: Zum einen können Sie die komplette Gestaltung inklusive der Inhalte selbst auf das DIN-A4-Papier drucken; die zweite Variante, die ich empfehle, ist, die Grundgestaltung mit den eben genannten Informationen in der Druckerei drucken zu lassen und nur die Inhalte wie die Rechnungsdaten oder die Korrespondenz mit Kunden und Lieferanten mit dem Laserdrucker einzudrucken.

Farblaserdrucker
Ein Laserdrucker arbeitet mit Hitze.

Selbst drucken | Immer wieder gibt es Unternehmen, die einen farbigen Briefbogen wünschen, aufgrund der niedrigen Auflagenzahl aber lieber mit dem hauseigenen Farblaserdrucker selbst die Vorlagen drucken. Wenn Sie ähnliche Pläne haben, beachten Sie bitte folgende Hinweise: In einem Laserdrucker wird die Farbe durch Temperaturen von 160–180 Grad in das Papier gebracht. Durch die Hitze schmilzt der Toner und sinkt in das Papier ein. Bedruckt man nun die Vorlage erneut in einem Laserdrucker oder auch im Kopierer, wird die bereits aufgetragene Farbe wieder warm und weich und kann verschmieren, oder die bereits gedruckten Elemente bilden sich an einer anderen Stelle des Briefbogens erneut ab. Das Problem tritt übrigens nicht immer auf, sondern ist abhängig von der Temperatur, auf die der Laserdrucker erhitzt.

Druckdaten erstellen

Detaillierte Infos zu den technischen Anforderungen finden Sie ab Seite 308.

Zwei Drucker – oder die Druckerei | Das Problem lässt sich nur lösen, wenn die Vordrucke mit dem Laserdrucker gedruckt werden und die Eindrucke mit einem Tintenstrahldrucker – oder umgekehrt. Somit benötigt man zwei Drucker, oder man arbeitet ausschließlich mit einem Tintenstrahler. Der Einsatz eines Tintenstrahldruckers ist aber durch die relativ hohen Tintenpreise recht schnell unökonomisch. Insofern empfehle ich speziell bei farbigen Briefbogen den professionellen Druck in einer Druckerei, aber auch bei einem Papier in Schwarzweiß lohnt sich häufig der professionelle Druck.

Ähnlich wie bei den Visitenkarten bieten einige Online-Druckereien Gestaltungsvorlagen für die Briefpapiere an. Je nach Vorlage sind die Bögen bereits mit fliegenden Schmetterlingen oder Sonnenstrahlen hinter Wolken geschmückt, die eigenen Daten trägt man nur noch in Textplatzhalter ein. Eine – geschmackvolle – Vorlage zu benutzen, ist kein Verbrechen. Allerdings sollten Sie auch hier wieder bedenken, dass Gestaltungselemente und Farben zu Ihrem Unternehmen passen sollten. Dazu kommt, dass immer auch ein anderes Unternehmen die gleiche Vorlage verwenden könnte. Und letztlich wissen Sie nicht, wie lange die Vorlage überhaupt angeboten wird.

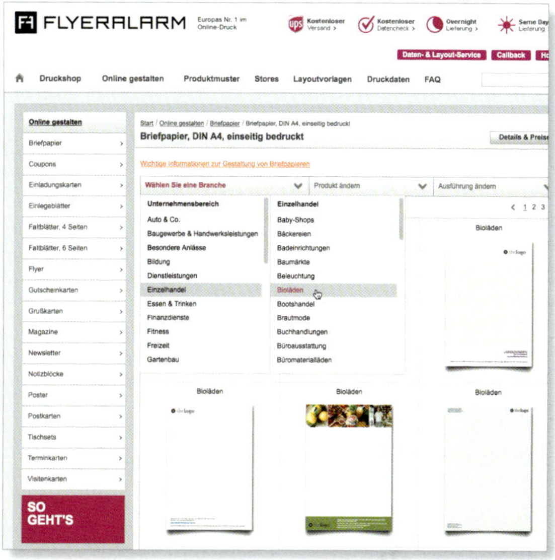

^ Gestaltungsvorlagen

Viele Online-Druckereien bieten auch für Briefbögen zahlreiche, mehr oder weniger originelle Gestaltungsvorlagen.

Vorsicht beim Digitaldruck | Wenn Sie das Briefpapier in einer Druckerei bedrucken lassen, sind Sie aber nicht zwingend auf der sicheren Seite. Die Druckfarbe verschmiert nämlich auch, wenn das Briefpapier im Digitaldruck bedruckt wurde und Sie es zu Hause durch den heißen Laserdrucker jagen. Denn im Digitaldruck wird ebenfalls der Toner durch Hitze ins Papier gebracht und mit einem Öl fixiert. In der Regel drucken die Druckereien deswegen Briefpapier im Offsetdruck, aber ohne Beratung besteht der Kunde aus Unwissenheit auf dem – billigeren – Digitaldruck, und die Misere ist da.

Manche Druckereien bieten ein digital gedrucktes Briefpapier als »lasertauglich« an, weil die Farbe mit einer anderen Technik fixiert wird und sich somit im Laserdrucker nicht löst. Letztlich lohnt sich der Digitaldruck finanziell auch nur bei sehr geringen Auflagen.

Werben mit Flyer und Broschüre

Mehrseitige Gestaltung

Seitenweise Informationen

Gestalten Sie mehrere Seiten, sollten sie optisch zueinanderpassen. Dies erreicht man durch wiederkehrende grafische Elemente und stringente Typografie. Doppelseiten müssen als Einheit gestaltet werden.

Definition Flyer und Broschüren

Damit wir uns von Anfang an gut verstehen, möchte ich zuerst ein paar Begriffe definieren. Als Flyer bezeichnet man einen Folder oder Prospekt, der gefalzt ist. Auch wenn streng genommen ein Flyer ein loses, nicht gefaltetes Blatt bezeichnet, hat es sich durchgesetzt, dass mit Flyer alle gefalzten Druckprodukte bezeichnet werden, häufig mit einem Endformat von 100 × 210 Millimetern. Diesem Usus schließe ich mich an. Manche verwenden auch den Begriff Faltprospekt oder Falzflyer.

Unter Broschüre versteht man eher ein geheftetes Schriftstück. Sie können sich die Broschüre als eine Art Heft ohne Einband vorstellen, häufig im Format DIN A4 oder DIN A5. Hier wird also nicht gefalzt, sondern geheftet, manchmal auch geklebt. Broschüren sind weniger verbreitet, weil meist umfangreicher und teurer. Die Gestaltungsprinzipien sind aber vergleichbar, so dass ich in diesem Kapitel hauptsächlich den Begriff Flyer verwende. Lediglich beim Anlegen der Seite sollten Sie wissen, ob das Endformat später gefalzt wird, dann muss es nämlich auf die gesamte Papiergröße angelegt werden, oder ob es später geheftet wird, denn dann werden in der Regel Doppelseiten angelegt. Doch dazu später mehr.

Einsatz

Flyer sind ein geeignetes und günstiges Werbemittel.

Flyer gehören zu den am häufigsten verwendeten Werbemitteln. Mit ihnen lassen sich hervorragend Dienstleistungen bewerben, Informationen über Produkte verbreiten, Veranstaltungen oder Ausstellungen ankündigen oder ganze Unternehmen präsentieren. Wettbewerbe oder spezielle Sonderaktionen lassen sich mit dem Flyer ebenfalls hervorragend bewerben. Auch eine abtrennbare Antwortkarte oder einen Gutschein können Sie mit einem Flyer verbreiten. Er passt in jede Tasche und hat gleichzeitig genug Fläche, um Wesentliches aufzunehmen und weiterzugeben. Er ist branchenunabhängig und eine preiswerte Möglichkeit, zu kommunizieren.

Die Broschüre ist nicht ganz so verbreitet, hat aber ganz ähnliche Inhalte und Ziele. Sie ist in der Produktion etwas teurer, und die darauf enthaltenen Informationen sind von längerem Interesse als beim eher kurzlebigen Flyer. Die Broschüre kann auch als hochwertige Variante des Flyers bezeichnet werden.

[Broschüre oder Prospekt]
Der Unterschied ist eher inhaltlicher Natur. Eine Broschüre beschreibt meist eine Firma oder Dienstleistung und dient Werbezwecken (Imagebroschüre), ein Prospekt hat einen informativen Schwerpunkt. Letztlich sind das Format, der Umfang und die Bindung wichtig – die Bezeichnung spielt nur eine untergeordnete Rolle.

Achtseitiger Flyer
Flyer werden gefalzt – hier ein achtseitiger Flyer im Format DIN lang im Zickzackfalz.

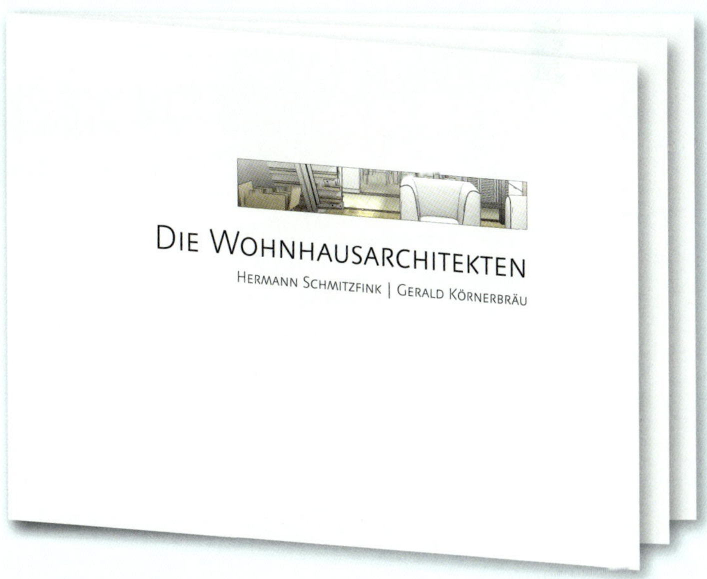

Sechsseitige Broschüre
Eine im Querformat angelegte Broschüre, die geheftet ist

Konzeption von Flyern und Broschüren

Um einen gelungenen Flyer/eine Broschüre zu gestalten, müssen Sie zunächst etwas Arbeit in die Konzeption des Printstücks stecken: Wie bei jedem Werbemedium sollte der Gestalter die Zielgruppe und den Zweck vor Augen haben. Was genau wollen Sie mit dem Flyer oder der Broschüre erreichen, und wen wollen Sie ansprechen?

Diese beiden Fragen beziehungsweise deren Antworten stellen die Basis für die Gestaltung der Medien dar.

Die Zielgruppe definieren | Wenn Sie die Unternehmensgröße und die finanziellen Mittel haben, um von einem Marktforschungsunternehmen eine Zielgruppenanalyse vornehmen zu lassen, sind das hervorragende Voraussetzungen für Ihre Werbung. Allerdings sind solche Studien für Klein- und Mittelbetriebe kaum finanzierbar. Trotzdem haben

Wer ist die Zielgruppe?
Stellen Sie sich folgende Fragen:

- **Geschlecht:** Kann man die Zielgruppe hinsichtlich ihres Geschlechts unterteilen?
- **Alter:** Welches Alter soll angesprochen werden?
- **Interessen:** Gibt es vorherrschende Interessen der Zielgruppe, wie zum Beispiel Sport oder Esoterik?
- **Berufsgruppe oder Unternehmen:** Kommen die Personen der Zielgruppe aus einer bestimmten Berufsgruppe, wie zum Beispiel Ärzte oder Pflegepersonal? Oder kommen sie aus dem gleichen Unternehmen?
- **Bildungsstand:** Weisen die Personen, die Sie ansprechen wollen, einen bestimmten Bildungsstand auf, wie zum Beispiel bei der Zielgruppe Studenten?
- **Standort:** Kann man die Zielgruppe geografisch eingrenzen, wie beispielsweise für die Werbung eines lokalen Bioladens oder Sportvereins?
- **Charakter:** Lassen sich der Zielgruppe bestimmte Charaktereigenschaften zuweisen? Sind sie modern oder konservativ, zurückhaltend oder forsch?

auch Sie eine Zielgruppe, und die sollten Sie möglichst klar vor Augen haben, damit Sie sie optimal ansprechen können. Ein Yogakurs für Schwangere muss die Männer nicht ansprechen, sondern nur die schwangeren Frauen. Das Bewerben von Kinderspielzeug richtet sich eher an jüngere Mütter und Väter; für Seniorenbusfahrten muss man nicht jugendlich gestalten, für Unis allerdings schon.

Schreiben Sie auf einen Notizzettel alle Begriffe und Attribute auf, die Ihnen zu den Fragen von Seite 156 einfallen. Mit dieser Vorgehensweise finden Sie für jede Zielgruppe eigene Attribute, die Sie dann wiederum mit den Gestaltungselementen wie bestimmten Farben oder Formen verbinden können.

Es gibt auch Werbemaßnahmen für Zielgruppen, die weniger deutlich einzugrenzen sind. Ein Wasserladen, das Wassersysteme für den eigenen Haushalt verkauft, die Werbung eines Anwalts für seine Kanzlei oder, noch schwieriger, die Werbung eines Etsy-Shops für Einrichtungs-

Stichworte für die Zielgruppe eines Fußballvereins:

- vorwiegend männlich
- Kinder, Jugendliche, Erwachsene
- Interessen: Sport, Fußball
- Bezirk Stadt X
- sportlich, aktiv, teamfähig

Wenn Sie für mehrere Zielgruppen gestalten, versuchen Sie, diejenigen Attribute herauszuarbeiten, die allen Zielgruppen gemein sind.

Stichworte für die Werbung für eine homöopathische Praxis:

- männlich und weiblich
- Kinder, Jugendliche, Erwachsene
- Interessen: Gesundheit, Ganzheitlichkeit, Natürlichkeit
- Bezirk: Stadt X
- modern, aufgeschlossen, gesundheitsbewusst

Antworten finden

Jede Zielgruppe lässt sich durch mehrere Attribute definieren. Suchen Sie Antworten, und unterstreichen Sie diejenigen, die am aussagekräftigsten sind.

Die gewünschte Außenwirkung beeinflusst die Gestaltung.

gegenstände – bei einigen Unternehmen reicht die Zielgruppe von Jung bis Alt, geschlechterunabhängig und eventuell auch ortsunabhängig. Hier sollten Sie versuchen, den emotionalen Teil des Unternehmens in der Gestaltung darzustellen. Wie sehen Sie sich und Ihr Unternehmen? Wie möchten Sie nach außen wirken? Als Anwalt möchte man sicherlich seriös und vertrauenswürdig, aber auch durchsetzungsstark wirken. Hingegen möchte ein Veranstalter eines Musikfestivals laut, fröhlich und spannend wirken, der Dawanda-Shop will den Stil seiner Einrichtung widerspiegeln.

Auch ein kleines Unternehmen sollte seine Mitbewerber kennen. Suchen Sie die Unternehmen heraus, die Ihnen entweder räumlich oder inhaltlich oder sogar bei beiden Punkten die Kunden abfangen können. Finden Sie die Stärken und die Schwächen der Mitbewerber heraus, und betrachten Sie deren Werbung. Sie müssen sich von der Konkurrenz absetzen und das auch visuell verdeutlichen.

Aufgabe und Ziele erkennen | Die zweite Frage ist die nach der Aufgabe und nach den Zielen des Flyers:

- Soll der Flyer/die Broschüre über ein Unternehmen oder dessen Produkte beziehungsweise Dienstleistungen informieren?
- Soll der Flyer in erster Linie Aufmerksamkeit erregen, hat aber eine kurze Lebensdauer? Dies wäre beispielweise bei einem Flyer für eine Veranstaltung der Fall. In diesen Fällen liegt der Schwerpunkt nicht auf der Lesbarkeit und Haltbarkeit des Flyers, sondern darauf, wie er in kurzer Zeit am meisten Aufmerksamkeit erregt. Beim Bewerben einer Veranstaltung muss weniger informiert, sondern vielmehr Aufmerksamkeit erzielt werden. Werben Sie laut, mit Farben und Bildern. Soll der Flyer aufgrund einer Preisliste oder Produktübersicht etwas haltbarer sein, dann veredeln Sie ihn mit einer wasser- und schmutzabweisenden Schicht.
- Bei einem Infoflyer zu einem neuen Unternehmen oder einem Spendenaufruf hingegen sollten eine Menge Informationen ansprechend verpackt und gut lesbar gestaltet werden. Denn hier wollen die Leser wissen, um welche Art von Unternehmen es sich handelt oder was mit ihren Spendengeldern geschieht. Hier liegt der Schwerpunkt also auf der Lesbarkeit und optimaler Informationsvermittlung. Achten Sie hier auf die optimale Schriftwahl und Lesbarkeit und auf übersichtliches Design.

Das Konzept und der Inhalt | Auch wenn Ihr Flyer nur aus sechs Seiten besteht, sollten Sie sich vorher Gedanken über das Konzept machen. Die Definition der Zielgruppe ist ein wesentlicher Teil des Konzepts, und zwar aus gestalterischer Sicht, aber auch aus inhaltlicher Sicht. Wenn Sie Ihre Zielgruppe kennen, wissen Sie, wie Sie Ihre Inhalte zu vermitteln haben. Mit Kindern spricht man anders als mit Erwachsenen, und Älteren sind wiederum andere Aspekte eines Produkts wichtig als Jüngeren.

Bei der inhaltlichen Konzeptionierung sind noch weitere Punkte zu beachten. Fragen Sie sich, was die Leser mit Ihrem Flyer wollen – und versuchen Sie, diese Wünsche mit den Inhalten zu befriedigen. Fragen Sie sich auch, was Sie mit dem Flyer wollen – und setzen Sie das inhaltlich um. Und letztlich sollten Sie sich fragen, wie Sie Ihre Zielgruppe von Ihrem Produkt überzeugen können – und auch diese Überzeugungsarbeit inhaltlich umsetzen.

Impressum und Logo | Beachten Sie, dass zu den Inhalten immer auch Ihr Impressum inklusive Logo gehört. Sie können das Logo auch als schmückendes Element auf mehreren Seiten verwenden, aber in jedem Fall gehört es mindestens einmal inklusive Unternehmensname und Adresse deutlich sichtbar auf Ihren Flyer.

Sechs Seiten eines Faltflyers

Die Rückseite (die mittlere Seite im Bild oben) enthält in der Regel das Impressum.

Zusammenhang zwischen Inhalt und Umsetzung | Nachdem Sie nun Ihre Zielgruppe kennen und die Ziele, die Sie mit der Veröffentlichung Ihres Flyers / Ihrer Broschüre verfolgen, festgelegt sind, können wir jetzt das optimale Medium gestalten.

Farbe
Mehr Infos zu Farbe und Farbwirkung finden Sie im Kapitel »Mit einem Plakat werben« ab Seite 280.

Die Umsetzung der Attribute wie fröhlich, sportlich, konservativ, mit der Sie die Zielgruppe definiert haben, erfolgt stark über die Farben. Hier greifen wir auf die Wirkung einer jeden Farbe, aber auch auf die Wirkung der Kombinationen zurück. Wir kennen männliche und weibliche Farben, warme und kalte Farben, seriös erscheinende und fröhlich-gesellige Farben, wir kennen Farben für Kinder und Farben für Ältere.

Neben den Farben ist es aber auch die Art und Weise, wie Sie die Texte und Bilder auf den Seiten verteilen. Je voller die Seiten, desto weniger seriös wirkt das Medium. Vollgestopfte Seiten können zudem leicht ins Billige abrutschen. Viel Weißraum steht für Eleganz und Zurückhaltung, eignet sich also zum Beispiel für einen Designermöbelladen oder edlen Schmuck, aber nicht für eine Tanzbar oder ein Treffen der alleinerziehenden Väter. Variieren Sie also mit Farben und Räumen, mit der Raumaufteilung und der Menge an Informationen, um Ihre Zielgruppe aufmerksam zu machen.

Letztlich ist natürlich auch die Art der Sprache von der Zielgruppe abhängig. Jugendliche spricht man auf eine andere Art und Weise an als Erwachsene, Kinder werden wiederum anders angesprochen als Senioren und Familien anders als Singles.

Zielgruppe	Schrift	Farbe	Ansprache	Raumaufteilung
Senioren	gut lesbar, eventuell größere Schrift	dezent, gedeckt	seriös, Sie-Form	viel Weißraum, luftige Gestaltung
Jugendliche	ungewöhnlich, frisch, modern	kräftige Farben, je nach Thema auch etwas dunkler	locker, Sie- oder Du-Form	volle Seiten, nicht zwingend linear lesbar
Kinder	kindlich, verspielt, trotzdem gut lesbar	bunt, reine Farben	persönlich, Du-Form	kleinteilig, mit vielen Elementen, die es zu entdecken gibt

∧ Zielgruppenorientiert
Bitte beachten Sie, dass das hier nicht mehr als grobe Richtwerte sein können, da sich die Gestaltung immer auch nach den Inhalten richten soll.

Das Layout

Aufteilung der Inhalte

Die Aufteilung der Inhalte ist genauso wichtig wie die Inhalte selbst. Auch beim Flyer und der Broschüre isst das Auge mit, und professionelle Seitenstrukturen machen sich immer positiv bemerkbar.

Format und Struktur

Häufig dient das DIN-Format dem Faltflyer als Basis. Hier wird ein genormtes Blatt DIN A4 als Grundformat verwendet. Legen Sie es quer vor sich, und falzen Sie es an zwei senkrechten Linien. So entstehen drei beziehungsweise mit Rückseite sechs Seiten im Format DIN lang. Die Seiten haben eine Breite von einem Drittel der langen Seite DIN A4, also ein Drittel von 297 Millimetern und sind 210 Millimeter hoch. Da in der Regel eine der drei Seiten eingeklappt wird, hat es sich bewährt, zwei Seiten mit je 100 Millimetern anzulegen und die dritte Seite mit 97 Millimetern, damit sie nicht gestaucht wird.

Broschüren werden meist geheftet und benötigen deswegen nicht unterschiedliche Seitenbreiten. Gängige Formate sind DIN A4 oder DIN A5.

DIN A4 als Basis
Eine der Formatmöglichkeiten: Das Format DIN A4 quer wird in drei Seiten unterteilt, wobei die linke beziehungsweise nach dem Wenden des Blattes die rechte Seite nur 97 Millimeter breit ist; die anderen beiden Seiten sind 100 Millimeter breit.

Hoch oder quer | Die Wirkung eines Hochformats ähnelt der eines hochformatigen Rechtecks – es scheint aktiv und nach oben strebend. Das Querformat wirkt schwerer als das Hochformat, und obwohl das Querformat unserem Blickfeld ähnelt und somit gewöhnlicher scheinen sollte, erregt es mehr Aufmerksamkeit, da es einfach deutlich seltener verwendet wird.

Hin und wieder sieht man auch quadratische Formate, dann aber eher als geheftete Broschüre. Das quadratische Format wirkt schon allein durch seinen seltenen Auftritt ungewöhnlich und kann hervorragend für die Präsentation eleganter Inhalte verwendet werden.

Quadratische Broschüren
Das quadratische Format wirkt unüblich und interessant.

Broschüre DIN A5 im Hochformat
Eine gängige dünne Broschüre im Hochformat.

Text-Bild-Verhältnis | Die textlichen Inhalte eines Flyers wirken durch Auflockerungen mit Bildern und Grafiken interessanter. Vermeiden Sie Flyer, die nur aus Text bestehen – so eine Gestaltung lädt nicht zum Lesen ein, sondern erschlägt höchstens den Betrachter. Als Anhaltspunkt gilt für die Innenseiten ein Verhältnis von 2:1, also circa ⅔ Text und ⅓ grafische Elemente. Zu den auflockernden Elementen zählen Bilder, Grafiken, Logos, schmückende Elemente und Ähnliches. Natürlich gibt es immer wieder Ausnahmen – wer zum Beispiel viele Infografiken als Informationsträger verwendet, kann auf weitere Bilder oder andere Grafiken verzichten.

Verhältnis von Text zu Bild

Ein Architekturbüro wirbt mit einer zurückhaltenden und elegant wirkenden Broschüre im Querformat. Das Verhältnis von Text zu Bild beträgt circa 2:1.

Reihenfolge und Unterteilung

Bevor Sie mit der Gestaltung beginnen, ist es zwingend notwendig zu wissen, wie der Flyer abschließend gefalzt wird. Nur wenn Sie das Falzmuster kennen, können Sie Seiten in der richtigen Reihenfolge mit den Texten füllen.

In jedem Fall haben wir es – um bei dem Beispiel eines sechsseitigen DIN-lang-Flyers zu bleiben – immer mit einer Vorderseite, dem Titel, zu tun und mit einer Rückseite. Diese beiden Seiten sind in der Regel fix und somit unabhängig von der Seitenanzahl und der Falzart.

Vorderseite | Wie sieht die Praxis aus? Flyer und Broschüre liegen höchstwahrscheinlich zusammengeklappt aus. Der Interessierte sieht zunächst nur den Titel, also die Vorderseite. Somit sollte diese so einladend und ansprechend gestaltet sein, dass der Betrachter den Flyer in die Hand nimmt. Erst dann, wenn der Betrachter mehr Informationen möchte, klappt er ihn auf – und genau hier müssen wir so gestaltet haben, dass er in aufgeklapptem Zustand optimal interessant ist und vor allem zum Lesen einlädt.

Die Vorderseite des Flyers muss den Blick fangen.

Die Vorderseite muss also den Blick des Betrachters fangen. Sie muss einladend und spannend aussehen, gleichzeitig aber das Thema preisgeben und zumindest so viel informieren, dass der Betrachter im Vorbeigehen aufmerksam wird, auf einen Blick sieht, worum es sich handelt, und neugierig auf mehr Informationen wird. Der Titel muss also aufmerksam und gleichzeitig neugierig machen. Thematisch passende Bilder, Grafiken oder große, durch die schmale Breite zwangsweise kurze Worte sind somit ein sinnvoller Inhalt für den Titel.

Rückseite | Die letzte Seite des Flyers wird üblicherweise mit Informationen zum Unternehmen gefüllt. Dazu zählen Adresse, eventuell eine Anfahrtsskizze oder -beschreibung und je nach Unternehmensart weitergehende Informationen wie Preise, verwendete Materialien oder andere, unternehmensspezifische Daten.

Inhaltsseiten | Alle Inhalte werden auf die verbleibenden vier Seiten verteilt. Durch das schlanke, hohe Format haben wir in der Gestaltung einige begrenzende Vorgaben. Auch wenn wir die Inhaltsseiten so gestalten, dass sie in ausgeklapptem Zustand optimal aussehen, sollten wir die Texte nicht über die Seiten hinweglaufen lassen.

Fehler im Titel

Dieser Titel ist kein Hingucker. Zum Einen fehlt der Blickfang, zum Zweiten ist der Text aufgrund des interessanten, aber sehr unruhigen Hintergrundes nicht gut lesbar.

Korrigierte Fassung

Bei dieser Titelseite ist das Ereignis, das beworben wird, durch den Hintergrund und die große Schrift ein deutlicher Blickfang. Der Biker fährt in den Flyer hinein; zwar nach links, aber der Betrachtungswinkel ist sehr steil, wodurch das Ganze nicht rückschrittlich wirkt. Er bildet mit den beiden Textblöcken eine Einheit.

Falsche Fahrtrichtung

Der Biker fährt aus dem Flyer heraus, was abweisend wirkt.

nicht lesbar

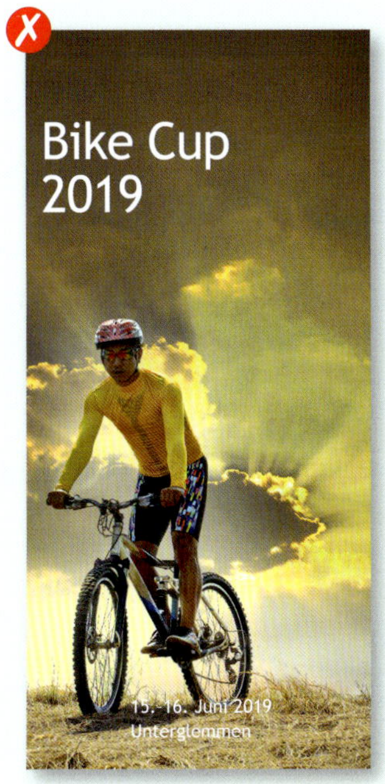

Blickfang

Text ist durch Hinterlegung lesbar

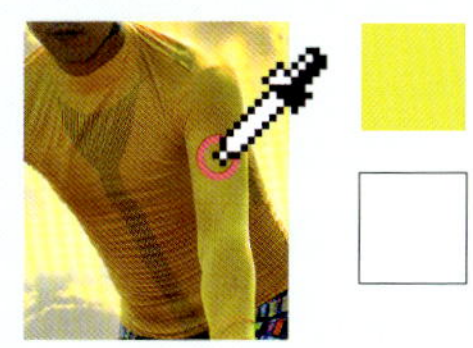

Die Hinterlegungsfarbe ist aus dem Bild entnommen.

Rückseite

Die Rückseite enthält alle relevanten Informationen in der Übersicht: Das Logo mit dem Titel des Flyers, den Termin der Veranstaltung, den Veranstaltungsort sowie den Veranstalter mit Adressdaten, um sich anzumelden. Auf eine Anfahrtsbeschreibung wurde verzichtet, dafür findet man noch eine Information zu den Unterkünften.

Das Logo und die Farben mit Abstufungen wurden wiederverwendet.

Bedenken Sie zudem, dass sich durch das Knicken an den Falzrändern die Druckfarbe löst. Seitenübergreifende Bilder ereilt das gleiche Schicksal, aber hier hat der Effekt weniger Tragweite – wenn das Bild an manchen Stellen nicht perfekt sichtbar ist, verhindert das nicht zwingend die Bildaussage oder den schmückenden Charakter, den ein Bild üblicherweise hat. Allerdings sollten Sie darauf achten, dass im Knick keine wichtigen Bilddetails liegen. Auch ein Porträt sollte nicht genau im Falz liegen.

Stringente Gestaltung | Mit der Platzierung eines Objekts bestimmen Sie seine Wirkung, und gleichzeitig wirkt das gesamte Layout aufgrund der Platzierung der Objekte. Dabei haben wir das Ziel unserer Mühen klar vor Augen: Wir wollen den Leser mit einem stringenten Layout führen, den Lesefluss optimieren und ihn auf angenehme Weise informieren.

Lassen Sie keine Schrift oder Gesichter durch den Falz laufen.

Vorsicht Falz
Die Texte laufen nicht über den Falz hinweg, die Bilder sind ebenfalls entsprechend unterteilt.

Innenseiten
Die erste Innenseite ist die Rückseite des Titels; die mittlere der drei Innenseiten ist gleichzeitig die Rückseite mit den Adressdaten, und die rechte Innenseite ist diejenige, die als Erstes eingeklappt wird und deswegen nur eine Breite von 97 Millimetern hat.

Jede Inhaltsseite sollte so gestaltet werden, dass sie als einzelne Seite, aber auch als Hälfte einer Doppelseite gut funktioniert. Erstreckt sich zusammenhängender Inhalt sogar über mehr als zwei Seiten, also beispielsweise als sechsseitiger Flyer über ein Unternehmen, müssen alle sechs Seiten stringent gestaltet werden. Das bedeutet, dass alle Seiten, die zu einem Druckerzeugnis oder zumindest zu einem Thema gehören, als optische Einheit gestaltet werden. Dies können Sie durch wiederkehrende Farben, das Logo, stilistisch gleiche Grafiken oder sogar durch grafische Elemente erreichen, die sich über mehrere Seiten hinweg erstrecken, wie farbige Flächen oder Linien. Natürlich sollte auch die Typografie durchweg konsequent sein – gleiche Schriften und gleiche Größen für die gleiche Art von Informationen. Zeichnen Sie also den Grundtext über die Seiten hinweg gleich aus, alle Zwischenüberschriften und alle Bildunterschriften. So helfen Sie dem Leser bei der Orientierung, beim Kategorisieren von Informationen und somit auch beim Erfassen des Inhalts, ähnlich wie ein Leitsystem im Straßenverkehr. Der Leser kann so wichtige Botschaften und Informationen durch die entsprechende wiederkehrende Farbe oder Typografie als solche erkennen.

Inhaltsseiten müssen einzeln und als Hälfte einer Doppelseite funktionieren.

Optische Einheit

Definieren Sie wiederkehrende Gestaltungselemente wie Logo, Schriftart, Schriftgröße, Farben oder den Stil von Bildern.

Stilelement Logo (positiv und negativ)

Termin
14.–16. Juni 2019

Veranstaltungsort
Festplatz 1
98695 Unterglemmen

Stilelement Schrift (gleiche Größe und Art für vergleichbare Inhalte)

Stilelemente Rand und Farbe

Stilelemente Fotos (gleicher Stil der Aufnahmen)

Satzspiegel und Seitenaufteilung

Der Satzspiegel ist der Teil der Seite, den Sie verwenden, um Ihre Inhalte unterzubringen. Üblicherweise ist er kleiner als die zu gestaltende Seite, wodurch ein weißer Rand um den Satzspiegel herum entsteht. Größe und Stand lassen sich über mehrere Arten festlegen.

Einseitig und doppelseitig | Einseitige Gestaltungen wie ein Handzettel oder ein Plakat wollen einen für die einseitige Gestaltung geeigneten Satzspiegel. Sind hingegen linke und rechte Seite nebeneinander sichtbar wie bei einem Buch, brauchen wir den für Doppelseiten geeigneten Satzspiegel. Der Unterschied liegt in der seitlichen Platzierung: Während einseitige Satzspiegel mittig liegen, verschieben sich die doppelseitigen Satzspiegel zur Seite.

Bei Broschüren verschiebt sich der Satzspiegel seitlich, bei Falzflyern nicht.

An dieser Stelle unterscheiden sich die Flyer und die Broschüren: Ein Flyer zählt zu einer einseitigen Gestaltung, auch wenn er aus mehreren Seiten besteht. Weil er gefalzt wird und nicht klar ist, welche Seiten gleichzeitig sichtbar sind, sollte man den Satzspiegel in der Mitte platzieren. Die Broschüre wird geheftet. Hier blättert man Seite für Seite nacheinander durch, und jeweils zwei Seiten sind nebeneinander sichtbar. Deswegen kommt bei Broschüren der doppelseitige Satzspiegel zum Einsatz.

2:2:2:4 für schlanke Einzelseiten | Die Aufteilung der Räume für den Flyer ist folgende: Links, oben und rechts können gleich große Räume verwendet werden – bei einem Flyer DIN lang (100 × 210 Millimeter Endformat) wären das zum Beispiel 10 Millimeter. Der Rand unten sollte grundsätzlich am größten sein. Im Optimalfall steht er im gleichen Verhältnis zu den 10 Millimetern wie die Seitenbreite zur Seitenhöhe, das würde 21 Millimetern entsprechen – 15 Millimeter sind aber auch in Ordnung.

2:3:4:5 für Doppelseiten | Broschüren und Bücher haben in der Regel andere Proportionen und sind etwas breiter angelegt. Hier kommt jetzt die Aufteilung für Doppelseiten zum Einsatz. Die kleinste Zahl ist innen, dann geht es nach oben, nach außen und nach unten.

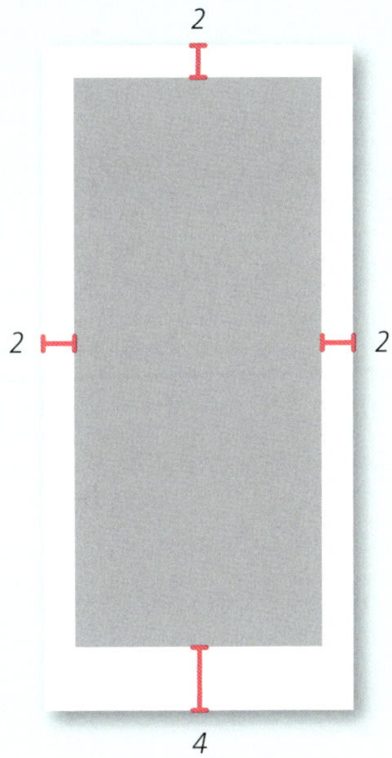

Schlanke Einzelseiten

Die Seiten eines gefalteten Flyers werden als Einzelseiten gehandhabt, der Satzspiegel wird mittig platziert.

Doppelseiten

Eine Broschüre oder ein Magazin arbeitet mit Doppelseiten. Hier wechselt der Satzspiegel. Der Innensteg ist am schmalsten. Liegen zwei Innenstege nebeneinander, sind sie optisch wieder genauso breit wie ein Außensteg.

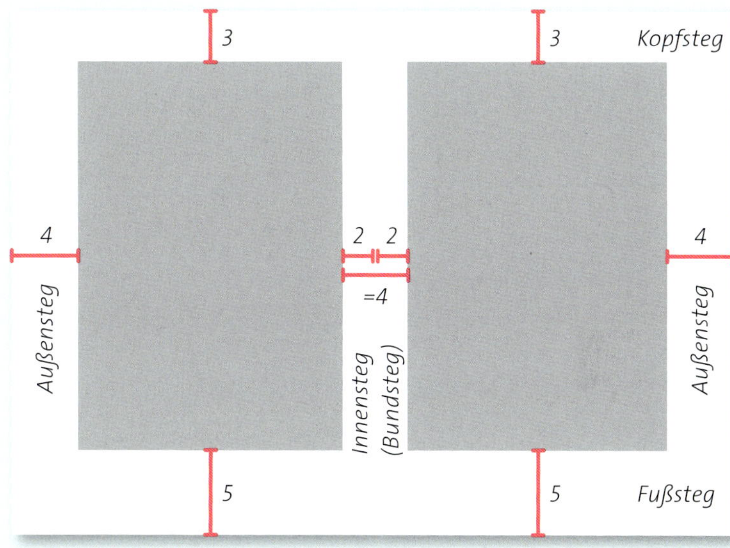

Die Zahlen symbolisieren variable Einheiten.

Außer der Reihe

Der Satzspiegel dient dazu, die Seite aufzuteilen und den Grundtext zu platzieren. Schmückende Elemente wie Bilder, Logos oder andere grafische Objekte, etwa Linien, lassen sich selbstverständlich auch außerhalb des Satzspiegels platzieren.

Diagonalkonstruktion für Doppelseiten | Wer sich mit dem Einsatz von festen Größen schwertut, macht Folgendes: Wir ziehen jeweils eine Diagonale über eine Seite, von unten außen nach innen oben. Dann ziehen wir zwei Diagonalen über die komplette Doppelseite. Wir starten mit einem Punkt auf der ersten Seitendiagonale ❶; der zweite Eckpunkt entsteht durch die Kreuzung einer gedachten Waagerechten mit der Gesamtdiagonale ❷, der dritte durch die Kreuzung der Seitendiagonalen mit einer gedachten Senkrechten ❸, die von Punkt 2 nach unten verläuft; der vierte ergibt sich durch das Verbinden der ersten drei Punkte ❹.

Durch den variablen Startpunkt auf der Seitendiagonale lassen sich so verschieden große Satzspiegel definieren.

Gliedern

Jeder Betrachter nimmt nicht alle Elemente oder gar Buchstaben einzeln wahr. Ähnlich wie beim Lesen eines Textes sieht man – vereinfacht gesagt – Klumpen, also ganze Gestaltungsgruppen. Die Sprünge, die der Blick da-

Diagonalkonstruktion

Die Linienkonstruktion besteht aus vier Diagonalen. Punkt ❶ ist entlang der Seitendiagonale frei wählbar, der Rest ergibt sich durch Kreuzungen und Achsen.

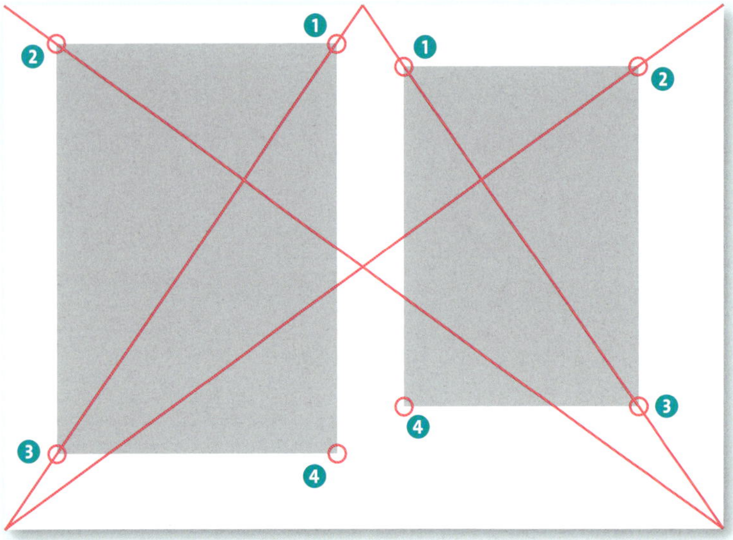

Den Satzspiegel für die gegenüberliegende Seite erhalten Sie entweder durch das Spiegeln des ersten Satzspiegels oder durch die gleiche Konstruktion.

Links ein größerer Satzspiegel, indem der Startpunkt ❶ höher gesetzt wird.

bei macht, nennt man Sakkaden. Als Gestalter helfen wir dem Betrachter bei seinen Sprüngen, indem wir die Inhalte in Klumpen unterteilen. Wir gruppieren also zusammengehörende Inhalte, indem wir sie durch freie Räume, Linien oder andere Stilelemente unterteilen. Aber bilden Sie nicht zu viele Gruppen, weil dann der Sinn verloren geht!

Blickverlauf
Detaillierte Infos zur Wahrnehmung und zum Blickverlauf finden Sie im Kapitel »Mit einem Plakat werben« ab Seite 262.

Prioritäten | Gestalten Sie Ihre Elemente nach Prioritäten. Was soll der Betrachter als Erstes, als Zweites und als Drittes wahrnehmen? Meist gibt es einen Grundtext, der immer gleich ausgezeichnet werden soll, da er über die gesamte Gestaltung verteilt eine gleich hohe Priorität hat. Zwischenüberschriften haben ebenfalls immer wieder die gleiche Priorität, ihre liegt aber über der des Grundtextes. Somit werden sie auffälliger ausgezeichnet, beispielweise mit einer Farbe oder einer größeren Schrift. Arbeiten Sie sich Ebene für Ebene beziehungsweise nach Aufmerksamkeitsstärken durch Ihre Textelemente. Legen Sie Abstufungen fest, aber auch Gruppen, deren Prioritäten gleich sind. Auf einer Seite des Flyers fühlen sich drei Abstufungen von Texten wohl – mehr wiederum verwirrt.

Verteilen Sie optische Prioritäten nach dem Inhalt.

Drei Gruppen mit verschiedenen Prioritäten
Die Überschrift in 30 Punkt in wechselnder Farbe; die Unterteile in 14 Punkt gelb und der Grundtext in 10 Punkt braun.

Ordnung mit Achsen | Jeder Betrachter ist unbewusst auf der Suche nach Linien, nach Kanten, nach einem Ordnungssystem. Geben Sie dem Leser solche gedachten Linien. Der Betrachter dankt Ihnen solche optischen Achsen durch Interesse am Inhalt, weil ihm das Aufnehmen der Inhalte leichter fällt und seine Aufmerksamkeit länger erhalten bleibt.

Optische Achsen verleihen der Gestaltung Professionalität.

Platzieren Sie also die Oberkante des Bildes auf dem gleichen y-Startpunkt wie die Oberkante des Textes. Oder verpassen Sie der Grafik die gleiche linke Kante wie dem Text. Während linke und rechte Kanten bei vielen Gestaltern selbstverständlich sind, sind die horizontalen optischen Achsen nicht unbedingt üblich. Aber gerade diese verursachen bei Gestaltungen über mehrere Seiten die notwendige Harmonie und sorgen für ansprechendes und professionell wirkendes Design.

Nur die Außenkanten der Bilder sollten mit den Textspalten bündig sein.

Achsen, so weit das Auge reicht
Optische Achsen sind in jeder Gestaltung notwendig. Je strenger sie eingehalten werden, desto aufgeräumter wirkt das Design. Gleichzeitig entsteht eine solide und – im Zusammenhang mit viel Weißraum – elegante Gestaltung.

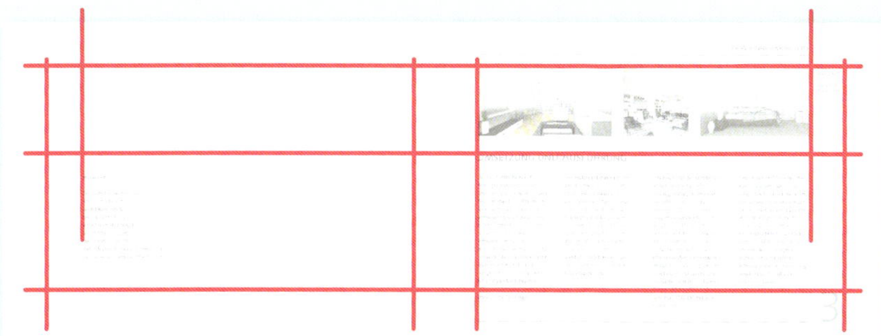

Der Wechsel zwischen querformatigen Bildern und hochformatigen Textspalten wirkt dynamisch.

Damit eine optische Achse entsteht, müssen schräge Buchstaben weiter nach links geschoben werden. Je größer die Schriftgröße, desto eher muss man eingreifen.

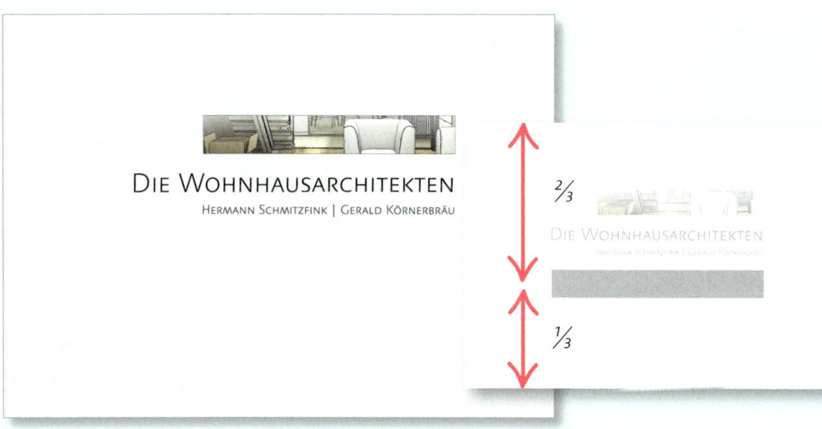

Vertikales Drittel

Die Raumaufteilung beim Titel der Broschüre entspricht dem Goldenen Schnitt. Bei der seitlichen Platzierung hat man sich am Satzspiegel orientiert.

Streckenunterteilung | Sie erinnern sich an den Goldenen Schnitt beziehungsweise die Drittel-Unterteilung? Natürlich sollten wir auch hier bei der Raum- und Seitenaufteilung die harmonische Streckenteilung im Kopf haben.

Mit der Drittelteilung können auch Bilder einen interessanten Platz finden.

Wenn es Bilder zu platzieren gilt, stellen Sie sie ins obere oder untere Drittel, oder bei größeren Mengen oder größeren Formaten in die unteren zwei Drittel. Bilder in halber Seitengröße wirken meist unförmig, und Bilder, die mit ihrer Ober- oder Unterkante in der Mitte beginnen oder enden, ebenfalls. Den gleichen Rat habe ich natürlich für andere Elemente, wie zum Beispiel schmückende oder trennende Linien. In der Mitte des Formats sind sie in der Regel am schlechtesten aufgehoben.

Symmetrie und Asymmetrie | Gleichheit verursacht Symmetrie, Symmetrie verursacht Harmonie. Hingegen sorgen Variationen und Asymmetrie für Kontraste und für Dynamik. Keines ist besser oder schlechter – aber das Layout soll zum Inhalt und zur Zielgruppe passen. Beachten Sie, dass zu viel Harmonie auch irgendwann in Langeweile endet.

Raumaufteilung bei Broschüre
Teilt man bei dieser Titelseite einer Broschüre den vertikalen Raum in Drittel, steht der Titeltext genau auf der Linie zwischen ⅓ und ⅔. Aber auch in der Breite wurde gedrittelt. Eine horizontale Drittelteilung zeigt, dass das Logo exakt nach einem Drittel von oben und einem Drittel von links platziert wurde.

Visuelles Gewicht

Je nachdem, wo Objekte liegen, können sie größer oder kleiner wirken, schwerer oder leichter, aufstrebend oder absteigend.

Gewicht durch Farbe | Es gibt aktive und passive Farben. Die aktiven Farben Rot, Gelb und Orange drängen sich in den Vordergrund und wollen Aufmerksamkeit, die passiven Farben Blau, Grün und Violett sind bescheiden und bleiben im Hintergrund. Beachten Sie dies, wenn Sie mehrere farbige Objekte nebeneinanderstellen.

Doch nicht nur Aktivität und Passivität, sondern auch das empfundene Gewicht wird von den Farben und der empfundenen Helligkeit beeinflusst. Vergleichen Sie ein Objekt in Schwarz und das gleiche in Weiß. Was wiegt weniger? Schwarz ist die schwerste Farbe, Weiß die leichteste. Grundsätzlich lässt sich festhalten, dass helle Farben als leicht und dunkle Farben als schwer empfunden werden. Weiß und Gelb sind die leichtesten Farben, Violett und Schwarz die schwersten.

Bei Rot und Grün ist das gefühlte Gewicht von der Menge der Blauanteile abhängig. Ein ins Bläulich gehendes Rot wirkt schwerer als ein gelbliches Rot, ein bläuliches Grün schwerer als ein gelbliches Grün. Reine Farben wirken schwerer als abgeschwächte Farben.

< Leicht steigt nach oben
Ein stilisierter Ballon, der nach oben aufsteigt, sollte nicht schwarz sein.

DURCH DICK und DÜNN

^ Schriftgewicht
Schriftschnitte haben unterschiedliches Gewicht.

Objekte in hellen Farben werden als weiter weg empfunden als Objekte in dunklen Farben. Auch auf die empfundene Größe von Objekten hat die Helligkeit einen Einfluss. Objekte, die in dunklen Farben gefärbt sind, werden grundsätzlich als kleiner empfunden als Objekte in hellen Farben. Diesen Effekt kennen Sie sicher vom Wandanstrich: Zimmer mit hell gestrichenen Wänden wirken deutlich größer als Zimmer mit dunkel gestrichenen Wänden.

Gewicht durch Schrift | Natürlich lässt sich Gewichtung auch mit Schrift unterstreichen. Schriften mit dünner Strichstärke wirken grundsätzlich leichter, Schriften mit dicker Strichstärke wie bold oder semibold schwerer. Durch das größere Gewicht drängt sich diese Typografie aber auch gleichzeitig in den Vordergrund. Beachten Sie also die Ellenbogentaktik von schweren Schriften – und nutzen Sie sie für Ihre Gestaltung. Den Kontrast zwischen Leichtigkeit und Schwere können Sie als Gestaltungsmittel einsetzen.

Der Titel – dunkel und eng
Der Titel eines Klappflyers. Die dunklen Farben wirken schwer, die fette Schrift verstärkt die Enge und Schwere.

Der Innenteil – hell und leicht
Die Helligkeit verleiht Leichtigkeit, und die Raleway light wirkt im Gegensatz zum fetten Schnitt offener und dadurch leichter.

Gewicht durch Platzierung | Besonders wenn Sie mit viel freiem Raum arbeiten, verursacht die Platzierung des Objekts innerhalb des freien Raums unterschiedliche Ergebnisse. Wird ein Objekt exakt in die Mitte eines Raums gestellt, empfinden wir das als ruhig, symmetrisch und statisch. Steht das Objekt mehr auf der linken Seite, assoziieren wir den Beginn einer Bewegung, da unsere Leserichtung von links nach rechts verläuft. Wir erwarten also intuitiv, dass sich das Objekt weiter nach rechts bewegt. Entsprechend fühlt sich ein Objekt rechts auf der Fläche an, als wäre es angekommen, als würde es uns verlassen oder die Bewegung verebben. Ein Objekt oben im Raum empfinden die meisten als aufsteigend und leicht; die Wirkung eines Objekts unten im Raum kann absteigend, aber auch aufsteigend sein.

Der Ball kommt – gefühlt – von links oben auf den Jungen zu.

Der Ball ist vom Jungen nach rechts weggeschossen worden.

Der Ball in Bewegung
Aufgrund unserer verinnerlichten Leserichtung von links nach rechts empfinden wir den Ball im linken Titel so, als würde er von oben auf das Kind zukommen. Im rechten Titel wirkt der Ball, als würde er nach oben rechts springen, als wäre er aus dem Format hinausgeschossen worden.

PROJEKT 15

Flyer mit Satzspiegel

Ernährungscoaches mit Details

Zwei Ernährungsberater und Fitnesstrainer haben sich zusammen selbstständig gemacht und möchten mit ihrem Flyer Interessierte anlocken und informieren. Die Werte, die die beiden Coaches dem Kunden nahebringen und die wir somit auf dem Flyer als Außenwirkung vermitteln sollen, sind gesunde und frische Ernährung und dessen wohltuende Wirkung, aber auch Sportlichkeit, Fitness, Leichtigkeit und Leistungssteigerung im Alltag. Das Logo steht bereits fest, die Farben allerdings noch nicht.

Dynamisch und leicht
Die vierseitige Broschüre wurde mit Detailaufnahmen, viel Weißraum, schmalen Spalten und schmaler Schrift gestaltet, was die Dynamik unterstützt.

Auf der Rückseite präsentieren sich die beiden Trainer. Die gleiche Darstellungsgröße sowie die ungefähr gleiche Höhe der Augen sind hier wichtig.

Hilfe bei der Wahl der Farben

Gesucht werden zwei Farben, die zum einen das zweigeteilte Logo färben sollen, zum anderen aber auch im Text wieder auftauchen sollen. Da wir einige dominante Bilder verwenden, sollten wir die Farben aus einem der Bilder entnehmen.

Bilder wie das sehr farbenfrohe auf der Titelseite enthalten nahezu das gesamte Farbspektrum, und wer hier die Wahl hat, hat auch die Qual. Mit einer Verpixelung des Bildes lässt sich die Farbenanzahl reduzieren und so eine zentrale Farbe des Bildes leichter herausfiltern.

Falscher Treffer

Wer mit der Lupe eine Farbe aus einem Bild entnimmt, läuft zunächst Gefahr, ausgerechnet auf ein Farbpixel zu klicken, das für das Bild untypisch ist.

Richtige Treffer

Durch eine starke Vergröberung – in der Bildbearbeitung Photoshop nennt sich der Filter MOSAIK – werden mehrere kleine zu einem großen Pixel zusammengefasst. Dadurch reduziert sich die Anzahl der Pixel und somit die Anzahl der möglichen Farben. Zudem werden untypische Farbpixel reduziert.

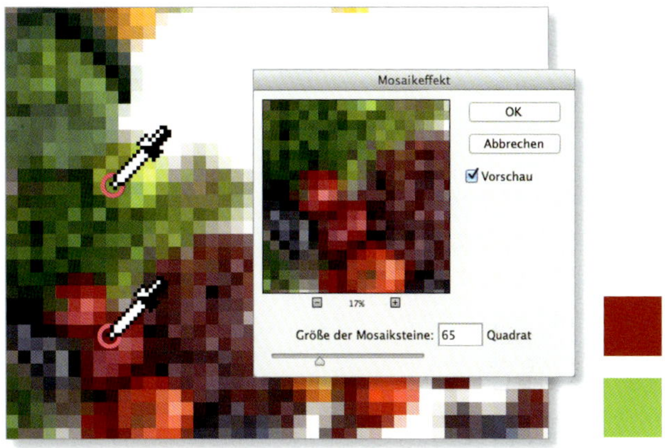

Detailaufnahmen

Ein gern verwendetes Gestaltungsmittel bei Bildern sind Detailaufnahmen. Als Basis dienen ein oder zwei Gesamtaufnahmen, aus denen man interessante Details für weitere Bilder herausschneidet.

Satzspiegel und Goldener Schnitt

Für die Seitenaufteilung und die grobe Platzierung der Text- und Bildelemente lässt man sich von zwei Grundregeln helfen: der Satzspiegeldefinition (mit Zahlen oder Diagonalkonstruktion, siehe Seite 170) sowie dem Goldenen Schnitt.

Bilder und andere grafische Objekte dürfen über den Satzspiegel hinaus platziert werden.

Satzspiegel mit Zahlenreihe

Der Innensteg ist am kleinsten, danach folgt der Kopfsteg, dann der Außensteg und zuletzt der Fußsteg.

Raster nach dem Goldenen Schnitt

Die Seiten werden horizontal und vertikal in Drittelblöcke unterteilt – ähnlich wie durch ein Raster entstehen nun Blöcke, die allein oder zu zweit zusammengefasst werden können.

Die Dritteltteilung dient der ungefähren Raumaufteilung, es sind keine exakten Werte, die man beachten muss.

Die beiden großen Bilder von Hantel und Himbeeren nehmen circa ⅓ der Vertikalen ein, die Texte circa ⅔.

Auch die Titelseite ist gedrittelt. Die Überschrift steht am Übergang von ⅓ zu ⅔.

Grundlinienraster

Jede Gestaltung braucht ihre optischen Achsen. Für exakte und professionelle Arbeit sollten aber nicht nur Textblöcke, Bilder und grafische Elemente bündig ausgerichtet werden, sondern auch die Textzeilen des Grundtextes. Besonders bei Doppelseiten, auf denen zwei Seiten nebeneinander betrachtet und gelesen werden, sollten sich die Zeilen des Grundtextes innerhalb eines Zeilenrasters bewegen, was man registerhaltig nennt. Überschriften oder Bildunterschriften können außerhalb des Grundlinienrasters stehen.

Bündige Gestaltungselemente

Optische Achsen in waagerechter und senkrechter Linie sind Voraussetzung für ein stimmiges Bild.

Bewegung muss sein

Nicht alle Textspalten müssen beziehungsweise sollten exakt die gleiche Höhe aufweisen. Durch solch strikte Regeln würde die Gestaltung an Bewegung und Dynamik verlieren.

Registerhaltigkeit

Alle Zeilen des Grundtextes stehen auf demselben Linienraster, und zwar auf allen Seiten. Die Abstände der Linien entsprechen dem Abstand von Zeile zu Zeile.

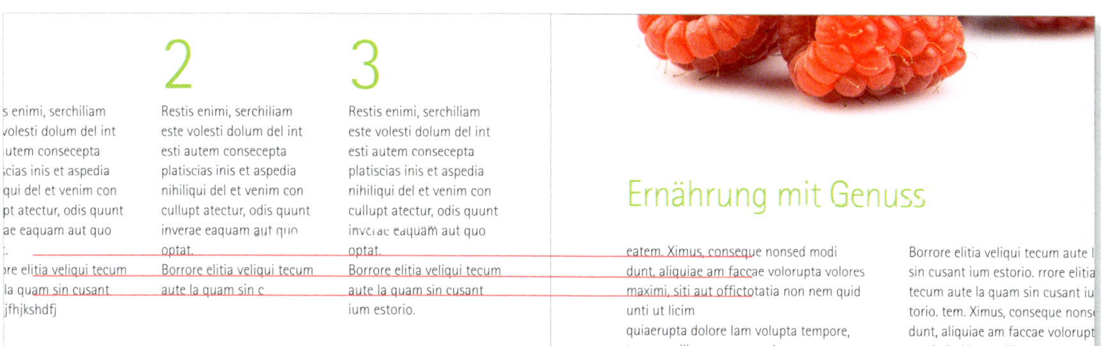

Die Wahl der Schrift

Im Vordergrund steht Lesbarkeit

Immer dann, wenn der Betrachter mehr als ein paar Worte lesen soll, hat die Lesbarkeit des Textes oberste Priorität. Die Schriftart, der Zeilenabstand, aber auch die Zeilenlänge und der Kontrast zwischen Schrift und Hintergrund beeinflussen die Lesbarkeit.

Lesefreundlich gestalten

Im Alltag erhalten lesefreundliche Produkte, ob nun Websites oder Druckprodukte, mehr und vor allem längere Aufmerksamkeit als die Produkte, die nicht zum Lesen einladen. Da sich Endkunden der Unterscheidung nach lesefreundlich oder nicht lesefreundlich meist gar nicht bewusst sind, wird die Lesefreundlichkeit zumindest aus Sicht des Benutzers gerne auch mit »interessant« und »uninteressant« verwechselt.

Tatsächlich empfinden Benutzer die Inhalte eines Prospekts oder Magazins häufig nur deswegen als uninteressant und brechen das Lesen ab, weil nicht lese- und leserfreundlich gestaltet wurde. Der gleiche Inhalt aber, professionell lesbar gestaltet, wirkt auf Testpersonen plötzlich viel interessanter. Sie als Gestalter machen also sich, Ihr Unternehmen und Ihr Druckprodukt interessant, indem Sie lesefreundlich und ansprechend gestalten.

Gründe für lesefreundliche Texte | Wir sollten also unbedingt lesefreundlich gestalten. Fassen wir die Argumente dafür noch einmal zusammen.

- Lesefreundliche Texte motivieren den Betrachter, überhaupt erst mit dem Lesen zu beginnen.
- Lesefreundliche Texte werden eher als interessant empfunden.
- Lesefreundliche Texte können schneller gelesen werden. Somit haben wir eine dichtere Informationsvermittlung innerhalb der gleichen Zeit als bei schlecht lesbaren Texten.
- Lesefreundliche Texte werden länger gelesen, das Lesen wird später abgebrochen, die Lesedauer steigt also mit der Lesbarkeit.

Ein lesefreundlicher Text wird automatisch auch als interessant empfunden.

Faktoren für die Lesefreundlichkeit

Während bei der Gestaltung von typografischen Logos die Lesbarkeit einer Schrift eine untergeordnete Rolle spielt, zeigt sich beim Lesen von längeren Texten die ganze Macht der Schrift. Es ist also besonders auch die Schriftart, die zum Lesen einlädt – oder auch eben nicht.

Verschiedene Größen und Breiten | Manche Schriften sind in kleinen Größen kaum zu entziffern und in großen Größen, für Überschriften, ganz hervorragend zu erkennen; andere hingegen erscheinen in kleinen Größen sympathischer.

Auch Breite und Abstand der Zeilen beeinflussen den Eindruck der Gestaltung. Als optimaler Zeilenabstand gilt circa 120 % der Schriftgröße; bei einer 10-Punkt-Schrift sind das 12 Punkt Zeilenabstand. Je größer die Schriftgröße, desto kleiner – im Verhältnis – wird der Zeilenabstand.

[Mittellänge]
Als Mittellänge bezeichnet man die Strecke zwischen Grundlinie und Mittellinie. Das a oder auch das c bestehen nur aus der Mittellänge.

Kleine Größen

Einige Schriften sind in kleinen Größen schlecht erkennbar. Dazu zählen vor allem Schreib- und Handschriften, aber auch so manche Serifenschrift mit sehr kleinen Mittellängen.

✓ Lesefreundliche Schriften sind nicht selbstverständlich.
TheSansOsF light – gut lesbar

– Lesefreundliche Schriften sind nicht selbstverständlich.
Times New Roman – in Ordnung

✗ Lesefreundliche Schriften sind nicht selbstverständlich.
Virtuosa Classic LT Pro – schlecht zu erkennen

– Lesefreundliche Schriften sind nicht selbstverständlich.
Tahoma – läuft sehr eng

– Lesefreundliche Schriften sind nicht selbstverständlich.
Stefan Small – zu wenig Luft

Große Größen

In großen Größen sind zwar fast alle Schriften lesbar, aber manche werden durch eine große Größe plump oder unsympathisch. Auch fehlerhafte Buchstabenabstände werden in großen Größen schnell sehr deutlich.

✓ Sympathisch
Source Sans Pro – empfehlenswert

– Sympathisch
Times New Roman – in Ordnung

✓ Sympathisch
Gentium – empfehlenswert

– Sympathisch
Arial – etwas plump

Auch die Abstände der Buchstaben zueinander sind ein wichtiger Faktor. Bei Großbuchstabentext kann das Vergrößern der Abstände die Lesbarkeit auf einfache Art verbessern.

Die Ausrichtung spielt ebenfalls eine Rolle für die Lesbarkeit. Gut lesbare Ausrichtungen sind linksbündig, wobei der Text an der rechten Seite flattert, und der Blocksatz, bei dem die Kanten links und rechts bündig sind. Rechtsbündig ausgerichteter Text ist genauso wie zentrierter Text

Letztlich beeinflussen auch alle restlichen Gestaltungselemente wie die verwendeten Farben und die Kontraste zwischen Schrift und Hintergrund die Lesbarkeit.

Zeilenlänge
Zu lange Zeilen ermüden das Auge, zu kurze Zeilen ergeben zu viele Trennungen und hemmen den Lesefluss. Optimal sind sechs bis 12 Worte. Allerdings muss man auch immer unterscheiden, um was für Texte es sich handelt: Kurze Abschnitte in Infokästen vertragen eher eine sehr schmale Breite.

LETZTLICH BEEINFLUSSEN ALLE GESTALTUNGSELEMENTE WIE DIE FARBEN UND DIE KONTRASTE DIE LESBARKEIT.

Versaltext
Reiner Großbuchstabentext lässt sich schwer lesen. Eine geringe Vergrößerung der Buchstabenabstände verbessert die Lesbarkeit etwas.

Letztlich beeinflussen auch alle restlichen Gestaltungselemente wie die verwendeten Farben und die Kontraste die Lesbarkeit.

Negativtext
Negativschrift kann ebenfalls schlechter lesbar sein. Auch hier kann es helfen, die Buchstabenabstände leicht zu vergrößern.

Linksbündig oder Blocksatz
Beim linksbündigen Flattersatz laufen die Zeilen rechts unregelmäßig aus. Im Blocksatz (rechtes Beispiel) entstehen unschöne große Löcher.

Letztlich beeinflussen auch alle restlichen Gestaltungselemente wie die verwendeten Farben und die Kontraste zwischen Schrift und Hintergrund die Lesbarkeit.

Letztlich beeinflussen auch alle restlichen Gestaltungselemente wie die verwendeten Farben und die Kontraste zwischen Schrift und Hintergrund die Lesbarkeit.

schwer lesbar, da sich das Auge für jede Zeile einen neuen Startpunkt suchen muss. Diese beiden Ausrichtungen sollte man nur für sehr kurze Texte oder wenige Zeilen verwenden.

Gesamtgestaltung | Letztlich beeinflussen auch alle restlichen Gestaltungselemente wie die verwendeten Farben und die Kontraste zwischen Schrift und Hintergrund, aber auch die Platzierung aller Elemente das Ergebnis. Achten Sie auf einen optimalen Lesefluss, also dass der Text am Stück gelesen werden kann. Muss der Betrachter beim Lesen zu oft den Textfortgang suchen, weil der Text von Bildern oder anderen Elementen unterbrochen wird, hindert das den Lesefluss. Ein Textblock ganz ohne weitere Elemente hingegen kann aber auch zu einer sogenannten Bleiwüste werden. Das richtige Mischungsverhältnis zwischen Text und grafischen Elementen beziehungsweise Bildern ist also erwünscht.

Textlauf
Längere Texte sollten nicht zu oft unterbrochen werden. Der Lesefluss wird sonst zu sehr gestört und das Erfassen der Inhalte erschwert.

Hier hängt der Text trotz eines sehr großen Bildanteils optimal zusammen.

Hier wird der Text dreimal unterbrochen – das hemmt den Lesefluss, und der Betrachter muss mit den Augen relativ große Sprünge machen, um weiterzulesen.

Interesse gewinnen

Hervorragend lesbarer Text ist also die Voraussetzung, um informieren zu können. Aber er allein reicht nicht, um die Aufmerksamkeit des Betrachters zu fangen. Ein lesefreundlicher Text ist also noch kein Grund für den Betrachter, zu lesen. Vorher muss sein Blick angeregt werden – mit einem Blickfang, der ihn dann auf die Texte weiterleitet.

Blickfang Text

Neben Bildern kann auch Text ein Blickfang sein. Große Überschriften, interessant ausgezeichnet mit einer passenden und individuellen Schrift oder in einer auffälligen Farbe, fangen den umherschweifenden Blick des Lesers ein. Falls das Unternehmen eine Hausschrift verwendet, sollten Sie mit ihr den Titel gestalten. Geizen Sie nicht mit Größe oder Farbintensität – der Titel darf klotzen und nicht nur kleckern.

Blickfang
Mehr Infos zu Blickverlauf und Blickführung finden Sie im Kapitel »Mit einem Plakat werben« ab Seite 262.

Tierpark mit Kinderfest, 1. Variante
Kinder wollen es bunt, aber nicht planlos. Bei einem Flyer für ein Kinderfest im Tierpark geht der Blickfang verloren, weil der Gestalter sich nicht für ein Element entscheiden konnte. So kämpfen eine Sonne, Kinderköpfe, eine Giraffe, ein Farbverlauf, ein bunter Schriftzug sowie das Datum um den Sieg, zum Blickfang gekürt zu werden, aber letztlich verlieren alle.

Die Giraffe wendet sich von den Kindern und vom Flyer ab.

Vier verschiedene Schriften sind zu viele.

Schrift mit einer Kontur ist in den seltensten Fällen schön anzusehen.

Auf Farbverläufe ohne ersichtlichen Grund sollte man verzichten.

Tierpark mit Kinderfest, 2. Variante

Die Giraffe und der weiße Kreis ergänzen sich und bilden gemeinsam den Blickfang. Die Giraffe blickt in die Seite hinein und direkt auf die Titelzeile »Kinderfest«, der weiße Kreis wirkt leicht und steigt ballonartig nach oben zur Giraffe auf. Vom weißen Kreis wird der Blick zum Datum und dann zu den Öffnungszeiten geführt.

im Freizeitpark

Eine kindgerechte Schrift wie die Neucha genügt, zwei wären auch in Ordnung.

Der Blick landet zuerst auf dem Giraffenkopf und dem aufsteigenden Kreis mit Titelzeile.

PROJEKT 16

Eine Broschüre im Querformat

Architekten mit viel Weißraum

Die Wohnraumarchitekten sehen sich selbst als modern, aufgeschlossen, zeitgemäß. Ihre Arbeiten sollen Eleganz und Modernität ausstrahlen. Das Team möchte also zum einen modern und harmonisch wahrgenommen werden, zum anderen ist ihnen die Außenwirkung mit einer klaren Linie ohne Spielereien und Schnörkel wichtig. Die Broschüre soll einen Eindruck ihrer Arbeiten vermitteln und ihr Konzept vorstellen.

Elegant und bewegt

Eine querformatige Broschüre ist eher ungewöhnlich. Durch viel Freiraum entsteht eine elegante Wirkung; die Wechsel zwischen horizontaler und vertikaler Betonung sorgen für Bewegung.

horizontale und vertikale Textspalten

Bildauswahl und Bildbeschnitt

Bei einer Broschüre im Querformat sind hoch- oder querformatige Bilder interessant – quadratische Formate eignen sich nicht. Die hochformatigen Bilder erzeugen in Bezug zum querformatigen Papier mehr Spannung. Dafür sorgen die querformatigen Bilder mit dem querformatigen Papierformat für ein sehr harmonisches Bild. Je größer die Breite im Verhältnis zur Höhe des Bildes, desto größer wird die Spannung. Detailabbildungen aus anderen platzierten Bildern wie auf dem Titel sind ein geeignetes Stilmittel.

Betonte Horizontale

Trotz der drei Bilder, von denen eines sogar hochformatig ist, entsteht die Wirkung eines ungewöhnlich breiten und niedrigen Gesamtbildes. Es führt den Blick in der Horizontalen. Die Linien oben und unten unterstützen die Wirkung.

Bildausschnitt

Um die besondere Wirkung des Titels zu unterstützen, wird ein Bildausschnitt eines Fotos gewählt. Es ist erstaunlich, wie sich Wirkung und Spannung eines Bildes verändern können, wenn nur ein Streifen davon sichtbar ist.

Die Titelseite mit viel Freiraum

Weißraum ist ein kraftvolles Gestaltungselement, denn es verstärkt die Konzentration des Betrachters auf das Wesentliche. Mit Weißraum können Sie einen dezenten, eleganten und gleichzeitig klaren und eindeutigen Blickfang schaffen.

Nicht gestaltet

Hier ist einiges auf der Titelseite, aber nichts davon wirklich gestaltet. Die beiden Textzeilen bilden mit der ersten Bildreihe einen Block, das untere Bild hingegen ist über die gesamte Breite gezogen. Die Seite wirkt gefüllt, als ob der Gestalter Angst vor Freiraum hätte – und das Auge weiß nicht, wohin es blicken soll.

Wenige Elemente gestaltet

Das Wenige, das sich auf der Titelseite befindet, ist gestaltet. Das Bild weist die gleiche linke Kante auf wie die zweite Textzeile; der gesamte Block ist vertikal gesehen nach dem Goldenen Schnitt platziert, der rechte Rand ist identisch mit den Innenseiten und genauso breit wie der obere Rand.

Der Weißraum ist gemäß dem Goldenen Schnitt unterteilt.

Dynamische und gleichzeitig aufgeräumte Innenseiten

Dynamik und Bewegung muss nicht Durcheinander erzeugen, wie die Gestaltung zeigt. Die Textspalten sind unterschiedlich hoch, und die Formate von Textblöcken und Bildern wechseln zwischen hoch und quer, was Dynamik erzeugt. Trotzdem wirkt die Broschüre aufgeräumt und nicht wirr, was wir den optischen Achsen und den Linien verdanken. Auch der symmetrisch verteilte freie Raum unterstützt das Gefühl der Ordnung und Klarheit.

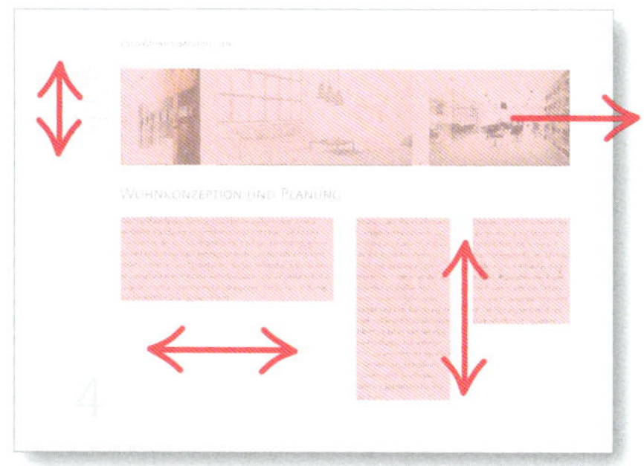

Der Wechsel von breiten flachen und schmalen hohen Textspalten bringt Dynamik in die Gestaltung.

Durch die optischen Achsen wird die Dynamik wie in einer Klammer gehalten.

Keine Treppen

Vermeiden Sie bei den Höhen der Textblöcke einen Treppeneffekt.

Schriften aus der Familie mischen

Je mehr Schriften verwendet werden, desto unseriöser kann das Ergebnis wirken. Eine seriöse Ausstrahlung hingegen entsteht unter anderem durch den Einsatz von nur einer Schriftfamilie. Innerhalb einer Familie können Sie bedenkenlos Schnitte mischen. Einzige Einschränkung: Manche Schnitte sind sich sehr ähnlich, z. B. bold und semibold; diese sollte man nicht direkt nebeneinanderstellen, da der Unterschied zu wenig sichtbar ist.

Times Regular
Times italic
Times Bold
Times Bold Italic

Der Klassiker Times liegt in vier Schnitten vor: regular, italic, bold und bold italic – der Standard bei einem Großteil der Schriften. Die vier Schnitte lassen sich gut untereinander kombinieren.

Virtuosa Classic LT Pro: nur ein Schnitt

Auszeichnungsschriften und Freefonts liegen meist in nur einem, maximal in zwei Schnitten vor. Vier Schnitte wie bei der Yanone Kaffeesatz sind eine Ausnahme.

Yanone Kaffeesatz Extralight
Yanone Kaffeesatz Light
Yanone Kaffeesatz Regular
Yanone Kaffeesatz Bold

Andere Schriften überflüssig

Durch eine größere Familie wird der Einsatz anderer Schriften häufig völlig überflüssig. Mit mehreren Schnitten lassen sich alle gewünschten Auszeichnungen wie Überschriften, Unterzeilen oder Bildunterschriften optisch abheben, und alles passt harmonisch zueinander.

Mit und ohne Serifen

Eine Besonderheit sind Schriften mit einer serifen- und einer serifenlosen Variante. In diesem Fall lassen sich die beiden Familien auch untereinander mischen.

Linotype Syntax SC

LinotypeSyntax SC light *light italic*
LinotypeSyntax SC regular *italic*
LinotypeSyntax SC medium *medium italic*

Linotype Syntax

LinotypeSyntax light *light italic*
LinotypeSyntax regular *regular talic*
LinotypeSyntax medium *medium italic*
LinotypeSyntax bold *bold italic*
LinotypeSyntax heavy *heavy italic*
LinotypeSyntax black *black italic*

Linotype Syntax Serif

LinotypeSyntax Serif light *light italic*
LinotypeSyntax Serif regular *italic*
LinotypeSyntax Serif medium *medium italic*
LinotypeSyntax Serif bold *bold italic*
LinotypeSyntax Serif heavy *bold italic*
LinotypeSyntax Serif black *bold italic*

Harmonischer Gesamteindruck

Für eine moderne und klare, gleichzeitig aber auch harmonische und ausgeglichene Wirkung ist das Zusammenspiel mehrerer Schnitte aus einer Schriftfamilie ein geeignetes Stilmittel. Bei der Broschüre wird ausschließlich mit der Familie Linotype Syntax gearbeitet. Die dünnen Strichstärken der Schnitte light und light italic verleihen eine besondere Leichtigkeit und Klarheit. Auf einen halbfetten oder fetten Schnitt wird bei dieser Gestaltung bewusst verzichtet.

[Schriftfamilie]
Alle Schnitte einer Schrift wie normal, light, kursiv, halbfett beziehungsweise semibold, bold oder italic, aber auch Kapitälchen bilden eine sogenannte Schriftfamilie.

Eine große Familie

Qualitativ hochwertige Schriften enthalten meist auch mehrere Schnitte, allerdings sind die Kosten auch entsprechend höher. Häufig lohnt es sich aber, eine umfangreichere Familie zu kaufen als mehrere einzelne Schriften mit nur einem Schnitt.

PROJEKT 17

Ein Flyer mit Textblöcken

Fußballverein wirbt mit Flattersatz

Ein Fußballverein möchte neue Mitglieder werben und gibt einen Flyer in Auftrag. Der Flyer soll über die verschiedenen Trainingsgruppen, Trainingszeiten und den jeweiligen Trainer informieren.

Somit sind einige Informationen unterzubringen, die lesefreundlich aufbereitet werden sollen. Die Gestaltung soll trotz Textblöcken lebendig und einladend wirken. Bilder lockern die Seiten auf.

Übersichtliche Informationen

Durch strukturierte Textblöcke sind die Informationen gut erkennbar. Eine gute Lesbarkeit wird auch durch die angemessene Satzbreite garantiert.

Die verschiedenen Grüntöne sind aus dem Hintergrund entnommen, dazu kommen Schwarz, Rot und Weiß als Schriftfarbe.

Textausrichtung

Die Länge von Textzeilen und die Ausrichtung des Textes sind maßgeblich für die Lesbarkeit verantwortlich. DIN-lang-Flyer benötigen aufgrund ihres schmalen Formats automatisch eine relativ schmale Satzbreite.

Der Blocksatz ist grundsätzlich ruhiger und geordneter. Bei schmalen Satzbreiten greift man aber eher zum Flattersatz, weil sonst viele ungleichmäßige Buchstaben- oder Wortabstände entstehen.

Die Kiddys

Ihr seid schon in der Schule? Dann dürft ihr hier so richtig loslegen. Schulkinder der ersten drei Schulklassen können nicht nur zweimal die Woche mit uns trainieren, sondern am Wochenende spielen. Mit Schiedsrichter und Gewinnen und Pokal und allem Drum und Dran. Schaut einfach bei uns vorbei!

Der Blocksatz wirkt ruhiger, aber auch statisch. Für sehr langen Text ist er meist die bessere Wahl.

Die Kiddys

Ihr seid schon in der Schule? Dann dürft ihr hier so richtig loslegen. Schulkinder der ersten drei Schulklassen können nicht nur zweimal die Woche mit uns trainieren, sondern am Wochenende spielen. Mit Schiedsrichter und Gewinnen und Pokal und allem Drum und Dran. Schaut einfach bei uns vorbei!

Der linksbündige Satz wirkt lockerer, unruhiger, aber auch lebendiger.

Die Kiddys

Ihr seid schon in der Schule? Dann dürft ihr hier so richtig loslegen. Schulkinder der ersten drei Schulklassen können nicht nur zweimal die Woche mit uns trainieren, sondern am Wochenende spielen. Mit Schiedsrichter

Die Kiddys

Ihr seid schon in der Schule? Dann dürft ihr hier so richtig loslegen. Schulkinder der ersten drei Schulklassen können nicht nur zweimal die Woche mit uns trainieren, sondern am Wochenende spielen. Mit Schiedsrichter

Zentriert und Rechtsbündig eignen sich nicht für längere Textspalten, da jeder Satz einen anderen Startpunkt hat.

Die Kiddys

Ihr seid schon in der Schule? Dann dürft ihr hier so richtig loslegen. Schulkinder der ersten drei Schulklassen können nicht nur zweimal die Woche mit uns trainieren, sondern am Wochenende spielen. Mit Schiedsrichter und Gewinnen und

Sehr schmale Spalten sorgen für unschöne Laufweiten.

Bilder für Flyer und Broschüren

Bilder fangen Blicke

Bilder sind bekanntermaßen ein Blickfang. Verwenden Sie Bilder, um das Interesse des Betrachters zu wecken, aber auch, um ihn zu informieren und um die Seite zu schmücken.

Blickfang Bild

Bilder mit emotionalen Personen verursachen Emotionen beim Betrachter.

Sie können Bilder verwenden, um Aufmerksamkeit zu erregen, was sich für die Titelseiten anbietet. Hier sollten Sie ein Bild finden, das zum einen interessant und professionell genug ist, um den Blicken standzuhalten, zum anderen zumindest so weit zum Unternehmen beziehungsweise zur Dienstleistung passt, dass man gedanklich eine Verbindung schaffen kann. Besonders geeignet als Blickfang sind Abbildungen, die beim Betrachter Emotionen auslösen. Dazu zählen natürlich auch Abbildungen von Personen, die sich selbst in einem emotionalen Zustand befinden.

Bilder mit offensichtlich gestellten Emotionen können eventuell bei entsprechend übertriebenen und humorvollen Inhalten passen – häufig wirken sie aber nur albern.

Emotionen zeigen
Bilder mit emotional berührten Personen berühren auch den Betrachter.

Informationen vermitteln und schmücken | Im Innenteil sollten die Bilder dazu dienen, den Text und das Layout aufzulockern. Flyer, die ausschließlich Text enthalten, laden nicht zum Lesen ein. Letztlich können Sie natürlich auch mit Bildern informieren und die beschriebene Information bildhaft darstellen. Wer beispielsweise mit seinem Flyer eine Ferienwohnung bewerben und vermieten möchte, sollte Fotos von der Innenausstattung sowie der Außenansicht zeigen.

Zeigen Sie sich

Es gibt kaum Gründe, warum man das, was man verkauft oder als Dienstleistung anbietet, nicht auch mit einem Bild oder einer Grafik zeigen sollte. Zudem lockern Bilder Ihre Gestaltung auf, der Betrachter kann schneller erfassen, worum es sich handelt, und die Gesamtwirkung Ihres Druckprodukts wird ansprechender.

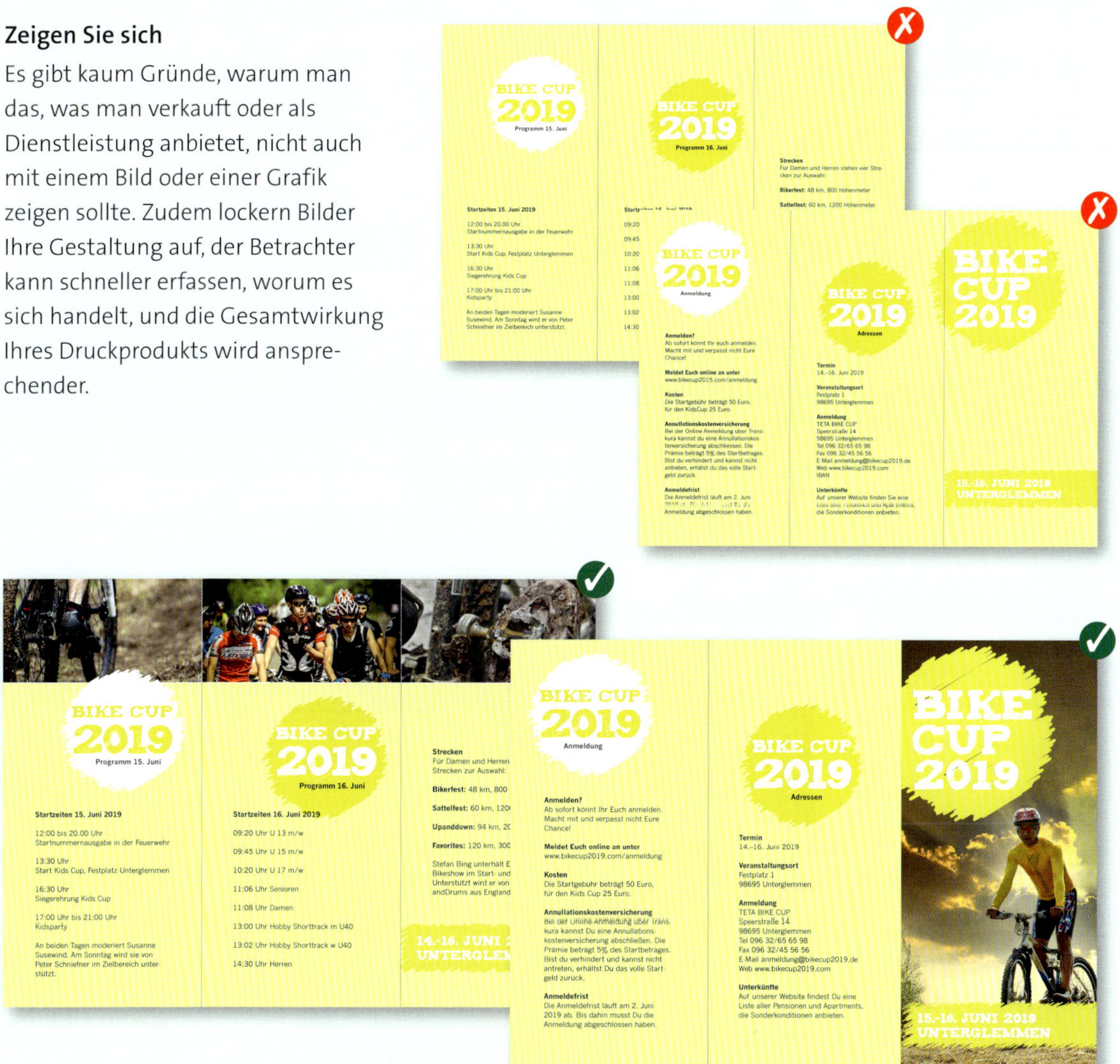

Die Auswahl

Lassen Sie Ihre Bildauswahl von einer neutralen, kritischen Person begutachten.

Wenn bereits Bilder vorhanden sind, sollten Sie das Material mit professionellem Auge sichten. Als Kleinunternehmer neigt man gerne dazu, das eigene neue Café oder den Kosmetiksalon mit der Digi-Knipse zu fotografieren und vor lauter Freude über den eigenen Laden die entstandenen Bilder nicht kritisch genug zu betrachten. Stimmt die Qualität, die Schärfe, das Licht? Und vor allem – zeigt das Bild ein Motiv, das als Blickfang dienen kann?

Hat der neue Unternehmer noch keine Fotos, sollte man sich auch hier nach den Kosten für ein professionelles Shooting erkundigen. Ob nun der neue Laden, ein neues Produkt oder eine neue Veranstaltung beworben werden soll – häufig lohnt sich die Investition in einen professionellen Fotografen. Dessen Kameraausrüstung inklusive Beleuchtung ist mit einem Handyfoto eben nicht zu vergleichen.

Details zeigen
Bei nichtssagenden oder überladenen Fotos hilft es häufig, ein ansprechendes Detail zu vergrößern.

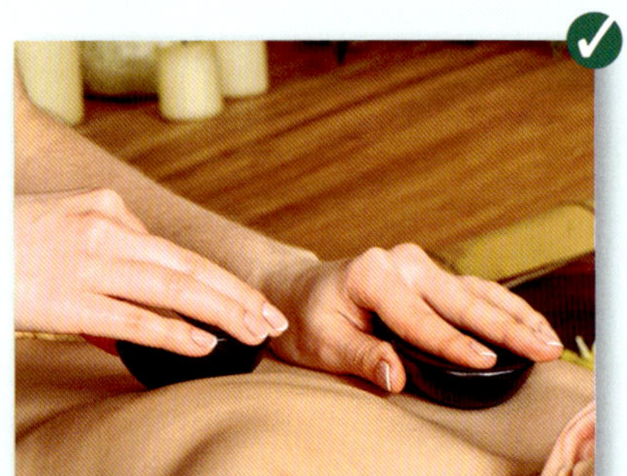

Starke Vergrößerungen empfinden wir deswegen als so interessant, weil sie unser normales Sehvermögen übersteigen.

Motiv | Legen Sie vor der Aufnahme das Motiv fest: eine Kundin (oder ein Körperteil der Kundin) bei der Massage, ein ganz besonderes Schmuckstück, ein Kostüm für eine Aufführung, ein Tanzschuh für die Tanzschule. Fotografieren Sie keine leeren Räume oder Bühnen, keinen Bauernhof ohne Tiere. Konzentrieren Sie sich auf das oder eines der Motive, das Ihr Unternehmen am besten repräsentiert.

Wenn Sie Bilder auswählen, verfahren Sie ebenfalls nach diesem Kriterium. Fragen Sie sich, ob das Motiv auf dem Bild klar erkennbar und ohne Konkurrenz ersichtlich ist.

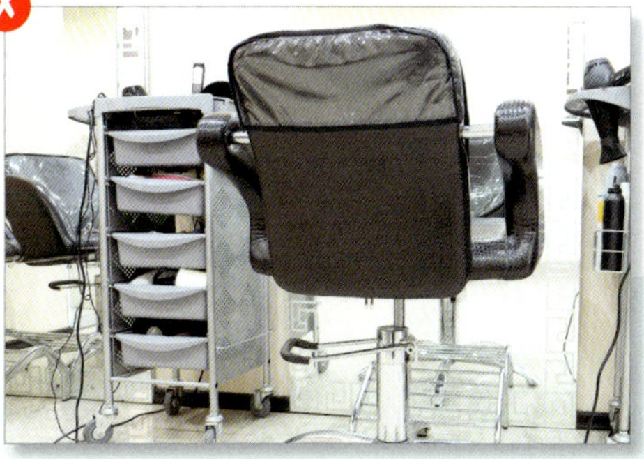

Objektiv beurteilen

Egal, wie stolz man auf die Eröffnung des eigenen Frisörsalons sein mag – das Foto davon ist nichtssagend und motivlos. Fokussieren Sie lieber ein Detail wie rechts, oder zeigen Sie eine Frisur oder eine Kundin.

Bildaufteilung und Achsen | Häufig empfiehlt es sich, das Motiv nicht mittig zu fotografieren, sondern nach der Aufteilung ⅓ zu ⅔. Diese Aufteilung wirkt grundsätzlich ansprechender. Ausnahmen bilden die Aufnahmen, bei denen die Symmetrie betont werden soll.

Wir haben bereits über optische Achsen gesprochen. Manche Bilder weisen ebenfalls eine solche Achse auf. Die gedachten Linien entstehen durch eine Eisenbahnschiene oder ein Möbelstück, durch einen Zaun oder eine Zahnbürste. Wenn Sie eine solche Achse im Bild entdecken und sich durch genügend Raum darum die Möglichkeit ergibt, dann greifen

Teilen und Achsen finden

Die Drittelteilung verleiht eine harmonische und gleichzeitig interessante Note.

Achsen aus den Bildern können mit Text weitergeführt werden.

Ein schönes Gestaltungsmittel: vorhandene Formen im Bild betonen und für die restliche Gestaltung übernehmen.

Sie diese Achse auf, und nutzen Sie sie als Halterung für andere Gestaltungselemente wie Textblöcke oder andere Grafiken. Wenn es zum Inhalt passt, können Sie die optische Achse auch durch weitere Gestaltungselemente wie Linien oder Rechtecke hervorheben.

Licht und Kontrast | Achten Sie bei der Wahl der Fotos auf genügend Licht und Kontrast. Gegebenenfalls lassen sich die Bilder später auch noch entsprechend korrigieren.

Beachten Sie die unterschiedliche Wirkung von Bildern abhängig von ihrer Helligkeit. Ein helles Bild wirkt freundlicher und leichter, ein dunkles Bild unheimlich und schwer. Sie können diesen Effekt sogar dann feststellen, wenn die Bilder exakt das Gleiche zeigen.

Hoch- oder Querformat | Ähnlich wie die Rechtecke aus dem Kapitel »Ein Logo gestalten« haben auch die Hoch- und Querformate von Bildern ihre eigene Wirkung. Querformatige Bilder wirken grundsätzlich ruhiger, bequemer und zudem gewöhnlicher, weil sie unserem Blickfeld entsprechen. Hochformatige Bilder wirken dynamischer, aktiver und ungewöhnlicher. Seien Sie aber nicht zu streng – häufig empfiehlt sich eine Kombination von Hoch- und Querformaten allein, damit die Gestaltung nicht zu einseitig wirkt.

Bilddatenbanken – eine Alternative?

Zahlreiche Bilddatenbanken bieten professionelle Fotografien und Grafiken im Internet an. Wer nicht gerade seine eigene Praxis oder seinen eigenen Schmuck auf den Fotos zeigen möchte, findet mit der Bilddatenbank eine gute Alternative zum Fotografen. Anbieter wie Adobe Stock oder Shutterstock haben Tausende von hochauflösenden Bildern zu verschiedenen Preisen; andere wie Freeimages oder Pixelio bieten die Bilder sogar kostenlos an.

Achten Sie aber bitte besonders bei den kostenlosen Bildern genau auf die Nutzungsbestimmungen. Häufig sind die Nutzungsrechte nämlich auf private Zwecke beschränkt und für die kommerzielle Nutzung, die Sie in diesem Fall betreiben würden, untersagt.

Bilddatenbanken

- *www.stock.adobe.com/de*
- *www.shutterstock.com*
- *http://de.123rf.com*
- *http://de.dreamstime.com*
- *www.corbisimages.com*
- *www.pixelio.de*
- *www.freeimages.com*
- *www.flickr.com*
- *www.gettyimages.de*
- *www.istockphoto.com*

Farbgestaltung

Mehr Aufmerksamkeit für Flyer und Broschüren

Farben wecken Gefühle, sie unterstreichen den Inhalt und sorgen für Aufmerksamkeit. Und da heutzutage ein farbiger Flyer kaum teurer ist als eine Variante in Schwarzweiß, gibt es wenige Gründe, sie nicht einzusetzen. Allerdings gilt auch hier das Motto: Weniger ist mehr.

Die Wahl der Farbe

Die meisten Flyer oder Broschüren präsentieren ein Unternehmen oder ein Produkt, oder sie kündigen eine Veranstaltung an. Somit haben wir meistens einen Auftraggeber für den Flyer, der bereits über ein Logo verfügt. Und schon haben wir bei der Farbwahl weniger Auswahl – und somit weniger die Qual der Wahl. Manche Unternehmen arbeiten mit einer Hausfarbe, und in diesen Fällen ist völlig klar, dass diese Farbe in welcher Form auch immer im Flyer wieder auftauchen muss.

Die Logofarbe übernehmen | Farben, die im Logo oder Schriftzug des Unternehmens verwendet werden, sollten natürlich auch in der Gestaltung des Flyers verwendet werden. Somit schafft man ein stringentes Design und ein professionelles Erscheinungsbild. Im Optimalfall erkennt der Betrachter das Unternehmen nur an der Farbe oder der Farbkombination. Einen magentafarbenen Flyer bringen wir sofort mit der Telekom in Verbindung. Und diese Assoziationen wollen wir für unser Unternehmen ja auch erreichen.

Wiederkehrende Farben sorgen für Wiedererkennung.

Ein Logo ohne Farben | Wenn Sie für ein Unternehmen ohne Logo und ohne Hausfarbe gestalten oder wenn das Logo nur in Schwarz und Weiß gehalten ist, haben Sie die freie Wahl. Allerdings müssen wir hier nochmal unterscheiden zwischen einer Vorgabe in Schwarzweiß und keiner Farbvorgabe. Enthält das Logo die Farben Schwarz und Weiß oder nur Schwarz, haben wir genau genommen auch eine Farbvorgabe. Das Schwarz verwenden wir aber sowieso in den Texten, insofern haben wir keine Farbe, mit der wir etwas hervorheben. In diesem Fall können Sie unter Beachtung der Wirkung von Farben getrost eine zweite Farbe kombinieren, mit der Sie Überschriften auszeichnen oder Hinterlegungen färben.

Achten Sie auch hier wieder auf die Art und Aussage des Unternehmens. Den Flyer eines Bestattungsunternehmens würde ich eventuell sogar einfarbig lassen und nur mit Schwarz und Grau arbeiten; bei der Preisliste eines Kosmetikinstituts können Sie getrost eine zweite Farbe wie Violett ergänzen.

Farbwirkung

Detaillierte Infos zur Farbwirkung finden Sie im Kapitel »Mit einem Plakat werben« ab Seite 282.

Graues Logo

Der Radiosender antenne sachsen präsentiert sich mit einem technischen, grauen Logo. Für die Gestaltung des Flyers kombinieren wir zwei weitere Farben dazu.

Farbkombinationen
Detaillierte Infos zu Farbkombinationen finden Sie im Kapitel »Mit einem Plakat werben« ab Seite 288.

Einfarbiges Logo | Besteht das Logo aus nur einer Farbe, dann greifen Sie diese eine Farbe zunächst für die Gestaltung auf. Je nach Inhalt und Zielgruppe können Sie eine zweite kombinieren. Achten Sie hier auf die Wirkung, die durch die Kombination von zwei Farben entsteht. Besonders wichtig ist, dass nicht beide Farben dominant sind, weil sie dann miteinander konkurrieren.

Definieren Sie also eine Farbe als Basis, die zweite Farbe sollte die erste nur ergänzen. Wenn Sie sich für zwei Farben entschieden haben, können Sie beispielsweise eine der beiden als Hintergrundfarbe verwenden und die zweite für Schriftauszeichnungen.

Farbkreis
Mit diesem ergänzten Farbkreis, der auf dem Farbkreis von Itten basiert, lassen sich auf einfache Art und Weise Farbkombinationen finden.

Aktiv und farbintensiv ist die Kombination von zwei Komplementärfarben, im Beispiel Violett und Gelb. Damit die Spannung nicht zu stark ist und Sie eine Konkurrenz vermeiden, können Sie eine der beiden Farben – oder auch beide – aufgehellt verwenden.

Gelb zählt zu den appetitanregenden Farben.

sehr starker Kontrast

Gelb als Tonwert mit 60 %

Mehrfarbiges Logo | Besteht das Logo aus mehreren Farben, sollten Sie zumindest eine der Farben im Flyer verwenden. Häufig ist es aber leichter, mit zwei Farben zu gestalten. Als Hinterlegung darf sie natürlich nicht zu dunkel und nicht zu kräftig sein – andernfalls definieren Sie einfach weniger Deckung, beispielsweise 30 % oder 50 %.

Handelt es sich um ein buntes Logo mit mehreren Farben, sollten Sie nicht zwingend alle Farben im Flyer wiederholen. Das Gesamtbild wird andernfalls recht schnell bunt und vermittelt eine Kinder- und Karnevalsstimmung, vor allem kippt das Aussehen recht leicht zu einer unprofessionellen Anfängergestaltung.

Trotzdem will ich nicht verbieten, mit drei Farben zu arbeiten, und zu manchen Themen passt auch eine bunte Gestaltung. Wichtig ist in jedem Fall, dass Sie eine Basisfarbe definieren, die im Vordergrund steht; die zweite und eventuell dann auch eine dritte und vierte Farbe sollten sich dann zurückhalten.

Nicht alle Farben aus einem Logo müssen sich in der Gestaltung wiederholen.

Aus vier Farben wird eine
Das Logo besteht aus vier kräftigen, reinen Farben. Würde man alle vier in der Broschüre verwenden, würde die Gestaltung zu bunt und kindlich wirken. In diesem Fall ist das Logo bunt genug – und nur das Blau wird als Gestaltungsmittel verwendet.

Farbtöne | Farbabstufungen geben Ihnen die Möglichkeit, mehr zu variieren, ohne bunt zu werden. Die Basisfarbe muss relativ dunkel sein, die Abstufungen können dann in 10- oder 20%-Stufen erfolgen. So erhöhen Sie nicht die Anzahl der verwendeten Farben, erweitern aber Ihre Möglichkeiten zur Auszeichnung und vergrößern somit Ihre Flexibilität.

Farben und Bilder

Neben den Logos können auch die verwendeten Bilder als Farbpalette dienen. Diese Variante ist allerdings nur dann sinnvoll, wenn alle oder zumindest der Großteil der Bilder ähnliche Grundfarben aufweisen.

Manchen Bildern sieht man die dominante Farbe sofort an. Bei anderen ist das nicht unbedingt mit einem Blick möglich, und da hilft ein kleiner Trick, für den Sie eine Bildbearbeitung benötigen.

Suchen Sie dominante Farben aus Bildern heraus.

Jedes Bild, also jede Fotografie, besteht aus unzähligen kleinen Bildpunkten, den Pixeln. Sie können das auch sehen, indem Sie ein Bild sehr stark vergrößern. Um nun die dominanten Farben eines Bildes in Erfahrung zu bringen, vergrößern wir die Pixel sehr stark beziehungsweise fassen wir viele kleine Pixel zu wenigen großen zusammen. Die Farben, die dabei übrig bleiben, sind die vorherrschenden Farben im Bild. Wir öffnen also das Bild in der Bildbearbeitung, zum Beispiel in Photoshop, und können nun einfach die Auflösung stark reduzieren, oder wir verwenden einen Filter, der das Gleiche auf bessere Weise für uns macht: das Mosaik. Das Bild wird dadurch auf wenige große Pixel reduziert, wodurch die dominanten Farben sofort klar hervortreten. Verwenden Sie dann eine oder zwei dieser Farben in Ihrer Gestaltung.

Farbsuche >
Häufig ist bei Bildern keine vorherrschende Farbe auszumachen. In diesem Fall verpixelt man das Bild – und siehe da, so zeigen sich ein oder zwei markante Farben.

Alternativ handelt es sich bei den Bildern nicht um pixelige Fotos, sondern um Grafiken, sogenannte Vektordaten. Diese basieren nicht auf einzelnen Bildpunkten, sondern sind mit Linien und Füllungen gezeichnet, und natürlich empfiehlt es sich auch hier, die Hauptfarben der Grafiken im Layout zu verwenden.

Natürlich können Sie die Methoden auch kombinieren. Sie haben ein einfarbiges Logo in Blau sowie mehrere Bilder mit einem dominanten Grünton? Ganz klar, der Flyer wird mit Blau und Grün gestaltet.

Einfarbig schwarz

Gibt es auch Gründe, ganz auf Farbe zu verzichten und nur mit schwarzer Schrift auf weißem Hintergrund zu arbeiten?

Ja, die gibt es. Es könnte beispielsweise sein, dass der Flyer eine große Menge an dominanten farbigen Fotos enthält. In solchen Fällen sollten Sie den bunten Fotos den Vortritt lassen und sich bei der Gestaltung des Textes zurücknehmen. Wer hier noch den Text oder den Hintergrund bunt färbt, überfrachtet den Flyer sehr schnell.

Ein Beispiel ganz anderer Natur sind Unternehmen, die mit Farbe und Fröhlichkeit wenig zu tun haben. Wie gerade erwähnt, fällt mir das Bestattungsinstitut ein, aber auch Unternehmen oder Personen, die sehr seriös und streng erscheinen möchten, würden vom Einsatz einer Farbe in ihrer Gestaltung nicht profitieren. In solchen Fällen reicht es schon, wenn Sie mit der Farbe Schwarz spielen – setzen Sie sie beispielsweise mit 20% als Hinterlegung ein.

Wer eine Vorliebe für typografische Gestaltung hat, fährt häufig ebenfalls mit einer Schwarzweißgestaltung am besten, und auch Designs im Retrostil fühlen sich einfarbig wohl.

Nur Schwarz und Weiß? >
Schwarzweiß muss nicht langweilig sein. Der Flyer eines Entrümpelungsunternehmens.

Was kann gefärbt werden?

Sie wissen nun, wie viele und welche Farben Ihren Flyer schmücken? Dann müssen Sie sich nun entscheiden, welche Elemente gefärbt werden sollen. Nun, so viele Möglichkeiten gibt es gar nicht.

Farbige Schrift | Beginnen wir mit der Schrift. Eine schwarze oder dunkelgraue Schrift auf weißem Hintergrund ist immer noch am besten lesbar. Somit sollte der Text, bei dem die Lesbarkeit im Vordergrund steht, in der Regel nicht gefärbt werden. Der Grundtext, wahrscheinlich in 10–12 Punkt gesetzt, bleibt also am besten schwarz.

Die Zwischenüberschriften und vor allem die Überschrift auf der ersten Seite kann Farbe vertragen, da besonders bei Letzterer nicht die Lesbarkeit im Vordergrund steht, sondern das Gewinnen der Aufmerksamkeit. Zudem weisen die Zwischenüberschriften und Überschriften meist eine größere Schriftgröße auf, was das Erkennen von farbigem Text leichter macht. Achten Sie lediglich darauf, dass der Kontrast zwischen Textfarbe und Hintergrundfarbe groß genug bleibt. Bei weißem Papier dürfen Sie die Farbe für den Text also nicht zu hell wählen.

Eventuell gibt es in Ihrem Flyer weitere Textelemente, die besonders hervorgehoben werden sollen. Das kann zum Beispiel ein Zitat oder auch

Farbsuche
Der Unterschied zwischen Vorder- und Hintergrundfarbe, also zwischen Text und Fläche, muss groß genug sein – Kontrast ist die Voraussetzung für Lesbarkeit.

Der Hintergrund besteht aus einem Hellblau mit 30 % Cyan, 5 % Magenta, 10 % Gelb und 5 % Schwarz. Die Schrift ist weiß.

Der Hintergrund besteht aus 40 % des Hellblau, die Schrift aus 100 %.

Der Hintergrund besteht aus 40 % des Hellblau, die Schrift ist weiß. Der Kontrast ist zu gering.

Der Hintergrund besteht aus 70 % des Hellblau, die Schrift ist weiß.

Der Hintergrund besteht aus 40 % des Hellblau, die Schrift aus 80 %. Der Kontrast ist nur noch sehr gering, die Schrift schlecht lesbar.

Der Hintergrund besteht aus 40 % des Hellblau, die Schrift aus 80 %. Durch die dickere Strichstärke ist es etwas besser zu lesen.

ein Merksatz, ein Datum oder ein Veranstaltungsort sein, für den Sie ruhig nochmal zur Farbe greifen können. Je größer die Schriftgröße, desto eher ist das Textelement auch in Farbe gut lesbar.

Vermeiden Sie einen dauernden Wechsel zwischen schwarzem und farbigem Text. Hin und wieder sieht man Flyer, in denen der Firmen-, Produkt- oder Veranstaltungsname in fast jedem Satz farbig hervorgehoben wird. Durch den dauernden Wechsel zwischen schwarzem und farbigem Text entsteht eine große Unruhe, die nicht zum Lesen einlädt.

Flächen und andere Elemente | Gestaltungselemente wie Infokästen, Infografiken, Linien zur Unterteilung oder ganze Flächen zur Hinterlegung können auch gefärbt werden. Beachten Sie, dass die Hinterlegungen hell genug sind, damit die Schrift darüber lesbar bleibt. Wechseln Sie eventuell von positiv zu negativ – ist die Hinterlegung sehr dunkel und soll aus bestimmten Gründen nicht aufgehellt werden, dann färben Sie die Schrift weiß.

Ohne genügend Kontrast ist Text nicht lesbar.

Einzelne Worte oder Zeilen können ebenfalls hinterlegt werden. Allerdings sollte man dabei große Sorgfalt walten lassen, da sonst schnell eine unprofessionelle Wirkung entsteht. Achten Sie also auf die Abstände zwischen Schriftaußenkante und der Hinterlegung, und vermeiden Sie zu viele Hinterlegungen auf kleinem Raum.

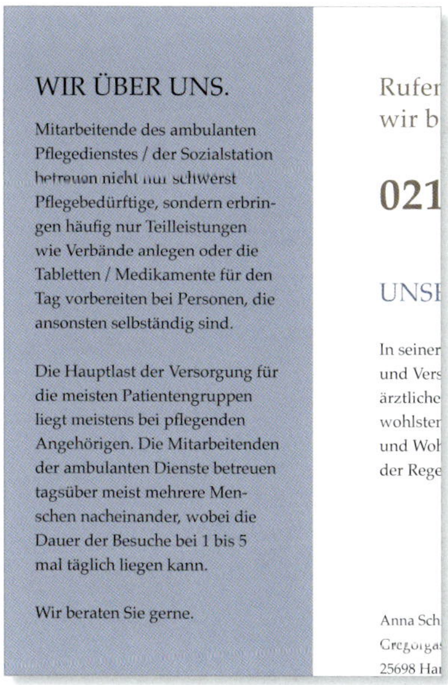

< Rechtzeitiger Wechsel
Je dunkler der Hintergrund, desto eher muss zu negativer Schrift gewechselt werden.

PROJEKT 18

Farbe und Freiraum

Buntes für Bild und Schrift

Ein Dawanda-Shop verkauft selbst gestrickte Figuren. Bei den Strickpuppen handelt es sich nicht um Kinderprodukte, sondern jede Puppe stellt eine bekannte Figur aus Film oder der Realität dar. Die Unternehmer möchten die Strickpuppen eher zu einem kultigen Vergnügen werden lassen. Sie wollen also Kinder, aber auch Erwachsene ansprechen und wollen ein zu kindliches Image vermeiden. Die Puppen sind farbenfroh und individuell.

Kultige Figuren für Kinder und Erwachsene
Ein achtseitiger Flyer im Zickzackfalz bewirbt die bunten Puppen. Der fröhliche Farbenmix der Puppen und Überschriften erscheint durch den großen Freiraum nicht zu kindlich.

Schriftsuche anhand der Figurformen

Die Figuren sind ausgesprochen individuell und lebendig. Wir suchen dazu eine Schrift mit ebenfalls diesen Merkmalen, achten aber darauf, dass sie nicht zu kindlich wirkt.

✗ Dumbo — *Der Kalligrafie-Effekt der Anke Calligraphic FG passt nicht zum Thema.*

✗ Dumbo — *Die filigranen Elemente der Caramel-Crunch wirken nicht weich genug.*

✗ Dumbo — *Die Coming Soon wirkt zu kindlich und hat für große Größen eine zu dünne Strichstärke.*

✓ Dumbo — *Die Pacifico wirkt weich und persönlich und eignet sich auch für große Größen.*

Schriftgröße

Wir achten darauf, dass die Schrift auch für große Größen gut geeignet ist.

Lebendig und individuell

Die Pacifico ist eine schwungvolle Schreibschrift mit organischen Formen. Durch die relativ gleichmäßigen Strichstärken und Buchstabenformen wirkt sie aber nicht zu sprunghaft oder kindlich unausgereift.

Kombination einer zweiten Schrift

Name und Figur sind relativ groß und vor allem bunt. Sie sind der Hingucker auf jeder Seite. Deswegen sollte sich der restliche Text zurückhalten und auf keinen Fall versuchen, zu konkurrieren.

✗ Morla Morla ist uralt und faltig

Die Kievit Pro

✓ Morla Morla ist uralt und faltig

Testen Sie unbedingt in den korrekten Schriftgrößen beziehungsweise Größenverhältnissen.

Je größer die Schriftgrößenunterschiede, desto einfacher die Schriftkombination, weil die beiden Schriften dann nicht so leicht miteinander konkurrieren.

Freigestellte Bilder

Der Shop verkauft ausschließlich die Strickfiguren. Dass ein solcher Flyer die Figuren selbst deutlich und markant präsentieren muss, ist also selbstverständlich. Damit die Puppen klar und deutlich im Vordergrund stehen, hat sich der Fotograf für sogenannte freigestellte Fotos entschieden. Die Puppen sind also nicht auf Tischen oder anderen Hintergründen zu sehen, sondern mit einem weißen Hintergrund beziehungsweise ohne Hintergrund. Dadurch wird der Blick nicht von anderen Elementen abgelenkt.

Nicht freigestellte Figuren mit Hintergrund bringen eine Bildober- oder -unterkante mit und begrenzen die Seite völlig anders als freigestellte Figuren.

Durch das Freistellen entsteht automatisch viel Freiraum.

Farbe für die Schrift

Der Name der Strickfigur wird sehr groß gesetzt. In Schwarz würde die Schrift zu dunkel und vorlaut erscheinen. Deswegen wird sie passend zur Figur gefärbt. So wird gleichzeitig aus dem Figurnamen ein schmückendes Gestaltungselement für die ganze Seite.

Bildplatzierung und Raumaufteilung

Die Verteilung der Bilder wechselt ganz bewusst von unten nach oben und zurück. So entsteht eine fließende Bewegung innerhalb des Flyers, die einer organischen Linie entspricht und mit den organischen Formen und Bewegungen unserer Schrift harmoniert.

Achten Sie auf einen schönen Zeilenfall – jede Zeile hat eine andere Länge, aber es entsteht keine Treppe.

Mit Weißraum bunt, aber nicht kindisch

Obwohl sehr bunt und mit großen Fotos von Strickpuppen gearbeitet wird, entsteht nicht der Eindruck, es handle sich um Kinderspielzeug oder einen gängigen Spielzeugladen für Kinder. Dies erreichen wir durch eine sehr großzügige Gestaltung. Die Seiten enthalten wenig Text, und die wenigen Zeilen Grundtext sind mit sehr großem Zeilenabstand gesetzt. Die Bilder sind freigestellt und bilden somit ebenfalls viel Weißraum.

Die Seiten bestehen aus 30–50 % Text, der Rest aus weißem Raum (wie hier mit Grau und Weiß verdeutlicht). Das nimmt der Gestaltung die Assoziation mit Kinderspielzeug und verleiht ihr einen professionellen und planvollen Eindruck.

Falzarten für den Flyer

Der Trick mit dem Knick

Wenn Sie Ihr Unternehmen mit Infos bewerben möchten, landen Sie schnell bei einem Werbemittel, das aus mehreren Seiten besteht. Broschüren werden in der Regel geheftet oder bei größerem Umfang auch geklebt, Flyer falzt man.

Wie wird gefalzt?

[Falz]
Als Falz wird die Knickkante des Papiers bezeichnet. In der Druckerei und Weiterverarbeitung wird der Falz in der Regel von einer Falzmaschine übernommen.

Immer wenn wir mit mehr als einer Seite arbeiten, stellt sich die Frage, wie diese Seiten miteinander verbunden sind. Gefalzt wird immer dann, wenn mehrere Seiten auf einen großen Bogen gedruckt werden und wir dann das große Papier auf das – kleinere – Endformat falten. Wir falzen also beispielsweise ein Blatt Papier DIN A4, das quer vor uns liegt, einmal in der Mitte mit einem senkrechten Falz – und erhalten so einen vierseitigen Miniflyer im Format DIN A5.

Geschlossen und offen | Sie als Gestalter müssen bei Ihrer Arbeit das Produkt in geschlossenem sowie auch in geöffnetem Zustand vor Augen haben. Genau genommen gibt es natürlich je nach Falzart und Umfang nicht »den einen« geöffneten Zustand, sondern mehrere. Schon bei einem sechsseitigen Wickelfalz stellt sich die Frage, ob der Betrachter jetzt ein oder zwei Seiten geöffnet hat. Insofern kann man nicht jede Variante voraussehen, und das müssen wir auch nicht. Sie sollten sich aber bewusst machen, dass der geschlossene Zustand derjenige ist, den die potenziellen Kunden höchstwahrscheinlich als Erstes wahrnehmen. Deswegen sollte das Produkt im geschlossenen Zustand den Kunden ansprechen und vor allem seine Neugierde wecken. Wird der Flyer vom Betrachter geöffnet, sollten dann die Informationen optimal verteilt sein.

˅ Hin und her
Sechsseiter im Zickzackfalz

Falzarten

Es gibt diverse Falzmethoden, und je nach Umfang und Format – und Geschmack – muss man sich vor dem Gestalten für eine Falzmethode entscheiden. Am häufigsten verbreitet sind der Wickel-, der Zickzack- und der Altarfalz. In jedem Fall sollten Sie sich eine Vorlage falzen, deren Seiten nummerieren und diese – wieder in aufgeklapptem Zustand – vor sich legen, wenn Sie mit Ihrer Arbeit am Rechner beginnen.

Ein Falz
Vierseiter mit Einbruchfalz

Einbruchfalz | Die einfachste Art der Falze ist der Einbruchfalz. Hier wird das Papier nur einmal in der Mitte gefalzt, so dass vier Seiten entstehen. Manche bezeichnen das Ergebnis auch einfach als Vierseiter.

Einbruchfalz
Ein Vierseiter von Radio antenne sachsen, mit zwei Innenseiten, einem Titel und einer Rückseite. Gefalzt wird einmal in der Mitte.

die beiden Innenseiten nebeneinander

links die Rückseite, rechts die Titelseite

Wickelfalz | Bei diesem wahrscheinlich am häufigsten zum Einsatz kommenden Falz werden die rechte und die linke Seite nacheinander auf die mittlere Seite gefalzt. Man wickelt also die Seiten nach innen, wodurch der Name entstanden ist. Bei unserem Beispielflyer mit sechs Seiten (drei Vorder- und drei Rückseiten) entspricht das einem Zweibruch-Wickelfalz, da der DIN-A4-Bogen zweimal gefalzt wird. Bei acht Seiten entsteht ein Dreibruch-Wickelfalz, und bei vier Seiten entstehen vier Falzkanten.

Bei der Verteilung der Inhalte sollten Sie wieder ganz klassisch vorgehen: Die Vorderseite im geschlossenen Zustand ist das erste, was der Kunde sieht und was ihn ansprechen soll; die Rückseite enthält die typischen Infos zum Unternehmen, Ansprechpartnern und Anreise, eventuell auch Preise oder andere, spezifische Infos. Da die Seiten bei diesem Falz alle miteinander verbunden wirken, eignet sich die Falzart vor allem für zusammengehörende Informationen.

Der Wickelfalz benötigt unterschiedlich breite Seiten.

Bei einem sechsseitigen Wickelfalz müssen Sie die äußerste Seite, die zuerst nach innen gefaltet wird, 2 Millimeter kürzer anlegen, damit sie nicht gestaucht wird. Normalerweise würden diese 2 Millimeter ausreichen, um die Stauchung zu verhindern. Wenn das Basisformat allerdings unser erwähnter Bogen DIN A4 ist und wir eine Broschüre im DIN-Format erstellen, kürzen wir sie um 3 Millimeter, damit wir am Ende zwei Seiten mit der Breite von 100 Millimetern und die dritte, kurze Seite mit 97 Millimetern haben und am Ende insgesamt auf die Breite von 297 Millimetern kommen.

∧ Wickelfalz
Hier werden eine oder mehrere Seiten nach innen gewickelt.

Wer mit acht Seiten arbeitet, kürzt die zuerst nach innen gefalzte Seite um 4 Millimeter; Die als zweite nach innen gefalzte Seite wird um 2 Millimeter gekürzt. Diese Vorgaben können Sie so fortsetzen – bei einem zehnseitigen Dokument wird dreimal nach innen gefalzt und somit muss die zuerst nach innen gefalzte Seite um ganze 6 Millimeter gekürzt werden – und so weiter. So entstehen relativ schnell sehr schmale Seitenbreiten, und genau deswegen setzt man den Wickelfalz eher nur für sechs oder acht Seiten ein. Wenn Sie Flyer mit mehr als acht Seiten benötigen, dann greifen Sie besser zum Zickzackfalz – oder zu einem breiteren Format, vielleicht einer Broschüre, bei der die Seiten zusammengeheftet werden.

Nach innen wickeln

Beim Wickelfalz werden je nach Umfang eine oder mehrere Seiten nach innen gewickelt. Diese Seite muss 2–3 Millimeter schmaler sein als die anderen Seiten.

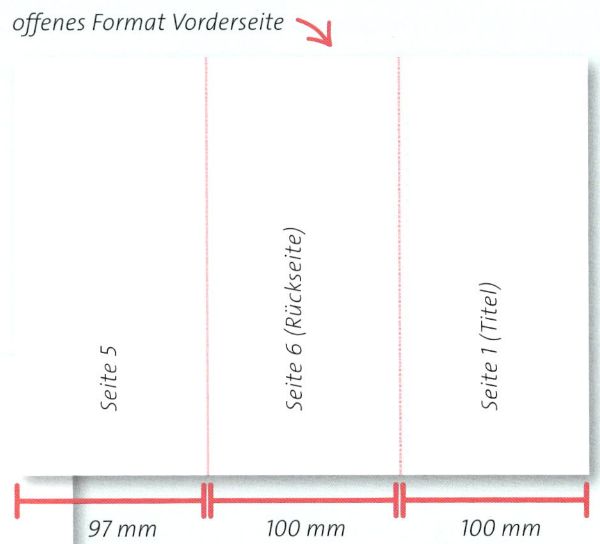

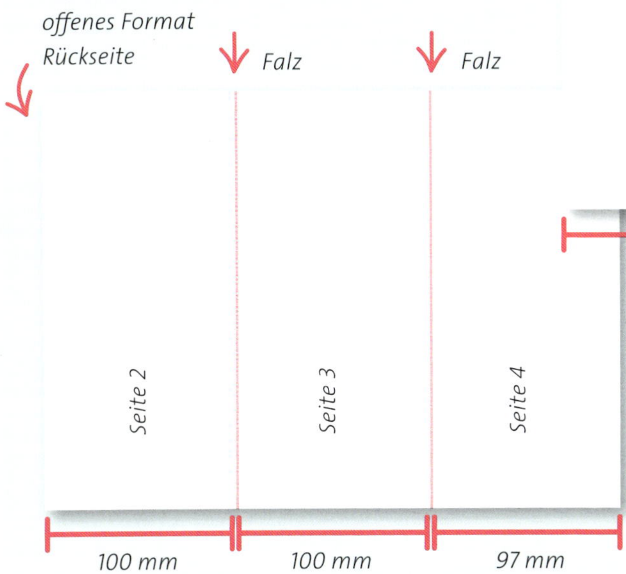

Bei einem Format DIN A4 ist die schmale Seite 97 Millimeter breit, die anderen beiden haben eine Breite von je 100 Millimetern.

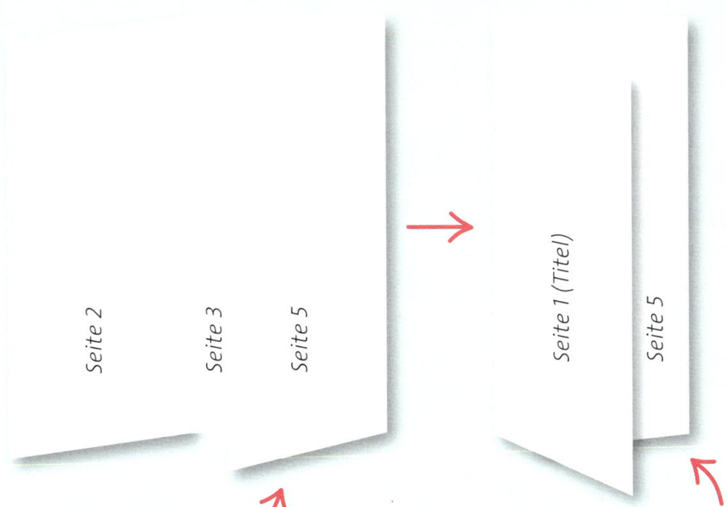

geschlossenes Format

Seite 4 beziehungsweise 5 ist um 2–3 Millimeter schmaler.

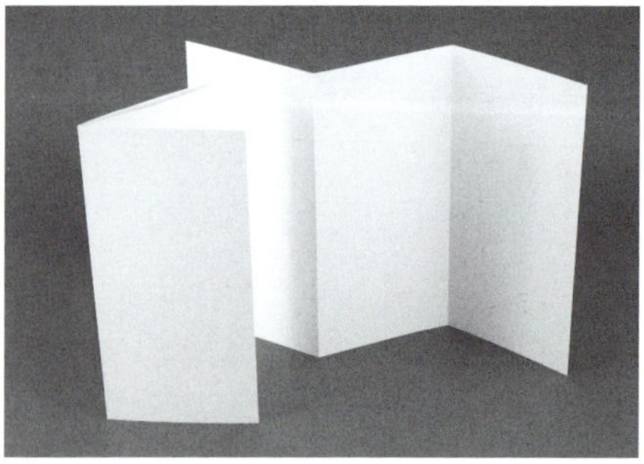

▲ **Zickzackfalz**
Falz in verschiedene Richtungen

Zickzackfalz (auch Leporellofalz) | Wie der Name schon verrät, wird beim Zickzackfalz zickzackartig gefalzt. Bei diesem Parallelfalz werden die zwei oder mehr Seiten also abwechselnd in verschiedene Richtungen gefaltet, wodurch eine Z-Form entsteht. Der Falz heißt übrigens auch Leporellofalz nach dem Diener des Frauenhelden Don Giovanni, der die Liste mit Damen auf einem solchen Ziehharmonikapapier führte.

Dreibruchzickzack
Ein Dreibruchzickzackfalz lässt insgesamt acht Seiten entstehen. Dreimal wird dabei gefalzt.

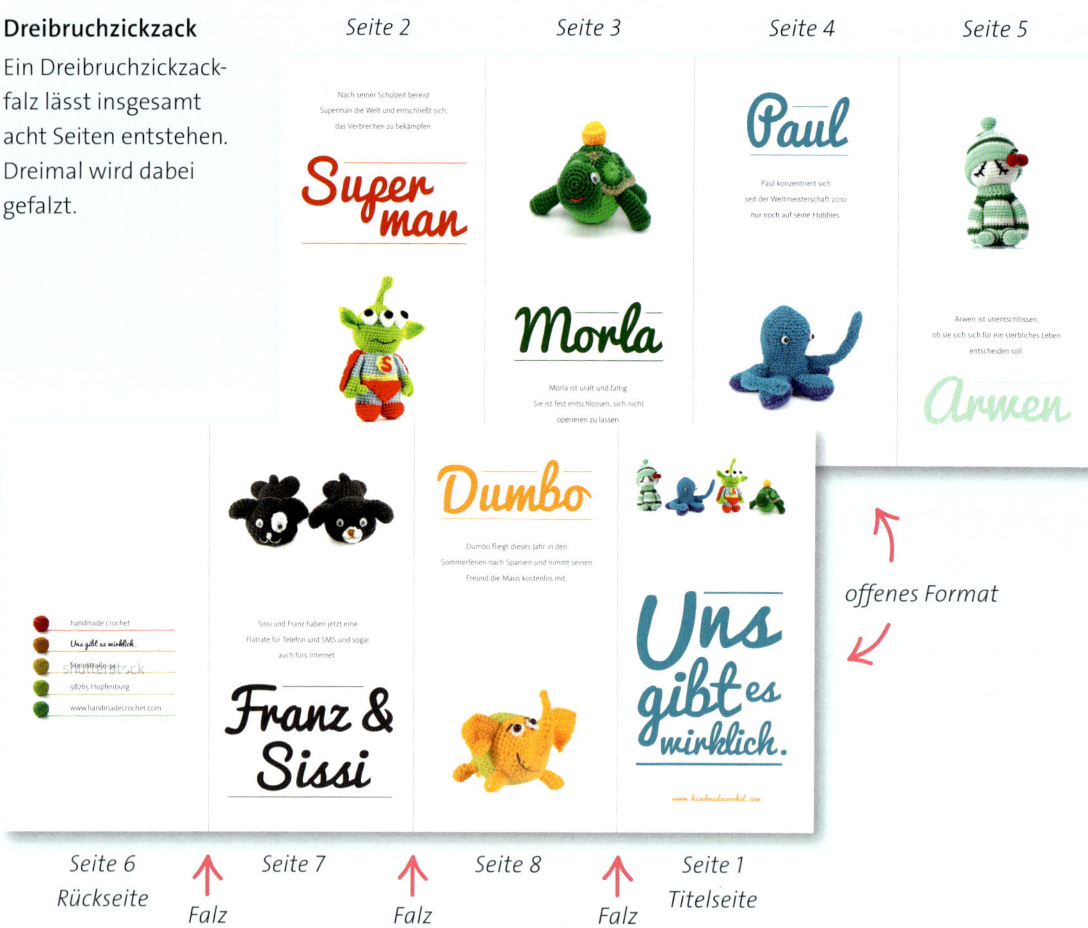

In der Praxis finden Sie den sechsseitigen Zickzack-Flyer lang am häufigsten, meist aber nicht mit der Basis DIN A4, sondern mit einer Breite von 315 Millimetern und einer Höhe von 210 Millimetern. Das Blatt wird also wieder auf Vorder- und Rückseite bedruckt und dann mit zwei Falzen geknickt, wodurch ein Flyer im Endformat von 105 × 210 Millimetern entsteht. Im Gegensatz zum Wickelfalz erfolgen die Falze aber nicht in die gleiche, sondern in unterschiedliche Richtungen.

Die Seitenanzahl lässt sich problemlos erhöhen. Beachten Sie aber auch hier wieder, dass Sie unbedingt die Lesereihenfolge wissen müssen, bevor Sie die Seitenaufteilung vornehmen.

Durch die doch ziemlich in sich geschlossenen Seiten eignet sich der Zickzackfalz gut, um verschiedene Arten von Informationen unterzubringen. Auch hier gibt es wieder den Titel und die Rückseite, und die Informationen der Innenseiten werden – bei mehr als sechs Seiten – pro Doppelseite wahrgenommen.

Der Dreibuchzickzack im fertigen Zustand. Weil keine Seiten nach innen eingeklappt werden, können alle Seiten gleich breit sein.

[Parallelfalz und Kreuzfalz]
Beim Parallelfalz verlaufen alle Falze parallel, zum Teil auch in wechselnden Richtungen. Der Wickelfalz, der Altarfalz und der Zickzackfalz sind Parallelfalze. Beim Kreuzfalz stehen die Bruchlinien parallel zueinander.

Altarfalz | Ähnlich wie bei einem dreiteiligen Altar werden die beiden äußeren Seiten eines Flyers mit Altarfalz in die Mitte gefaltet, diesmal aber so, dass sie sich nicht überlappen. Da dies auch an einen Fensterladen erinnert, der geschlossen wird, nennt man den Falz auch Fensterfalz. Bei sechs Seiten ergeben also die beiden äußeren Seiten die gleiche Breite wie die mittlere Seite.

Der Altarfalz ist eine besondere Art der Falzung, die Neugierde und Spannung verursachen kann. Beachten Sie also hier auch ganz besonders die zwei Varianten: die geschlossene und die offene Version. Die geschlossenen Seiten können Fragen aufrufen, und deren Beantwortung erfolgt durch das Aufklappen. So können Geschichten erzählt werden und Überraschungen entstehen. Im Innenteil sollte auf alle Fälle auch das Unternehmen beziehungsweise sein Logo gut sichtbar platziert werden, da diesem Bereich die meiste Aufmerksamkeit sicher ist.

Auch hier empfehle ich, die Infos zu Preisen, Adresse und Kontaktmöglichkeiten auf der Rückseite zu platzieren.

Den Falz vorbereiten

Ab einer bestimmten Papierstärke, in der Regel ab 250 g/m^2, sollte das Papier für den Falz vorbereitet werden, denn durch das Falzen werden die Papierfasern, die genau unter dem Falz liegen, stark gebogen. Je stärker das Papier, je höher also die Grammatur, desto eher brechen die Fasern ganz. Wurde also so gestaltet, dass sich über dem künftigen Falz Farbe befindet, löst sich diese durch das Brechen der Fasern. Schlägt man dann

Altarfalz in der Praxis
Arbeitet man mit Schrift auf dem Titel, sollte man unbedingt darauf achten, dass nicht einzelne Buchstaben durchschnitten werden.

den Flyer auf, verläuft entlang des Falzes durch die Farbfläche oder durch das Bild eine weiße, aufgeraute Linie. Ist das Papier an dieser Stelle unbedruckt, fällt das Brechen der Fasern gar nicht unbedingt auf. Allerdings ist das Vorbereiten des Papiers trotzdem von Vorteil, da sich das Papier in jedem Fall weniger gegen die Falzung »wehrt« und das Falzergebnis somit exakter wird.

Rillen oder Nuten | Mit dem Rillen oder Nuten wird das Papier an den Falzrillen geschwächt. Beim Rillen wird eine Linie in das Papier gedrückt. Dadurch wird die Papierstärke an dieser Rille dünner und vertieft, was auf der gegenüberliegenden Seite als Erhöhung sichtbar wird. Das Nuten hingegen entfernt einen Teil der Papieroberfläche, wodurch sich dieses Verfahren erst bei deutlich größeren Stärken, also bei Karton oder Ähnlichem, lohnt.

Je stärker das Papier, desto eher muss gerillt oder genutet werden.

Nicht alle Druckereien empfehlen dieses Verfahren, und dort, wo Kommunikation und Beratung maximal reduziert sind, geht das schon mal unter. Achten Sie also je nach Grammatur bitte selbst darauf.

Symmetrisch und asymmetrisch

Bei der symmetrischen Falzung liegt der Falz in der Mitte des Papierbogens, bei der asymmetrischen Falzung so wie hier im Beispiel ist er seitlich versetzt.

PROJEKT 19

Ein asymmetrischer Klappflyer

Bildauswahl für einen Pflegedienst

Der ambulante Pflegedienst ist ein Einzelunternehmen, das sich mit einem Klappflyer vorstellen möchte. Die Inhaberin legt besonderen Wert auf die persönliche und individuelle Betreuung der Patienten. Sie möchte seriös erscheinen und ihren Kunden vermitteln, dass man sich auf sie verlassen kann. Die Zielgruppe lässt sich hier relativ klar definieren: Bis auf Ausnahmen handelt es sich um ältere Menschen.

Zurückhaltendes Design

Der Flyer enthält viele Bilder der Unternehmerin und von Patienten und soll zeigen, dass mit viel Herzlichkeit und Individualität gepflegt wird. Das Ungewöhnliche bei diesem Format ist der einklappbare Rand, in dem weitere Informationen enthalten sind.

Ältere Menschen bevorzugen gedeckte Farben – einige davon sind in den Bildern enthalten und eignen sich hervorragend für die Gestaltung.

Augenhöhe bei Bildern

Bei der Bildauswahl wurde darauf geachtet, dass die Augenhöhe – vertikal gesehen – nach dem Goldenen Schnitt platziert wird, und zwar ein Drittel über den Augen, zwei Drittel unter den Augen. Bei Bildern mit mehreren Gesichtern auf verschiedenen Höhen platziert man die Hauptperson nach dem Goldenen Schnitt. Die Drittelplatzierung ist eine ungefähre Angabe und nichts, was man mit dem Lineal exakt ausmessen sollte.

Waagerecht und senkrecht

Bei diesem Bild befinden sich die Augen beider Personen auf der gleichen vertikalen Höhe; sie können also prima nach dem Goldenen Schnitt platziert werden. Die Augen der Hauptperson werden sogar auch waagerecht nach dem Goldenen Schnitt platziert.

Aus hoch wird quer

Dieses Bild ist ursprünglich deutlich größer, ein Hochformat. Wir beschneiden es, weil wir ein Querformat benötigen. Dabei werden wieder die Augen der Hauptperson, der älteren Frau, nach dem Drittelprinzip platziert.

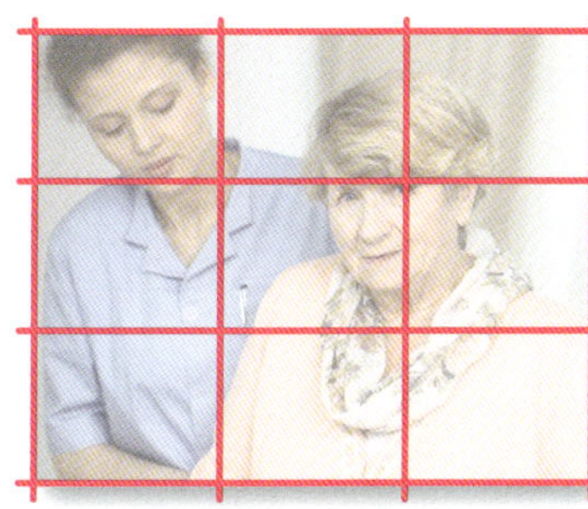

Zwei Gesichter, eine Einheit

Bei diesem Bild gibt es zwei Gesichter, die als Blickfang dienen. Durch die räumliche Nähe und auch die gewünschte Aussage der Verbundenheit bilden sie aber – trotz unterschiedlicher Augenhöhe – eine Einheit und fungieren somit auch gestalterisch als Einheit.

Horizontal wird diese Einheit wieder nach dem Goldenen Schnitt platziert, vertikal aufgrund der Headline etwas darunter.

Farbwahl mit analoger und komplementärer Farbe

Für den Flyer gibt es eine klar definierbare Zielgruppe: ältere Frauen und Männer. Hier haben wir eine Farbsammlung für Senioren zusammengestellt. Zudem gibt es mehrere Bilder, die sich stilistisch und auch farblich ähneln; auch hier lassen sich Farben für die Gestaltung entnehmen.

Analoge Farbreihe

Wir entnehmen ein oder zwei vorherrschende Farben aus dem Bild. Für eine harmonische Fortführung der Farben kombiniert man entweder die Farbe, die direkt danebenliegt, oder man überspringt eine Farbe.

∧ Analoge Farbreihe
Nebeneinanderliegende Farben

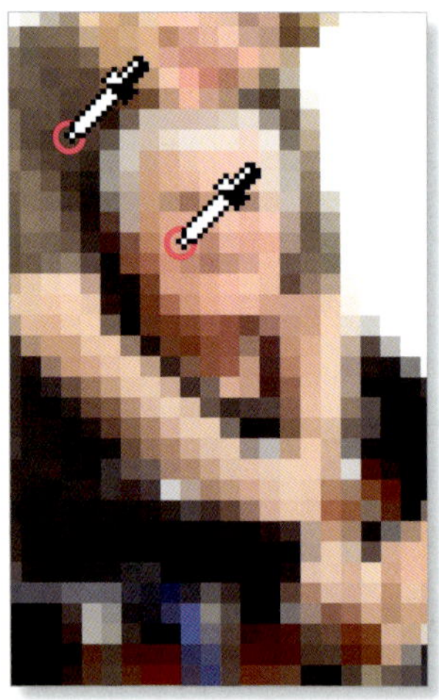

mögliche Kombinationen

Komplementäre Farbreihe

Alternativ können Sie eine Komplementärfarbe dazukombinieren. Das ist die Farbe, die im Farbkreis gegenüberliegt. Je reiner die Farben, desto stärker der Kontrast. Bei diesen gedeckten Farben passt das Blau aber durchaus gut.

mögliche Kombinationen

Auch bei der fertigen Farbsammlung ist ein etwas hellerer Blauton enthalten. Wir entscheiden uns also für das Blau als zweite Farbe.

Senioren

Asymmetrischer Falz

Einen Hingucker bildet der asymmetrische Falz. Dafür wird nicht nur einmal in der Mitte des Formats gefalzt, sondern noch ein zweites Mal an der Seite. So entsteht ein schmaler Streifen, der so gestaltet sein muss, dass er nach innen und nach außen gefalzt zum Rest passt.

Seitenunterteilung

Das offene Format beträgt 280 × 150 Millimeter. Gefalzt wird – von links gesehen – asymmetrisch, nämlich ein schmaler Streifen nach 60 Millimetern. Dann folgt ein symmetrischer Falz nach 110 Millimetern.

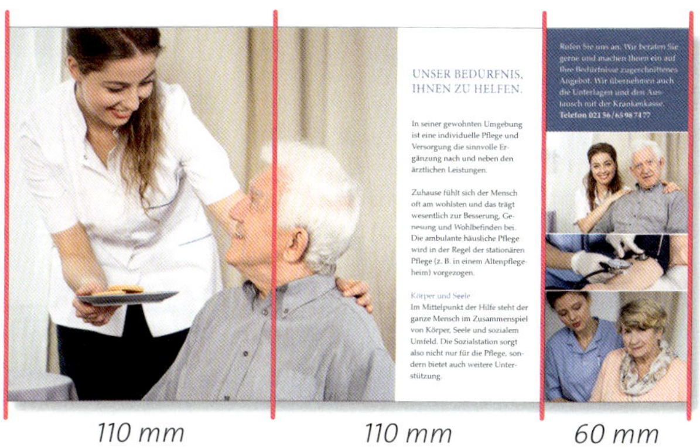

Der symmetrische Falz sollte möglichst nicht genau durch das Gesicht laufen. Verschieben Sie eventuell das Bild entsprechend seitlich.

Wenn der Flyer geöffnet ist, muss der Klappstreifen rechts zum Rest links passen.

Der geschlossene hellblaue Streifen verdeckt den zweiten, weißen Textstreifen komplett.

Materialwahl und Druck

Lebensdauer und Einsatzbereich

Je stärker das Papier, umso edler wirkt der Flyer. Zwar hat diese Regel auch Ausnahmen, aber es lässt sich tatsächlich verallgemeinern, dass feste, griffige Flyer und Broschüren Haltbarkeit und Beständigkeit vermitteln.

Papierwahl

Je leichter das Papier, desto billiger wirkt es; je schwerer das Papier, desto sperriger wird es. Für einen sechs- oder achtseitigen Falzflyer im Wickel- oder Zickzackfalz eignet sich eine Grammatur von 100 bis 135g/m². Wer lieber stärkeres Papier verwendet, kann auch 170 g/m² oder 250 g/m² bedrucken lassen. Für einen Flyer ohne Falz oder mit nur einem Falz kann das Papier etwas stärker sein, ab 135 g/m² bis hoch zu 300 g/m².

Die Art des Papiers beeinflusst ebenfalls stark die Wirkung. Gestrichenes Papier wie das Bilderdruckpapier sollten Sie dann verwenden, wenn Sie viele Bilder verwendet haben und Ihnen die Qualität der Bilder wichtig ist. Das Bilderdruckpapier eignet sich meistens gut für Flyer und Broschüren, vergilbt aufgrund seines geringen Holzanteils nicht und hat eine glatte Oberfläche. Wenn Sie Wert auf eine hochwertige Wiedergabe Ihrer Bilder legen, ist das Bilderdruckpapier eine gute Wahl.

Naturpapier hat meines Erachtens eine angenehmere Haptik und wirkt edler. Allerdings erscheinen wegen seiner höheren Saugfähigkeit gedruckte Farben und vor allem Bilder dunkler und weniger brillant als auf dem Bilderdruckpapier.

Papier und Einsatzbereich | Entscheidend für die Papierwahl und die Weiterverarbeitung ist die Frage nach dem Einsatz. Ankündigungen für Veranstaltungen oder andere, termingebundene Informationen landen logischerweise nach relativ kurzer Zeit im Müll. Hier spielt es also keine Rolle, ob das Papier schnell vergilbt oder ob es besonders reißfest ist – der Flyer wird spätestens nach dem Termin entsorgt.

Handelt es sich allerdings um einen Flyer oder eine Broschüre, in der sich ein Unternehmen präsentiert, sollte man davon ausgehen, dass die Lebensdauer höher ist. Auch Infoflyer mit Preislisten sollten länger beim Kunden liegen, und somit sollte man bei diesen Inhalten mehr auf die Lebensdauer des Papiers achten.

Hingucker: Die Tricks der Weiterverarbeitung

Letztlich gibt es aber auch zahlreiche Veredelungen, die rein optischer Natur und nicht an Lebensdauer oder Einsatz gebunden sind. Wer sich vom »normalen« Flyer absetzen möchte, kann beispielsweise eine Form in den Titel stanzen lassen oder das Logo prägen. Möglichkeiten gibt es zur Genüge, letztlich ist es eine Frage des Preises und natürlich auch die Frage danach, ob die Wirkung zum Unternehmen passt.

Veredeln Sie nur, wenn Sie auch edel wirken möchten.

Vermeiden Sie bitte eine Veredelung, die nicht zum Produkt und somit auch nicht zur Zielgruppe passt. Flyer und Broschüren mit einer Prägung sind verlockend, aber ob diese jetzt unbedingt zur Kita Wackelzahn passt, ist eine andere Frage. Viele der Veredelungen werden ihrem Namen gerecht und lassen Ihre Gestaltung edler wirken. Beachten Sie also die Wirkung, die Sie mit der Weiterverarbeitung erreichen, und prüfen Sie, ob Sie diese wirklich erzielen wollen.

Wasser- und schmutzabweisend | Speisekarten müssen besonders widrigen Umständen standhalten. Häufig stehen sie draußen auf den Tischen, werden durch Wind und Wetter nass und vor allem durch die feuchten Lappen, mit denen sie abgewischt werden, weil der Gast darauf gekleckert hat. Alle Produkte, die wasser- und schmutzabweisend sein sollen, müssen also zusätzlich veredelt werden, häufig mit UV-Lack. Dieser verleiht dem Produkt eine seidig glänzende oder matte Oberfläche, die abriebfest und stabil ist und sich somit für alles, was draußen passiert, gut eignet. Auch durch die Cellophanierung, bei der mit Folien gearbeitet wird, entsteht eine wasserabweisende und kratzfeste Oberfläche.

Wettertauglich
Wasser- und schmutzabweisende Speisekarten sind sinnvoll.

Die Alternative ist das Laminieren. Dabei wird die Vorlage beidseitig heiß in eine Folie eingeschweißt. Durch die Hitze entsteht eine unlösbare Verbindung zwischen der Vorlage und der Folie, so dass Feuchtigkeit und Nässe keine Chance haben.

Lack als Schmuck | Der Relieflack ermöglicht eine hohe Schichtdicke und stellt damit eine preiswerte Alternative zur Blindprägung dar. Auch Duftlacke finden ihre Abnehmer, besonders im Bereich der Kosmetikhersteller oder Reinigungsmittel. Möglich wird dies durch Lacke mit Aromastoffen. Diese werden partiell oder flächig zuoberst als letzte Lackschicht auf das Druckerzeugnis aufgetragen. Reibt man an dem Erzeugnis, werden die Aromakapseln zerstört, der Duft strömt aus. Das Besondere daran ist, dass sich durch das Reiben nur ein paar Kapseln öffnen, die anderen bleiben intakt. Somit frischt der Duft nach erneutem Reiben immer wieder auf.

Veredelung
Noch mehr Infos zu Veredelungen finden Sie im Kapitel »Eine Geschäftsausstattung gestalten« ab Seite 144.

Prägen | Beim Prägedruck entstehen durch eine Art Stempel erhöhte oder vertiefte Prägungen auf dem Bedruckstoff. Bei der Planprägung hingegen liegen sämtliche Schichten auf einer Ebene, nur manchmal zeichnet sich die Form schemenhaft auf der Rückseite ab. Der Effekt entsteht durch die Farben beziehungsweise Folien, die geprägt werden. Häufig verwendet man Folien mit Metalleffekt, um einen deutlichen Kontrast zwischen matten und glänzenden Objekten zu erzielen.

Durch die Strukturprägung entsteht eine rasterartige Oberfläche. Je nach Lichteinfall entstehen so wunderbare Effekte und optische sowie haptische Erlebnisse. Das Verfahren eignet sich auch bei filigranen Vorlagen mit feinsten Details und dünnen Strichen. Bei der Reliefprägung erscheint die geprägte Form auf der Vorderseite erhaben, auf der Rückseite negativ. Auch hier gibt es noch Steigerungen: Beim mehrstufigen 3D-Relief erhalten die Formen verschiedene Ebenen, wodurch der plastische Eindruck noch gesteigert wird.

Jeder kennt die mit goldenen Buchstaben verzierten ledernen Buchdeckel – ein Ergebnis, das mit der Heißfolienprägung möglich wird. Hier werden beschichtete Folien geprägt, deren Metall- oder Pigmentschicht sich beim Aufpressen durch die Wärme löst und am Bedruckstoff hängenbleibt. Eine ganz besondere Haptik erreichen Sie mit der Blindprägung. Hierbei wird lediglich durch das Einpressen von Elementen verziert,

Effekte
Eine Strukturprägung

ganz ohne Farbe oder Folie. Je dicker das Material, desto deutlicher und besser ist das Ergebnis.

Stahlstich | Stahlstiche wirken durch das Relief und die Licht- und Schatteneffekte besonders lebendig und brillant; spezielle Lacke verstärken noch die Tiefe des Druckbildes. Besonders passend sind Materialien wie Papier oder Karton, die naturbelassen sind. Sie eignen sich für eher kleine Motive mit geringer Fläche und feinen Linien und Konturen, kleine Schriften oder Schraffuren lassen sich gut wiedergeben. Die Kosten für den Stahlstich sind allerdings eher hoch, da das Verfahren relativ aufwendig ist.

Kosten und Umwelt | Je nach Vorlage und Art der Veredelung werden manche Werkzeuge und Formen händisch erstellt, und das schlägt sich selbstredend in der Rechnungssumme nieder. So sind zum Beispiel 500 Visitenkarten vierfarbig, im Offsetdruck auf 300 g/m² bereits um die 35 Euro zu haben – sollen die Karten glitzern oder nachts leuchten, erhöht sich der Preis schnell um 300 bis 350 Euro. Blumen- oder Gewürzduft hingegen erfordern einen Aufpreis von 290 Euro. Häufig werden verschiedene Verfahren kombiniert, was einen Preisvergleich erschwert. Spätestens beim »Kaltfoliendruck Gold mit 4c-Offsetüberdruckung UV-Offset mit Hybrid und UV-Hochglanzlackierung im DripOff-Verfahren mit Glanzfolienkaschierung« sollten Sie das Angebot aufmerksam studieren und sich die Mühe machen, ein Beispiel zu begutachten.

Die Art der Veredelung entscheidet über ihre Umweltverträglichkeit. Natürlich sind Veredelungen, bei denen keine Zusatzstoffe verwendet werden, wie zum Beispiel bei der Blindprägung, immer noch die ökologischste Variante. Aber beispielsweise sind auch Folienkaschierungen beim Recycling wieder leicht zu trennen. Wer seiner Verantwortung gegenüber der Umwelt Rechnung tragen möchte, sollte sich nach der Möglichkeit des Recyclings und nach den verwendeten Materialien genau erkundigen.

© www.boelling.com

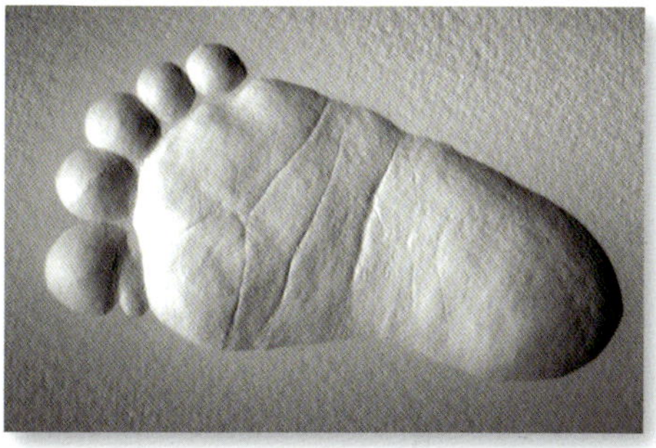

© www.boelling.com

© www.boelling.com

^ Feine Sachen

Veredelung von oben nach unten: Heißfolienprägung, Blindprägung, Stahlstich

Bildauflösung

Eine zu geringe Auflösung lässt Bilder unscharf werden.

Bilder benötigen für den Druck eine Auflösung von mindestens 300 ppi. Eine niedrigere Auflösung lässt Ihre Bilder unscharf werden. Das Hochrechnen in einer Bildbearbeitung wie Photoshop ist leider völlig sinnlos, da dadurch nicht mehr Bildinformationen entstehen.

Auflösung
Detaillierte Infos zur Bildauflösung finden Sie ab Seite 308.

Farbmodus

Grundsätzlich liegen Fotos zunächst einmal im Farbmodus RGB vor. Gedruckt wird aber mit CMYK. Trotzdem ist der Farbmodus des Bildes mittlerweile für die meisten Druckereien egal, da Sie am Ende Ihrer Gestaltung ein PDF schreiben und dieses in die Druckerei schicken. Das Generieren des PDFs erfolgt mithilfe einer Einstellungsdatei, die Sie von der Druckerei erhalten beziehungsweise sich herunterladen können. Diese Datei wandelt automatisch RGB-Daten in CMYK-Daten um. Da aber nicht jede Druckerei beziehungsweise jede Einstellungsdatei so verfährt, sollten Sie einen Blick darauf haben. Im Zweifelsfall sollten Sie das Bild selbst umwandeln. Allerdings entstehen in der Regel bessere Ergebnisse, wenn beim Schreiben des PDFs automatisch umgewandelt wird, da hier schon mit den optimalen Umwandlungseinstellungen gearbeitet wird.

Farbtechnik
Detaillierte Infos zur Farbtechnik finden Sie ab Seite 302.

Bildauflösung
Für Flyer, Broschüren, Visitenkarten und andere Druckprodukte, die mit dem üblichen Leseabstand betrachtet werden, sollte man eine Bildauflösung von 300 ppi verwenden.

Auflösung von 300 dpi

Auflösung von 72 dpi

[ppi und dpi]
ppi steht für pixel per inch, also Bildpunkte pro Zoll bei einem digitalen Foto. Häufig werden dpi und ppi synonym verwendet, wobei genau genommen ppi die Bezeichnung für die digitalen Pixel ist und dpi die Anzahl der gedruckten Punkte.

Anschnitt

Wenn ein Bild im fertigen Flyer bis an den Rand ragt, muss es in der Datei nicht bis an den Rand, sondern über den Rand hinaus platziert werden, genau genommen 3 Millimeter darüber hinaus. Schieben Sie also im Layoutprogramm das Bild 3 Millimeter nach außen, damit es durch die Ungenauigkeiten im Druck nicht zu unschönen weißen Bereichen, den sogenannten Blitzern, kommt. Natürlich müssen Sie mit Farbflächen genauso verfahren: Alles, was nach dem Druck bis zum Papierrand läuft, muss in der Datei über den Rand hinausgeschoben werden.

Randabfallend arbeiten
Randabfallend arbeiten bedeutet, dass Elemente, die im fertigen Produkt bis an den Rand reichen sollen, zuvor bis über den Rand hinaus platziert werden, also in den Anschnitt, und zwar um circa 3 Millimeter.

Die graue Linie markiert das beschnittene Endprodukt. Farbflächen und Linien ragen darüber hinaus.

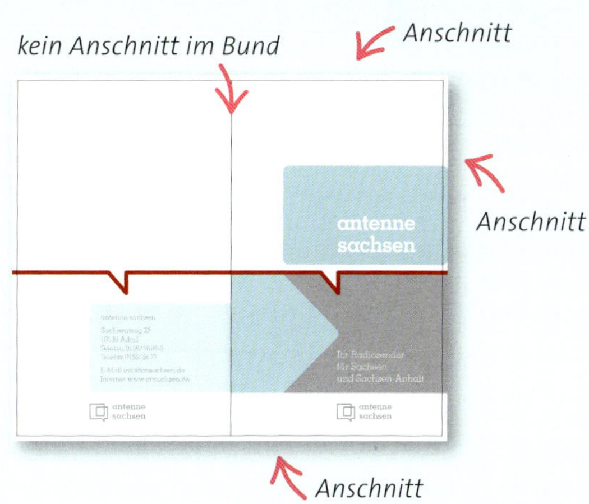

Eine Postkarte gestalten

Einsatz und Wirkung

Postkarten mit großem Einsatzbereich

Postkarten sind ein beliebtes Medium in der Werbung: Sie lassen sich als Glückwünsche oder Feiertagsgrüße verwenden, als Infomaterial oder als Erinnerung an eine bevorstehende Veranstaltung. Gleichzeitig sind die Investitionen an Zeit und Kosten überschaubar.

Einsatz und Zweck der Karte

Die erste Frage lautet: Was wollen Sie mit der Karte bewirken? Während die Antwort bei Visitenkarten, Briefbögen oder auch Plakaten relativ klar einzugrenzen ist, zeigen sich bei der Postkarte eine Menge Antwortmöglichkeiten, und das wiederum zeigt die Vielfältigkeit des Mediums.

Die Postkarte als Werbemedium | Bewerben Sie mit der Postkarte Ihr Unternehmen. Im Gegensatz zu altbackenen Werbebriefen sind die Postkarten eine optisch viel ansprechendere Möglichkeit, um Ihre Botschaft zu vermitteln. Ob sie jetzt im Briefkasten landen oder per Hand verteilt werden – Sie müssen wieder einmal mit Ihrer Gestaltung das Interesse wecken, ansprechen und gleichzeitig so viel Informationen liefern, dass für den Betrachter ein optimales Paket entsteht.

Der Vorteil des Briefkastens, ob per Post oder per Handeinwurf, ist hier relativ klar: Wer einen Stapel Briefe und Karten aus dem Briefkasten fischt und diesen Stück für Stück durchsieht, bringt in der Regel einer Werbepostkarte von Haus aus eine gewisse Aufmerksamkeit entgegen. Zudem entfällt die Lesehürde des Öffnens: Werbung in einem Briefumschlag verpackt muss erst geöffnet werden, und aus eigener Erfahrung weiß man, dass diese Hürde häufig zu groß ist. Eine Postkarte hingegen wirbt direkt und verursacht keine Arbeit. Ein Das-lese-ich-später gibt es hier weitaus seltener als bei Briefen.

Eine Postkarte wirkt sofort und muss nicht erst geöffnet werden.

Missbrauchen Sie dieses Interesse aber nicht. Wer zu oft und scheinbar grundlos seinen Kunden den Briefkasten mit Karten füllt, macht sich unglaubwürdig. Der Postkarte haftet immer noch ein leicht privater Beigeschmack an, und den sollten Sie nicht verspielen, sondern ausnutzen. Verwenden Sie also die Karten per Briefkasten höchstens einige wenige Male im Jahr, und bieten Sie den Kunden dann auch entsprechende Specials oder Aktionen.

Die Postkarte als kleine Aufmerksamkeit | Verwalten Sie die Geburtstage Ihrer Kunden? Dann kann eine ganz persönliche Glückwunschkarte angemessen sein. Oder haben Sie Jubilare in Ihrem Kundenstamm? Auch hier bieten sich personalisierte Gratulationen an. Klassische Weihnachts- und Neujahrsgrüße lassen sich ebenfalls mit Postkarten prima umsetzen.

Zweckgebundene Postkarte: Einladung oder Rücksendung | Wer eine Ferienwohnung vermietet oder anderweitig in der Touristikbranche arbeitet, kann selbst Postkarten mit der eigenen Ferienwohnung (samt Logo und Namen) gestalten. Dazu noch ein paar andere Sehenswürdigkeiten aus der Gegend, und fertig ist die kostengünstige Werbung, die die Besucher während ihres Aufenthalts verschicken können. Legen Sie die Karten in den Gästezimmern aus, und packen Sie einen mit Ihrem Namen bedruckten Kugelschreiber dazu!

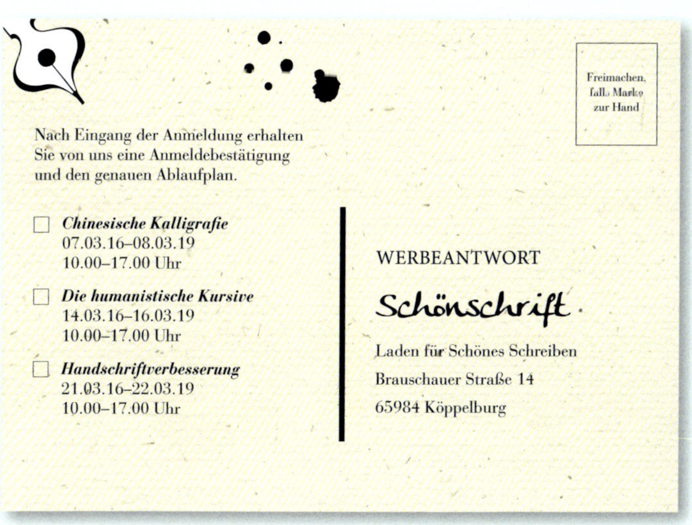

Rückantwort
Wer es seinen Kunden und Interessenten leichter machen möchte, verteilt Rückantwortpostkarten oder legt sie im Laden aus. Wer die Rücksendeschwelle noch mehr senken möchte, übernimmt das Porto.

Eine Postkarte kann auch so gestaltet werden, dass sie direkt wieder an Sie zurückversendet werden kann. Der Kunde kann auf der Karte sein Interesse bekunden, ankreuzen, ob er Infomaterial oder einen Anruf von Ihnen möchte, ob er zur Vernissage in Begleitung kommt oder ob er von der aktuellen Rabattaktion profitieren möchte, und ab in den Briefkasten. Hier lohnt sich sicher das Goody »Porto bezahlt Empfänger«, denn sonst scheitert die Antwort an der Hürde, die Briefmarke herauszusuchen und aufzukleben.

Zielgruppe

Wer erhält Ihre Postkarten? Auch das ist wieder abhängig von Ihrem Unternehmen. Ein Laden im Kiez wie ein Café, ein Massagesalon oder ein Goldschmied füttert am besten die Briefkästen der umliegenden Anwohner mit der Werbung oder legt Stapel davon im örtlichen Bioladen oder beim Bäcker aus. Hier ist die Zielgruppe regional, dafür weniger charakterlich eingrenzbar, und somit bleiben die Gestaltungsvorgaben recht dünn. Auch ein Schreiner oder eine Matratzenreinigung wirbt in erster Linie regional, nur hier ist der Flächenradius schon größer.

Zielgruppe
Detaillierte Infos zur Zielgruppenanalyse finden Sie im Kapitel »Werben mit Flyer und Broschüre« ab Seite 156.

Wird der Abnehmerkreis aber spezieller, muss sich zwangsweise die zu bewerbende Fläche vergrößern, und die Unternehmensgröße spielt auch dabei keine Rolle. Wer also beispielsweise Hotels mit selbst gemachter Seife beliefern möchte, wird nicht mehr regionale Briefkästen füttern, sondern ganz gezielt Hotels und Hotelketten mit seinen Postkarten anschreiben und am cleversten mit der Post versenden. Eine solche Zielgruppe ist nicht regional, dafür aber bezüglich einiger anderer Merkmale eingrenzbar.

Art der Verteilung

Wie kommen die Postkarten unter die Leute? Hier müssen Sie zuerst entscheiden, ob Sie Ihre Werbung per Post versenden oder auf andere Art und Weise verteilen.

Verteilkarten | Möchten Sie nicht die Dienste und Kosten der Post in Anspruch nehmen, müssen Sie Ihre Karten verteilen. Das bedeutet, dass Ihre Postkarten auf der Straße oder in verschiedenen Locations wie Cafés oder Geschäften den Vorbeilaufenden in die Hand gedrückt oder einfach ausgelegt werden; es kann aber auch bedeuten, dass die Postkarten in die Briefkästen von Haushalten geworfen werden. Solche Verteilarbeiten werden von spezialisierten Unternehmen angeboten, deren Preise abhängig von der Stadt, vom Bezirk und vor allem von der Bevölkerungsdichte im Bezirk sind. Sie können aber natürlich auch selbst mit anpacken. Wie auch immer dann diese Karten – ich bezeichne sie jetzt als Verteilkarten – zu Ihren potenziellen Kunden kommen, es ist nicht die Post, die sie befördert. Somit müssen Sie bei dieser Variante nicht mit dem genormten Adressfeld arbeiten, Sie müssen sich nicht an die genormten Größen und auch nicht an das vorgegebene Gewicht halten, um das Postkartenporto nicht zu überschreiten. Diese Eckdaten müssen dann lediglich mit dem Unternehmen abgestimmt werden, dessen Verteildienste Sie in Anspruch nehmen.

Postkartennorm

Weitere Infos zu den Postvorgaben finden Sie ab Seite 250.

Postversand | Die Post ist mittlerweile relativ flexibel, sofern man dafür bezahlt. Wenn Sie also ganz ungenormte Vorstellungen von Ihrer Postkarte haben, was das Format, die Größe oder das Papier anbelangt, können Sie auch solche Karten versenden. Allerdings nicht zum Postkartentarif. Wer große Mengen seiner Werbekarten in die Haushalte bringen möchte, sollte dann besser die Vorschriften der Post beachten, damit er mit dem Postkartentarif versenden kann.

Voraussetzungen für Postkartentarif

- Die Karte muss rechteckig sein und darf maximal 20 Gramm wiegen.
- Die Länge der Karte muss mindestens das 1,4-Fache der Breite betragen.
- Die Mindestmaße sind 90 mm × 140 mm.
- Die Höchstmaße sind 125 mm × 235 mm × 5 mm.
- Das Standardformat der Druckereien ist DIN A6, also 148 × 105 mm.

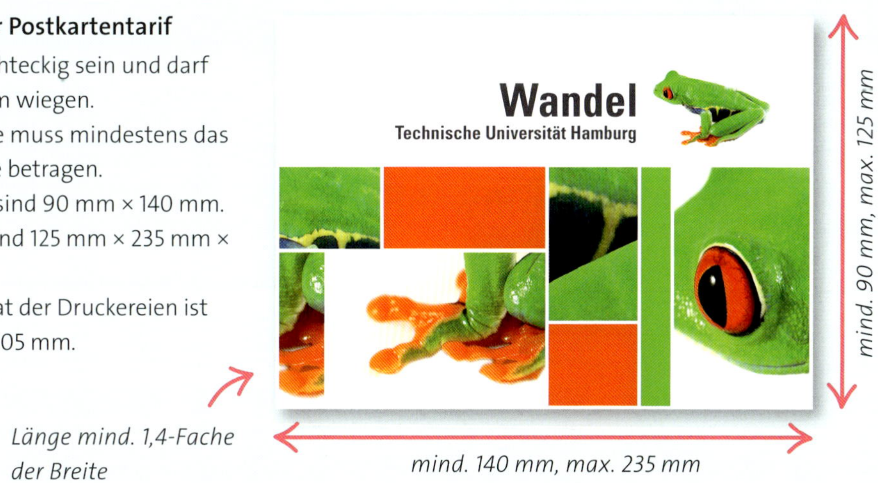

Das Layout

Die Seite ansprechend füllen

Mit der Postkarte wollen wir unsere Botschaft vermitteln. Somit brauchen wir die Aufmerksamkeit und das Interesse des Betrachters. Die Postkarte bietet uns mit ihrem Format eine optimale Fläche, um diese Aufgabe zu übernehmen. Etwas Text, ein ansprechendes Bild, kräftige Farben und Kontraste – das sind die Zutaten für dieses Rezept.

Format

Üblich – und in der Regel auch am preiswertesten – ist das Format DIN A6 für eine Postkarte. Aber wie schon kurz gehört, können Sie letztlich alles als Postkarte verschicken oder verteilen – vorausgesetzt, Sie wollen nicht zwingend mit dem Postkartenporto versenden. Auch Klapppostkarten sieht man immer öfter oder quadratische Formate. All das sind schöne Hingucker, wenn sie zum Thema passen.

Hoch und quer | Versenden Sie mit der Post, dann sollten Sie das Querformat gestalten. Aber auch ohne Post ist das Querformat weiter verbreitet – entspricht es doch unserem Blickwinkel, und es ist auch tatsächlich dankbarer bei der Gestaltung. Das Hochformat ist wieder unüblicher, und je nach Inhalt kann es schwieriger sein, die Elemente optisch ansprechend zu verteilen.

Schriftwahl

Schriftwirkung
Detaillierte Infos zur Schriftwirkung finden Sie im Kapitel »Ein Logo gestalten« ab Seite 72 und im Kapitel »Werben mit Flyer und Broschüre« ab Seite 183.

Einschränkungen bei der Schriftwahl gibt es wenige. Wir müssen bei den Postkarten weder schlechte Lichtverhältnisse noch ungewöhnliche Leseabstände beachten. Aufgrund des Einsatzzwecks gilt es auch nicht, möglichst viel Inhalt, also möglichst viel Schrift auf kleinem Raum unterzubringen – was aber nicht heißt, dass wir auf Lesbarkeit und typografisch korrekten Satz verzichten. Aber im Gegensatz zum Folder oder zur Broschüre, wo die Lesbarkeit erhöhte Aufmerksamkeit verdient, wollen wir mit der Postkarte erst einmal auffallen und ansprechen.

Schriftart | Auf den Punkt gebracht: Ich habe also an dieser Stelle keine Empfehlungen, außer den üblichen: nicht zu viele verschiedene Arten und nicht zu viele verschiedene Größen. Zwei, maximal drei Schriftarten und maximal drei Schriftgrößen sollten genügen. Treffen Sie also die Schriftwahl abhängig von der Aussage und der Wirkung, für die Ihr Unternehmen steht. Und beachten Sie auch die gewählte Größe – Sie erinnern sich? Lesbarkeit und Wirkung einer Schrift können sich abhängig von der gewählten Schriftgröße verbessern oder verschlechtern.

Lesbarkeit
Detaillierte Infos zur Lesbarkeit finden Sie im Kapitel »Werben mit Flyer und Broschüre« ab Seite 183.

Die serifenlose Myriad
Eine moderne, serifenlose Schrift wird für dieses Popkonzert verwendet. Die Gestaltung ist farbenfroh, progressiv und modern, und auch bei der Schrift ist mit Farben und Abständen gearbeitet worden. Entsprechend ist die Schrift selbst etwas zurückhaltender – eine ungewöhnliche oder sehr individuelle Schrift wäre hier fehl am Platz.

Die Arid ITC Std möchte zu viel Aufmerksamkeit.

Die Absara wirkt zu altmodisch.

Zweiseitige Gestaltung

Häufig gestaltet man bei der Postkarte die Vorderseite als Blickfang und die Rückseite als Informationsträger. Insofern handelt es sich weder um eine einseitige noch um eine doppelseitige Gestaltung, sondern eher um eine zweiseitige Gestaltung. Das heißt, die beiden Seiten müssen zwar optisch eine Einheit bilden, aber nicht nebeneinanderliegend genau zusammenpassen, wie beispielsweise die Doppelseite einer Broschüre.

Vorderseite | Der Blickfang kann wieder aus Schrift oder Text bestehen, die Entscheidung dafür treffen Sie beziehungsweise das Unternehmen. Wichtig ist, dass für alle Beteiligten klar ist, wer das Sagen hat – der Text oder das Bild beziehungsweise die Grafik.

Vermeiden Sie also gleich große Blöcke von Text und Bild. Sie erreichen das ganz einfach, indem Sie die Höhe, die Breite oder beides wieder nach dem Goldenen Schnitt unterteilen oder mit der Drittelregel arbeiten. So setzen Sie ganz automatisch die für die Gestaltung notwendigen Prioritäten.

Blickfang Text und Bild | Verbinden Sie Text und Bild. Besonders auf der Vorderseite, wo sich der Blickfang meist aus beiden Elementen zusammensetzt, sollen diese beiden Elemente nicht nur harmonisch miteinander arbeiten, also keine Konkurrenten sein, sondern sie sollen sich auch gegenseitig unterstützen, sozusagen den anderen in seiner Wirkung verstärken.

Sie erreichen das, indem Sie die Formen im Bild genauer betrachten. Befinden sich ein oder mehrere Menschen auf den Bildern? In welche Richtung blicken sie? Lassen Sie sie in die Seite hineinblicken, und platzieren Sie dort den Text.

Rückseite für den Postversand | Wenn die Karte per Post versendet wird, entfällt die Hälfte der Rückseite für die Postvermerke, und die Gestaltung halbiert sich. Hier haben dann nur noch wenige Informationen Platz. Achten Sie auf deren Ordnung, Struktur und Auszeichnung, damit sie auch als solche erkannt werden. Das Logo mit Unternehmensname und Impressum sollte ebenfalls dazu. Laut Gesetz muss auf allen Werbeschreiben, die einen Geschäftsbrief ersetzen, ein Impressum abgedruckt werden.

Groß und klein

Hat das Bild oder der Text das Sagen? Treffen Sie eine klare Entscheidung – häufig ist beides möglich, und nichts ist besser oder schlechter. Vermeiden Sie in jedem Fall Konkurrenz: Gestalten Sie entweder mit einem großen Bild und einem kleinen Text oder umgekehrt. Arbeiten Sie mit der Drittelteilung: Der große Blickfang füllt ⅔ des Raums, der andere Part ⅓.

Bild mit mehr Gewicht

Ein großes Bild, ein kleiner Text. Durch die unterschiedlichen Größen und Gewichtungen vertragen sich beide hervorragend.

Der Text als Blickfang

Auch diese beiden Parteien funktionieren. Der Text dient als Blickfang und hat das Sagen – das Bild ergänzt und umspielt.

Rückseite ohne Postversand | Flexibler in der Gestaltung sind wir dann, wenn wir nicht mit der Post versenden. Hier kann die gesamte Rückseite noch als gestalterischer Raum verwendet werden, beispielsweise mit Preislisten, Infos zur aktuellen Werbeaktion, zur Neueröffnung oder zum Umzug. Arbeiten Sie mit den gleichen Gestaltungselementen wie Farbe, Schrift oder grafische Zeichen wie auf der Vorderseite, aber – wie auf der Stehparty – in kleinen, leicht verdaulichen Häppchen serviert.

Kleine Lesehäppchen sind für Postkarten optimal.

Sollen die Informationen gesammelt werden, empfiehlt sich eine lesbare Schrift in 10 bis 12 Punkt Größe. Vermeiden Sie allzu lange Textblöcke, sondern unterteilen Sie mit Zwischenüberschriften – bieten Sie also kleine Lesehäppchen an. Die Postkarte ist wie eine Stehparty, hier will sich auch keiner in die Ecke setzen und einen Schweinebraten mit Messer und Gabel essen. Ein kleines Häppchen hier, ein Schlückchen Sekt dort, das sind die richtigen Mengen. Aber nicht Bier und Wein und Sekt mischen, das gibt Kopfschmerzen. Also alle Zwischenüberschriften oder Zitate gleich auszeichnen, alle Grundschriften gleich, alle schmückenden Linien gleich.

Bilder

Wollen Sie Ihr Produkt bewerben, oder wollen Sie Weihnachtsgrüße versenden? In jedem Fall sind Bilder ein Blickfang, mit dem Sie die Aufmerksamkeit des Betrachters auf sich lenken können – vorausgesetzt, es handelt sich um ein professionelles Foto. Sie können mit dem Bild überraschen, die Emotionen ansprechen, Sie können aber auch auf den Humor des Betrachters bauen und mit Witz und Originalität bebildern. Grundvoraussetzung ist die technische Qualität bezüglich Schärfe, Helligkeit und Motivfindung. Nicht zwingend notwendig ist ein offensichtlicher Bezug zum Thema; allerdings vereinfacht ein inhaltlich passendes Bild die Vermittlung der Botschaft.

Bildwahl
Mehr Infos zur Bildwahl finden Sie im Kapitel »Werben mit Flyer und Broschüre« ab Seite 198.

Bildform | Gibt das Bild eine bestimmte Form vor? Oder enthält das Motiv sogar eine bestimmte Form? Greifen Sie diese ähnlich wie bei den Farben auf. Unterstützen Sie die Form, indem Sie den Text entsprechend platzieren oder indem Sie die Form sogar mit Linien verdeutlichen. Nehmen Sie das auf, was vorhanden ist, und unterstreichen Sie es mit anderen Gestaltungsmitteln.

Übernehmen Sie vorhandene Formen aus dem Bild für andere Gestaltungselemente.

Form aus dem Bild

Für den Flyer einer Sprachschule wurde das Porträt einer Frau verwendet. Noch interessanter wird es dadurch, dass nur die Hälfte zu sehen ist.

Die Haare der abgebildeten Person formen eine Rundung, die durch den weißen Hintergrund deutlich zu sehen ist. Solch deutliche Formen sollte man für die Gestaltung aufnehmen.

Achten Sie auch hier auf Achsen. Der Name der Schule steht bündig mit dem unteren Ende der Haare.

Spanisch
Italienisch
Französisch
Englisch

11 Punkt Schriftgröße
14 Punkt Zeilenabstand

kleine Häppchen

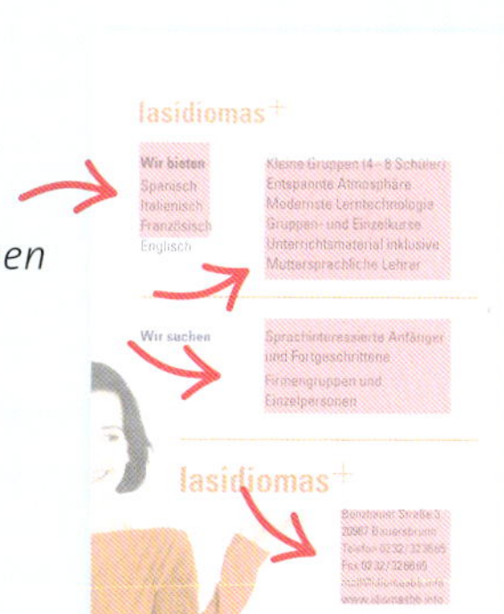

Farbe

Beachten Sie auch bei der Farbwahl, keine Konkurrenz entstehen zu lassen, wenn Sie mehrere Farben wählen. Eine der Farben ist die Hauptfarbe, die anderen umkreisen sie nur.

Hausfarbe vorhanden? | Da ist zunächst die Frage nach einer Hausfarbe beziehungsweise Farbe, die im Logo verwendet wird. Vorhanden? Dann kommt sie auf unsere Liste »unbedingt verwenden«. Enthält das Logo mehrere Farben, müssen nicht alle Farben in der Gestaltung verwendet werden. Hier entscheiden Zielgruppe und gewünschte Außenwirkung, wie bunt man sein möchte.

Foto vorhanden? | Verwenden Sie Bilder in der Gestaltung? Dann setzen Sie ein oder zwei vorherrschende Farben ein. Wenn nicht gut ersichtlich

Foto vorhanden? Ja.

Bei der Konzertpostkarte diente das Hintergrundbild als farbgebendes Element.

Das Hintergrundbild war farbgebend.

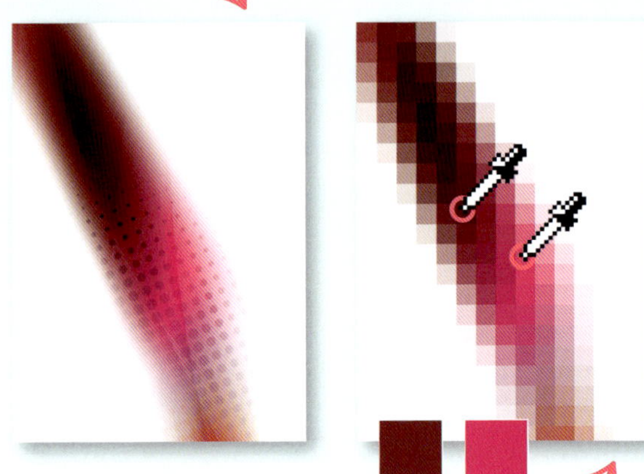

Der farbige Streifen wurde zum Mosaik reduziert – ein dunkles Rot und ein Magenta blieben als Farbe.

ist, welche Farben im Bild vorherrschen, verpixeln Sie das Bild und entnehmen die Hauptfarbe auf diese Weise (siehe Seite 206).

Farbe nach Wirkung | Haben Sie weder eine Hausfarbe noch ein Bild als Farbvorgabe? Dann wählen Sie eine Farbe aufgrund ihrer Wirkung, passend zum Produkt beziehungsweise zur gewünschten Außenwirkung und zur Zielgruppe (siehe Seite 282 ff.).

Zweite, dritte oder vierte Farbe? | Sie benötigen eine oder mehrere weitere Farben? Sie haben mehrere Möglichkeiten, um eine zweite und dritte Farbe zu generieren:

- Verwenden Sie Abstufungen der ersten Farbe, also eine monochrome Farbreihe.
- Verwenden Sie die Farbe, die im Farbkreis links oder rechts neben der ersten Farbe liegt, und erstellen Sie somit eine analoge Farbreihe.
- Verwenden Sie die Farbe, die der ersten Farbe im Farbkreis gegenüberliegt, und generieren Sie so die Komplementärfarbe.
- Entnehmen Sie aus einem vorhandenen Bild einen zweiten vorherrschenden Farbton.

Zwei plus zwei

Die beiden Farben waren also bereits durch das Bild gegeben. Zwei weitere Farben wurden gesucht.

Hier wurde mit der analogen Furbreihe gearbeitet.

Blau ist die Komplementärfarbe von Orange. Durch das Abdunkeln in ein dunkles Blaugrau wurde der Kontrast etwas gemildert.

Das Ergebnis unserer Farbsuche. Weiß kam als Hintergrund hinzu.

PROJEKT 20

Eine Postkarte mit Bildern

Detailbilder für die Universität

Die technische Universität veranstaltet eine Vortragsreihe zum Thema Wandel. Das Thema wird nicht technisch oder typografisch umgesetzt, sondern man entscheidet sich dafür, den Begriff Wandel bildhaft umzusetzen – mit dem Sinnbild für eine Verwandlung, dem Frosch.

Die Zielgruppe sind in erster Linie Studenten, aber auch andere interessierte Jugendliche und Erwachsene. Zur Verfügung steht ein freigestelltes Foto eines Frosches.

Die Karte soll an der Uni und in örtlicher Nähe verteilt und ausgelegt werden.

Die Vorderseite gibt relativ wenig Informationen frei. Das Wichtigste ist aber zu sehen – Thema und Veranstalter sind zu sehen, das Thema wird bildhaft und auf interessante Weise umgesetzt. Alle anderen Informationen sind auf der Rückseite untergebracht.

Detailabbildungen

Detailabbildungen werden von uns als interessant empfunden, solange man die Details mit bloßem Auge sonst nicht erkennen kann. Mit dieser Methode lassen sich auch wenig interessante Motive spannend gestalten.

Zu wenig Bilder?

Sie brauchen mehr Bildmaterial? Die Methode der Detailaufnahmen eignet sich auch dann ganz besonders, wenn man nur ein oder zwei Bilder vorliegen hat, aber mit Bildern als Blickfang und als vorrangiges Gestaltungsmittel arbeiten möchte.

Bild und Text

Der Frosch blickt zum Thema und zum Text und außerdem in die Seite hinein. Der Text wird rechtsbündig ausgerichtet, damit sich Text und Bild aufeinander zubewegen.

Der Frosch im Detail

Auch Nahaufnahmen von uninteressanten Motiven oder in diesem Fall Hautstellen des Froschkörpers halten überraschende Details bereit. Suchen Sie Details mit Kontrasten heraus, also beispielsweise Farb- oder Formkontraste.

Sehr schmale oder extrem breite Streifen können auch mit Farbe aufgefüllt werden, wenn sie sich nicht für ein Bilddetail eignen.

Die Drittelteilung verleiht der Bildkomposition Dynamik und gleichzeitig Harmonie.

PROJEKT 21

Postkarte mit Sepia und Achsen

Ankündigung eines Konzerts

Ein Veranstalter benötigt eine Postkarte für ein Konzert. Es handelt sich um ein Technokonzert. Die Vorderseite muss alle Informationen enthalten, da die eine Hälfte der Rückseite für Werbung frei gehalten werden muss, die andere Hälfte steht für Postvermerke zur Verfügung. Die Veranstalter möchten eine ungewöhnliche und sehr moderne Gestaltung, mit wenigen Farben und teilweise transparenter Schriftfarbe.

Wenig Kontraste

Zum Thema Techno wird ein Bild im Sepiastil verwendet. Diese Tönung lässt das Bild alt wirken, durch das Reduzieren der Kontraste lässt es sich gut als Hintergrundbild verwenden. Zu helle Bereiche im Hintergrund würden die weiße Schrift unleserlich machen, daher wird ein grüner Verlauf hinterlegt.

Das Besondere an der Gestaltung entsteht durch die Rotation sowie die Textaufteilung. Als Basis dienen mehrere Gestaltungsachsen, die streng eingehalten werden.

[Sepiafotos]

Sepia ist eine gelblich-braune Farbe. Bei Sepiabildern ist das gesamte Bild in den Nuancen der Farbe gefärbt, und sie haben einen reduzierten Farbumfang. Alte Schwarzweißfotos verfärben sich durch die UV-Strahlung bräunlich. Diese Wirkung lässt sich mit dem Sepiafilter nachstellen. Am besten eignen sich weiße, beige oder graue Motive.

Plattenteller in Sepia

Im verwendeten Bild gibt es zwar leuchtende Stellen, aber insgesamt hat es relativ wenig Höhen und Tiefen, und auch der Farbumfang ist gering. Da wir das Bild nur als Hintergrund verwenden, müssen wir bei der Auswahl auch weniger kritisch sein – Details müssen nicht gut erkennbar sein. Der Filter Sepia lässt sich in einer Bildbearbeitung zuweisen. Im Layoutprogramm wird über das Bild noch ein grüner Verlauf gelegt.

Einstellungen in Photoshop

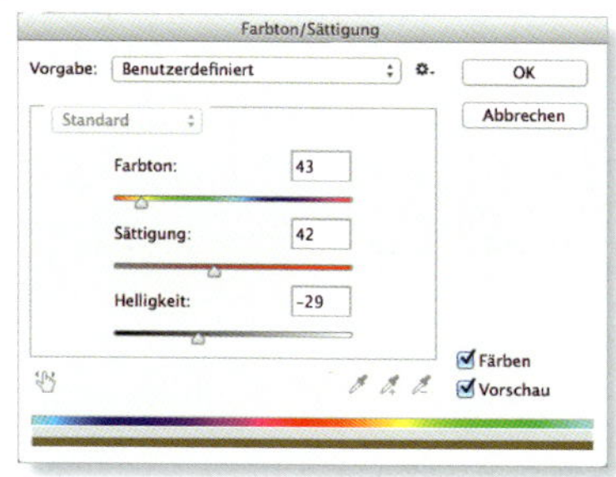

Optische Achsen und Schriftwahl

Das Besondere bei dieser Postkarte sind die Rotation und die Platzierung der Schrift – das Geheimnis dahinter die optischen Achsen, die streng eingehalten werden. Nur so kann die Gestaltung professionell wirken. Rotationen und viele einzeln platzierte Textblöcke ohne Achsen lassen ein Design nämlich schnell wirr, chaotisch und leseunfreundlich werden.

Serifenlose

Als Schrift wurde ganz bewusst eine Serifenlose, sehr gerade Schrift mit gleichmäßigen Strichen verwendet, denn die Striche einzelner Buchstaben wirken als Linien und geben Achsen vor.

Auch die Senkrechten in der Schrift werden mit in die Suche nach Achsen aufgenommen.

Formate und Normen

Der Versand entscheidet

Wer mit dem Postkartenporto versenden will, muss sich an genormte Vorgaben halten. Alle anderen haben viele Möglichkeiten, um eine Karte in Form zu bringen.

Formate

»Das« Postkartenformat gibt es nicht. Das übliche Format, das wir zuerst mit einer Postkarte gedanklich verbinden, ist sicherlich das Format DIN A6 mit 148 × 105 Millimetern. Postkarten im Format DIN lang oder DIN A5 sind aber auch möglich, und wie immer sind die genormten Formate günstiger. Letztlich können Sie aber natürlich auch quadratische oder sogar runde oder ovale Postkarten versenden, allerdings dann nicht mehr zum Postkartentarif der Post. Die Unterteilung in Absenderzone, Frankierzone und Lesezone müssen Sie bei jedem Format beachten.

Normpostkarte

Wenn Sie Ihre Postkarte mit der Post verschicken wollen, müssen Sie sich bei der Gestaltung an folgende Richtlinien halten.

Absenderzone | In der linken Hälfte der Karte steht die Absenderzone. Das Feld beginnt 74 Millimeter vom rechten Rand entfernt und ist 49 Millimeter hoch.

Freimachungszone | Der rechte Teil der Postkarte beginnt oben mit der Freimachungszone mit einer Höhe von 40 Millimetern und einer Breite von 74 Millimetern vom rechten Rand aus. Sie darf nicht bedruckt werden, denn in ihr landen später die Briefmarken oder ein Freimachungsvermerk. Der Platzhalter steht am besten in einem Abstand von 5 Millimetern zum oberen und rechten Rand.

Informationen der Post
Mehr Infos von der Deutschen Post finden Sie auf der Website der Deutschen Post *www.deutschepost.de.*

Lesezone | In der Lesezone landen die Angaben zum Empfänger. Sie ist weiß oder hell zu gestalten. Bis zum Format C6 sollte der Abstand zum rechten Rand mindestens 5 Millimeter betragen, bei größeren Formaten sind es 15 Millimeter.

Trennungsstrich | Der senkrechte Trennungsstrich in der Mitte der Karte (genau genommen 74 Millimeter vom rechten Rand entfernt) muss mindestens 1,2 Millimeter breit sein. Er muss mindestens über die gesamte Höhe der Lesezone reichen und 15 Millimeter vor der unteren Kante enden, nach oben hin darf er bis zum Rand laufen. Rechts vom Strich müssen Sie mindestens 3 Millimeter Abstand halten; der Abstand nach links ist nicht vorgegeben.

Codierzone | Die Codierzone muss unbedingt für die Vermerke von der Post frei gehalten werden, denn hier landet der von der Post erstellte Code für die Anschrift. Sie verläuft am unteren Rand über die gesamten 150 Millimeter und hat eine Höhe von 15 Millimetern. Bei breiteren Karten kann der Bereich links davon bedruckt werden.

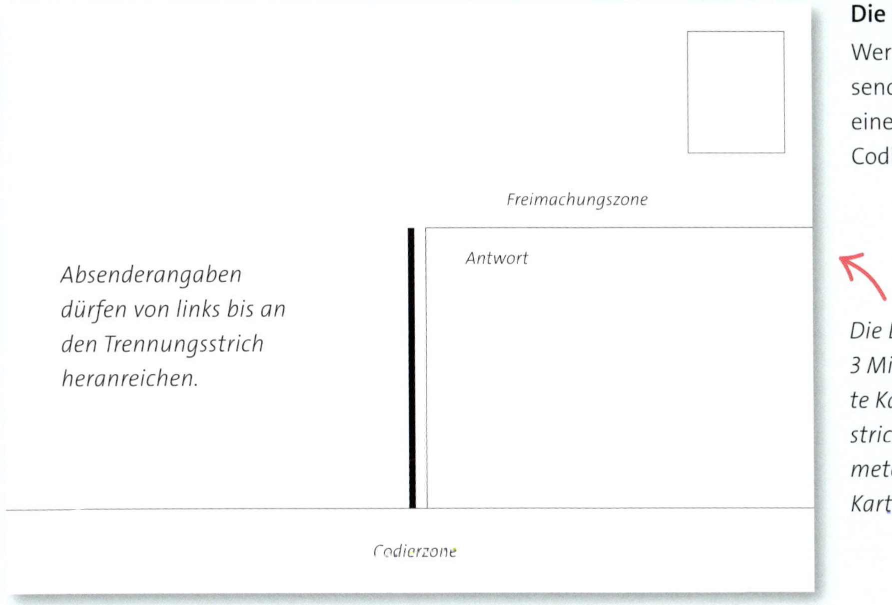

Die Normpostkarte
Wer mit der Post versenden will, muss auf eine korrekte Lese- und Codierzone achten.

Die Lesezone darf bis 3 Millimeter an die rechte Kante des Trennungsstrichs und bis 5 Millimeter an den rechten Kartenrand reichen.

Werbeantwort

Informationen zu Werbeantworten
https://www.deutschepost.de/de/w/werbeantwort.html

Bei der sogenannten Werbeantwort handelt es sich um eine Postkarte, die für die Rücksendung an das Unternehmen vorbereitet ist. Der Interessent kann mit ihr leicht Informationen anfordern oder an einem Gewinnspiel teilnehmen, er kann um Kontaktaufnahme bitten oder Informationen übermitteln, er kann sich für eine Veranstaltung anmelden oder Termine vereinbaren. Auf den Werbeantworten ist die Empfängeranschrift, also die des werbenden Unternehmens, bereits vorgedruckt, und meist wird das Porto auch übernommen.

Porto | Wenn Sie als Unternehmen eine solche Werbeantwort versenden und das Porto übernehmen wollen, sollten Sie über Ihrer Adresse den Hinweis »Entgelt zahlt Empfänger« platzieren. Dann tragen Sie automatisch die Kosten. In den Briefmarkenplatzhalter könnten Sie zusätzlich den Text »Freimachen, falls Marke zur Hand« schreiben, denn dann bezahlen Sie nur die Rückantworten, die tatsächlich nicht frankiert wurden.

Maschinell lesbar | Bei diesen Werbeantworten müssen die Adresse, aber auch der Platzhalter für die Briefmarke maschinell lesbar sein. So sind beispielsweise gestrichelte Linien nicht lesbar, und der Text sollte 10 bis 12 Punkt groß, am besten in der Arial, der Courier, der Helvetica oder der Frutiger formatiert sein.

⌄ Antwortkarte
Machen Sie es dem Empfänger so einfach wie möglich – so erhöhen Sie Ihre Rückläufe.

Papier und Druck

Die Stärke macht's

Postkarten sollen sich griffig anfühlen und gerade, wenn sie per Post versendet werden, stabil genug sein, damit sie nicht mit zu vielen Eselsohren beim potenziellen Kunden ankommen.

Papierwahl

Für eine angemessene Stabilität der Postkarte empfiehlt die Post ein Mindestgewicht von 150 g/m² bis C6, 170 g/m² bis DIN lang und 200 g/m² bis zum Höchstformat. Für das Höchstgewicht aller Formate lautet die Empfehlung 500 g/m². Die Druckereien bieten aber meist Papiere zwischen 250 g/m² und 400 g/m² an. In der Tat macht ein etwas stärkeres Papier auch einen besseren Eindruck, und gestrichenes Papier tut beim Farbdruck ein Übriges, um die Qualität der Postkarte zu unterstreichen. Der Chromokarton mit 280 g/m² beispielsweise eignet sich hervorragend.

Beschreibbar | Wenn Sie eine Werbeantwort planen, achten Sie darauf, dass sie sich – zumindest auf der einen Seite – gut beschreiben lässt. Postkarten mit Hochglanzfolie sehen zwar beeindruckend aus, aber wenn sie sich nicht beschreiben lassen, sind sie als Antwort ungeeignet. Man kann natürlich auch ein Papier wählen, dass nur auf einer Seite veredelt ist.

Wenn Sie selbst verschicken, lohnt es sich, besonders schöne Briefmarken zu besorgen.

Veredelung

Auch Postkarten können duften, aus Kunststoff sein oder geprägt werden, und auch hier ist die ganze Palette der Veredelung möglich. Sogar eine Schleife oder ein paar glänzende Steinchen lassen sich auf die Postkarten kleben. Bitte beachte Sie aber, dass es zu Ihrem Unternehmen und zu Ihrem Thema – und letztlich zu Ihren finanziellen Möglichkeiten – passt.

Veredelung
Detaillierte Infos zu Papier und Veredelung finden Sie im Kapitel »Eine Geschäftsausstattung gestalten« ab Seite 144 und im Kapitel »Werben mit Flyer und Broschüre« ab Seite 228.

PROJEKT 22

Postkarte mit Rückantwort

Schreibkurse mit Kalligrafie-Effekt

Ein Laden für Kalligrafie und alles rund um schöne Schrift verkauft im Stadtviertel für Schreibwarenliebhaber schöne Dinge. Zudem bietet der Laden in regelmäßigen Abständen Schreib- und Kalligrafiekurse für Erwachsene an. Für diese Kurse benötigt der Laden Postkarten, die im Geschäft ausliegen sollen. Außerdem sollen die Karten auch im Viertel rund um den Laden in die Briefkästen verteilt werden. Die Karten sollen als Rücksendekarten gestaltet werden, so dass die Interessierten nur noch den gewünschten Kurs ankreuzen und die Karte einwerfen müssen. Die Zeichenfeder als Logo gibt es bereits.

Aufteilung

Die Vorderseite wirkt nur durch die Feder und den ansprechenden Schriftzug. Die Rückseite informiert über die Kurse und dient gleichzeitig als Rücksendepostkarte.

Als Hintergrund für beide Seiten wird keine flächige Farbe, sondern ein Bild mit Papierstruktur gewählt. Alternativ, aber auch kostspieliger, druckt man direkt auf ein Papier mit solcher Leinenstruktur.

Rückantwort nach Norm

Die Rückantwort gibt dem Interessierten und Kunden die Möglichkeit, sich ohne Aufwand und ohne Kosten bei einem der aktuell angebotenen Kurse des Ladens anzumelden.

Die Rückseite wird nach den Normvorgaben der Post gestaltet. Dazu zählen der Trennungsstrich in mindestens 1,2 Millimeter Stärke, Codierzone und Freimachungszone.

Die Codierzone am unteren Rand muss frei gehalten werden.

Schwarz ist nicht gleich Schwarz

Je nach Farbzusammensetzung erscheint das eine Schwarz anders als ein anderes Schwarz. Je mehr Blauanteile, desto kühler – je mehr Rotanteile, desto wärmer. Besonders bei größeren Flächen sind die Unterschiede deutlich sichtbar.

0/0/0/100

15/0/15/95

55/35/35/75

100/65/0/95

90/60/40/70

75/0/90/100

80/60/0/90

Das Tintenschwarz ist für unsere Zwecke gut geeignet.

Farbangaben
Die vier Zahlen geben die Zusammensetzung der Farbe durch die vier Druckfarben Cyan (C), Magenta (M), Gelb (Y) und Schwarz (K) an, und zwar immer in dieser vorgegebenen Reihenfolge.

Grafik sucht Schriften

Die Zeichenfeder als grafisches Element ist vorgegeben, eine dazu passende Schrift wird gesucht. Markant bei der Grafik sind die wechselnde Strichstärke und die organische Form – es gibt sehr schmale und breite Stellen. Zudem symbolisiert die Grafik das gesamte Unternehmen – ein Laden rund um das Thema Kalligrafie, eine individuelle Schreibkunst.

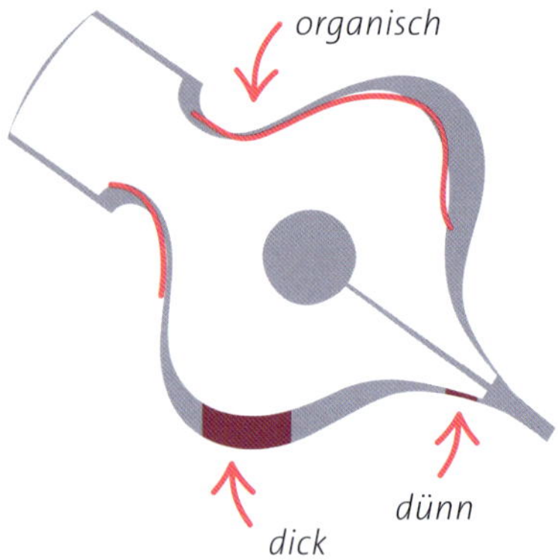

Schönschrift

Die Abril Fatface zeichnet sich durch starke Unterschiede in den Strichstärken aus, ist aber zu kantig und zu wenig geschwungen.

Schönschrift

Die BlackJack als Schreibschrift hat organische Formen, aber wenig Unterschiede in den Strichstärken.

Echte und falsche Kursive

Eine Kursive oder Italic ist ein eigener Schriftschnitt innerhalb einer Familie und nicht einfach eine gekippte Schrift. Kursive Schnitte haben also eigens geschnittene Buchstaben, die sich je nach Schrift und Buchstabe deutlich von den normalen Schnitten unterscheiden. Verwenden Sie nur echte Kursive – die elektronisch verzerrten Zeichen sehen unnatürlich und unprofessionell aus.

Die Bauer Bodoni als Normale, als echte Kursive und als elektronisch Gekippte.

Schönschrift

Die Anke Calligraphic FG hat genug Unterschiede in den Strichstärken und ist gleichzeitig zart genug.

Eine zweite Schrift kombinieren

Die ausgewählte Schrift ist in sehr kleinen Größen nicht gut zu erkennen und hat einen ausgesprochen schmückenden Charakter. Sie eignet sich also nicht für den gesamten Text, auch nicht für die Rückseite. Eine zweite Schrift muss daher kombiniert werden. Diese soll weniger schmückend und keine Handschrift sein, sondern eher einen zurückhaltenden Charakter haben, trotzdem aber organisch und mit wechselnder Strichstärke sein.

Bold Italic **und Roman**

Die Bauer Bodoni italic hat genug Unterschiede in den Strichstärken und ist gleichzeitig zart und zurückhaltend, nicht zu individuell und ohne Handschriftcharakter.

Schönschrift

Laden für Schönes Schreiben
Brauschauer Straße 14
65984 Köppelburg

Echte und falsche Kapitälchen

Auch bei Kapitälchen gibt es die richtigen und die falschen, also die, die als eigener Schnitt erstellt wurden, und die, die der Computer durch Skalierung erzeugt. Der Unterschied ist leicht an den unterschiedlichen Strichstärken zu erkennen. Groß- und Kleinbuchstaben echter Kapitälchen haben eine gleichbleibende Strichstärke; bei elektronisch erzeugten Kapitälchen haben die Großbuchstaben einen dickeren Strich, was unharmonisch und unprofessionell wirkt.

Linotype Syntax Serif
ECHTE KAPITÄLCHEN
FALSCHE KAPITÄLCHEN

Meta Book
ECHTE KAPITÄLCHEN
FALSCHE KAPITÄLCHEN

Mit einem Plakat werben

Plakate werben und wirken

Im Großen denken

Das Plakat ist eine ganz besondere Gattung unter den Werbemedien. Bitte sehen Sie es nicht als vergrößerte Postkarte oder Flyer, denn es hat ein völlig anderes Anwendungsgebiet und eine andere Aufgabe, vor allem aber andere Bedingungen, unter denen es wirken muss.

Aufmerksamkeit gewinnen

Plakate sind mit ihrer hohen Reichweite und ihrer guten Werbewirkung ein beliebtes Instrument, um eine Botschaft zu vermitteln. Sie sollen auffordern, informieren, aber auch überzeugen oder provozieren. Hauptsächlich werden Plakate im Vorbeigehen oder Vorbeifahren wahrgenommen. Maximal 2 Sekunden Aufmerksamkeit zollen ihnen die Betrachter. Ausnahmen bilden Plakate in öffentlichen Verkehrsmitteln oder an Haltestellen, an denen man mehr Zeit verbringt – hier hat der Gestalter ein paar Momente mehr, um mit seinem Design wahrgenommen zu werden. Aber auch diese Plakate steckt man nicht in die Tasche und liest sie zu Hause.

Plakatformate
Hoch oder quer? Aufmerksamkeit gibt es in jedem Fall.

Die primäre Aufgabe eines Plakats ist also, Aufmerksamkeit zu erregen, neugierig zu machen und zunächst die emotionale und dann die intellektuelle Seite des Betrachters anzusprechen. Die Botschaft beziehungsweise der Text muss so kurz und knapp sein, dass sie mit einem Blick verstanden werden kann.

Standort

Ein Plakat kann nur dann erfolgreich sein und zielgerichtet werben, wenn es gesehen wird. Im Optimalfall wissen Sie vor der Gestaltung, wo es hängen wird. Wird vorwiegend auf Litfaßsäulen plakatiert, sollten Sie sich überlegen, wie es sich von anderen Plakaten abgrenzt, beispielweise durch einen weißen oder farbigen Rand. Wird es eher in Geschäften oder Cafés hängen, können Sie etwas kleinteiliger gestalten als für Straßen, an denen man grundsätzlich nur mit dem Auto oder dem Fahrrad vorbeifahren kann. Plakate, an die man eher nah herankommt, können für weiterführende Informationen auch QR-Codes enthalten, die der Betrachter scannt.

Plakatgestaltung bedeutet die Stilisierung und Vereinfachung der Botschaft auf das Wesentliche.

Auffallen | Ein großes Plakat fällt eher auf als ein kleines. Allerdings kann eine bestimmte Gestaltung diesen Grundsatz widerlegen: Ein großes, aber sehr düster gestaltetes Plakat geht eher im Straßengewirr unter als eine kleine, dafür helle und mit kräftigen Farben gestaltete Variante.

Zielgruppe

Grenzen Sie wieder wenn möglich Alter und Geschlecht ein, legen Sie die Interessen und Vorlieben der Zielgruppe fest, und beschreiben Sie dann deren Eigenschaften. Mit diesen Attributen wie seriös, elegant, frisch, unkonventionell, kindisch, albern, ernst, technisch, neugierig, alternativ oder gebildet haben Sie eine gute Grundlage, um Farben, Schriften und Bilder auszuwählen.

Zielgruppe
Detaillierte Infos zur Zielgruppenanalyse finden Sie im Kapitel »Werben mit Flyer und Broschüre« ab Seite 156.

Fragen, um die Zielgruppe zu definieren

Sie erinnern sich an die Fragen? Hier nochmal eine Übersicht über die wichtigsten Fragen, mit denen Sie die Zielgruppe eingrenzen können:

- Geschlecht
- Alter
- Interessen
- Berufsgruppe oder Unternehmen
- Bildungsstand
- Standort
- Charakter

Ihre Aufgabe
Notieren Sie sich die Antworten, und versuchen Sie, ein möglichst detailliertes Bild Ihres potenziellen Kunden zu zeichnen.

Struktur und Aufbau

Informationen kompakt fassen

Der Aufbau des Plakats ist entscheidend für seinen Erfolg. Die Informationen müssen kompakt und schnell erfassbar sein. Zu viele und zu stark verteilte Informationsblöcke erschweren die Aufnahme.

Die Fünfer-Regel

Verwenden Sie maximal fünf Gestaltungselemente auf einem Plakat. Als Gestaltungselement gilt ein Textblock, ein Bild, eine Farbe, eine Linie, eine Grafik, ein Slogan, ein Preis, ein Logo/Unternehmen. Wenn Sie also ein Bild, dazu eine Headline plus einen Slogan, das Logo/Unternehmen plus eine Farbe verwenden, sind Sie schon an der oberen Grenze.

Keine Konkurrenz | Vermeiden Sie Konkurrenz zwischen den Gestaltungselementen, besonders zwischen Text und Bild. Andernfalls verliert der Betrachter das Interesse. Ein sehr großes Bild erfordert eine kleinere Überschrift, und eine große Headline oder ein großer Slogan, der als Blickfang fungiert, setzt ein kleineres Bild voraus. Legen Sie also zuerst fest, was als Blickfang dienen soll. Grundsätzlich gilt: Je größer die Darstellung eines Objekts, als umso bedeutender wird es wahrgenommen.

Ein Plakat lebt von einem ansprechenden Blickfang.

Blickverlauf

Der Blickverlauf, also der Weg, den die Augen des Betrachters nehmen, und die Reihenfolge, mit der die Elemente abgearbeitet werden, sind nicht einfach auf den Punkt zu bringen. Es gibt zahlreiche Studien darüber, an welcher Stelle der Blick des Betrachters zuerst landet – und die Ergebnisse sind teilweise widersprüchlich, besonders bei doppel- oder mehrseitigen Druckerzeugnissen.

Startpunkt und Z-Form | Bei einseitigen Medien und etwas mehr Information, wie sie auch auf einem Plakat vorkommen kann, trifft die Blickführung in Z-Form zu. Dieses Betrachtungsmuster wird auch Z-Pattern genannt. Hierbei folgt das Auge beim Überfliegen einer Seite einem Z-Muster. Es startet also links oben, bewegt sich dann horizontal nach rechts, bewegt sich dann diagonal nach links unten und von dort wieder horizontal nach rechts. Somit entstehen vier Fixationspunkte, an denen die Hauptinhalte wahrgenommen werden können.

Bei stark minimiertem Text, einer kompakten Gestaltung sowie einem üblichen Abstand von einigen Metern kann es aber auch sein, dass der Betrachter das Plakat als ein gesamtes Bild wahrnimmt.

Bei Doppelseiten landet der Blick häufiger auf der rechten Seite. In jedem Fall, und das lässt sich verallgemeinern, landet er im oberen Teil der Seite. Ebenfalls verallgemeinern lassen sich die Ergebnisse von Studien, dass der Blick eher im Innenbereich landet als an den Rändern.

Blickverlauf bei Astra

Vom Slogan links oben verläuft der Blick entlang der Bildachse (durch die Sitzposition und den Körper des Mannes) diagonal nach links unten und von dort nach rechts zur Flasche.

Alternativer Blickverlauf | Auf das Betrachtungsmuster in Z-Form kann man sich aber nicht in jedem Fall stützen. Die Führung durch den Gestalter spielt eine wesentliche Rolle. Klar ist, dass der Betrachter die Seite nicht linear abarbeitet. Sein Blick springt, allerdings in kleinen Schritten, und Sie beeinflussen mit Ihrer Gestaltung die Richtung der Sprünge. Der Blick bewegt sich also vom Startpunkt aus in regional beschränkten Sprüngen, abhängig von der Gestaltung und der Aufmerksamkeitsstärke derjenigen Objekte, die in der Nähe des Startpunktes liegen.

Für die Praxis heißt das, dass Sie zum einen Ihren Gestaltungselementen unterschiedliche Aufmerksamkeitsstufen vergeben sollten. Das kann durch Größe oder Farbe geschehen. Zum Zweiten müssen Sie die örtliche Nähe zum ersten Blickfang beachten. Das wichtigste Element sollte räumlich am nächsten zum Blickfang stehen, das zweitwichtigste Element etwas weiter weg und so weiter.

Im eigenen Interesse | Das Gestaltungselement Logo beziehungsweise der Unternehmensname oder auch die Kampagne muss deutlich zu erkennen sein. Auch wenn Sie als Grafiker befürchten, Ihr Design und die perfekte Kombination von Headline und Bild werden vom Logo und Unternehmensnamen zerstört – ein Plakat kann nur dann eine sinnvolle Investition sein, wenn sich der Werbeeffekt lohnt.

[Sakkaden und Fixation]
Unser Blickverhalten wird durch Sakkaden und Fixation definiert. Bei der Fixation fokussieren wir einen Punkt, nehmen die Informationen auf und verarbeiten sie. Der Sprung zum nächsten Betrachtungspunkt wird als Sakkade bezeichnet. Während dieser Augenbewegung, die ruckartig und schnell stattfindet, nehmen wir keine optischen Informationen auf. Wir selbst empfinden die Bewegung als fließend.

Sakkaden
Der Blickverlauf mit Sprüngen

Hin und wieder sieht man Plakate völlig ohne Hinweis auf ein Unternehmen. In diesen Fällen ist das Unternehmen aber unverwechselbar mit der Kampagne verknüpft. Beispielsweise findet man vor Wahlen politische Kampagnen mit lediglich einer Headline und einem Foto, zudem noch die typische Parteifarbe – aber mehr nicht. Wenn Sie bereits diesen Bekanntheitsgrad erreicht haben, gratuliere ich – dann haben Sie aus Marketingsicht alles richtig gemacht. Wenn Sie aber noch nicht so weit sind, sollten Sie das Logo beziehungsweise das Unternehmen deutlich sichtbar machen.

Platz für das Logo | Ein guter Platz für das Logo ist übrigens oben links oder unten rechts. Am Rand zerstört es nicht so leicht den Rest der Gestaltung. Unten rechts landet – nach dem Blicklauf Z – der abschließende Blick des Betrachters, hier ist also durchaus ein geeigneter Platz für eine Selbstdarstellung. Eine Platzierung oben links führt dazu, dass das Logo fast als Erstes, zumindest aber als eines der ersten Elemente wahrgenommen wird. Auch das ist möglich, es hängt aber sehr vom Rest der Gestaltung ab, ob es dort optisch willkommen ist oder nicht.

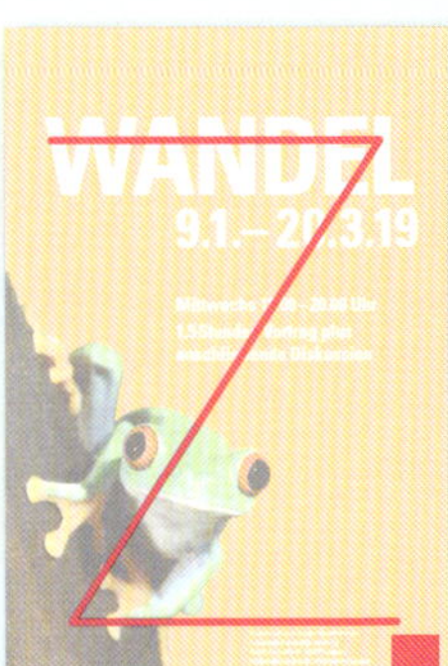

Logoplatzierung
Das Logo hat unten rechts einen guten Platz gefunden – hier enden die Z-Form und der Blickverlauf häufig. Außerdem unterbricht das Logo hier nicht den Betrachtungsverlauf, und es stört auch nicht die Gesamtgestaltung.

Zusammengehörigkeiten

Wie gerade gehört, repräsentiert die räumliche Nähe zwischen Objekten automatisch eine inhaltliche Nähe. Ist Objekt A wichtig, wird Objekt B, das nah danebensteht, ebenfalls als wichtig empfunden.

Die Bedeutung der räumlichen Nähe geht sogar noch einen Schritt weiter. Objekte, die nah beieinanderstehen, empfinden wir als zusammengehörend. Mehrere Punkte nebeneinander sehen wir als gepunktete Linie; ein Objekt nahe am Rand wird visuell mit dem Rand verbunden; zwei kurze Querlinien übereinander erkennen wir als Gleich-Zeichen. Nutzen Sie diese Form der Wahrnehmung in Ihrer Gestaltung.

Typografische Plakate

Sie kennen sicher auch Plakate, die ausschließlich mit Text werben. Je nach Zielgruppe und zu vermittelnder Botschaft kann das eine passende Lösung sein. Bedenken Sie jedoch, dass der Betrachter für das Lesen einer Botschaft in Form von Schrift grundsätzlich mehr Zeit benötigt als für das Erkennen einer Botschaft in Form eines Bildes. Und Zeit ist genau das, was den Betrachtern von Plakaten in der Regel fehlt. Insofern handelt es sich bei den typografischen Plakaten eher um Kunstwerke, die an entsprechender Stelle die Aufmerksamkeit erhalten, die sie verdienen.

Räumliche Nähe zum Blickfang verleiht Bedeutung
Blickfang ist der Kopf des Schauspielers, anschließend liest man den Titel des Theaterstücks. Die acht Namen sind bewusst verteilt worden.

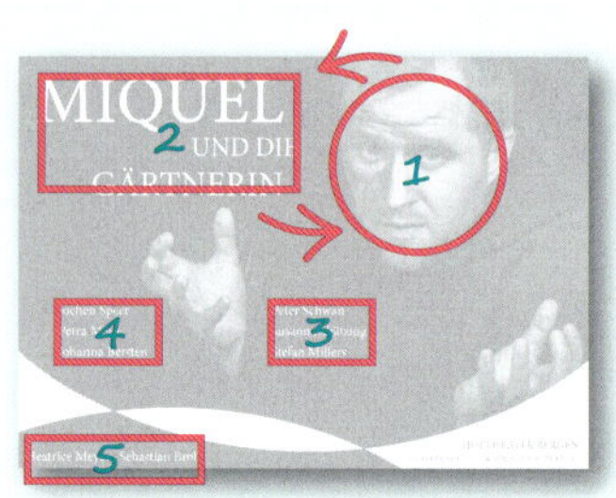

Die Namen, die nahe beim Blickfang stehen, erscheinen am bedeutsamsten. Die drei Namen links der Hand verlieren bereits an Bedeutung, und die beiden Namen am unteren Rand könnte man für Statisten halten – obwohl alle gleich ausgezeichnet sind.

Bild und Text

Ergreifende Bilder und kurze Texte

Für Bilder nimmt sich der Betrachter mehr Zeit als für Text. Arbeiten Sie also mit Bildern oder kurzen Texten, die bildhaft wahrgenommen werden.

Geeignete Bilder, wenig Text

Grundsätzlich enthalten Plakate sehr wenig Text. Dies ist dem eben beschriebenen Umstand geschuldet, dass der Betrachter in wenigen Sekunden kaum mehr als ein paar Worte aufnehmen und verarbeiten kann. Somit spielen Grafiken, Bilder und Farben bei den Plakaten eine wesentliche Rolle. Studien haben auch gezeigt, dass Bildern grundsätzlich längere Aufmerksamkeit gewidmet wird als Text, da sie kognitiv besser verarbeitet und gespeichert werden können.

Bildauswahl

Das Bild soll die Botschaft visuell unterstützen. Vermeiden Sie die alte und längst nicht mehr so eindeutig funktionierende Methode »Sex sells«, sondern wählen Sie ein Bild, das in direktem Zusammenhang mit der Aussage steht und den Betrachter nicht verwirrt.

Das Bild, für das Sie sich entscheiden, sollte entweder den Betrachter besonders neugierig machen, ihn überraschen oder Emotionen wecken. Die Darstellung von Gesichtern ist beliebt, weil sie in der Regel genau das bewirken. Studien haben gezeigt, dass Menschen zuerst immer Gesichter betrachten. Somit sind Gesichter ein Eyecatcher schlechthin.

Alle Regeln befolgt
Ein gelungenes Plakat mit dem Schimpansen als emotionalem Blickfang.

© Zoo Leipzig

Blickrichtung im Bild | Manchmal ist es auch clever, dass die auf dem Foto abgebildete Person den Betrachter direkt ansieht. Das kommt allerdings auf die zu vermittelnde Botschaft an. Wenn auf dem Bild eine Person zu sehen ist, die ein zu bewerbendes Produkt verwendet und den Betrachter dazu einlädt, es ihm gleichzutun, kann es sinnvoll sein, dass sie den Kunden in die Augen blickt. Auch ein Spendenaufruf von Ärzten oder Betroffenen kann durch den direkten Blick eindringlicher wirken als eine Übersichtsaufnahme des Krisengebiets. Grundsätzlich erhöhen Sie mit einer Nahaufnahme den emotionalen Bezug des Betrachters zur abgebildeten Person.

Wenn die Person auf dem Foto den Betrachter nicht direkt ansieht, sondern zur Seite blickt, sollte der Blick in die Seite hineingehen. Verläuft der Blick aus der Seite heraus, wendet sich die Person ab und wirkt desinteressiert am Rest des Plakats und somit an dem Produkt, dass Sie bewerben – ein klassisches Eigentor. Der Blick des Betrachters landet nämlich zuerst auf dem Gesicht des Fotos und folgt seinem Blick. Verläuft dieser weg vom Produkt nach außen, haben wir ihn als interessierten, potenziellen Kunden verloren.

Größe des Bildes | Das Bild kann gerne bis zu 80% der Gesamthöhe des Plakats einnehmen. Es sollte nicht nur frontal, sondern auch aus verschieden steilen Winkeln gut zu erkennen sein.

Körperhaltung zur Schrift
Die Blickrichtung und die Körperhaltung zeigen zum Text, in das Plakat hinein.

Bild bestimmt Schrift | Dass Text und Bild eine Verbindung inhaltlicher Art aufweisen sollten, haben Sie gehört. Es gibt aber noch ein weiteres Kriterium, wie wir Text und Bild zu einer Einheit formen: Stellt das Bild den Löwenanteil dar und ist der Blickfang, sollte der Text das Bild ergänzen und umspielen. Dazu gehört, vorhandene Achsen aufzunehmen, aber auch, Stimmungen und die Lautstärke des Bildes auszumachen, aufzunehmen und im Text fortzuführen. Mit dieser Achtsamkeit schaffen Sie nicht nur eine optische Einheit, sondern erleichtern sich selbst die Qual bei der Schriftwahl.

Das Bild wirkt forsch, offen und klar wie die Schrift Tahoma.

Natürlich und entspannt, mit waagerechter und senkrechter Betonung passt das Bild zur Noteworthy.

Konzentriert und symmetrisch wirkt das Bild und passt gut zur Schrift Raleway.

Klarheit und Reinheit vermittelt das Bild, ähnlich wie die Kievit Pro.

Gestalterische Verbindung zwischen Text und Bild | Freigestellte Bilder können auf weißen oder fabigen Hintergrund gestellt werden, der Text findet auf beidem gut seinen Platz. Bei flächigen Bildern muss der Hintergrund so gestaltet sein, dass der Text mit genug Kontrast darauf platziert werden kann. Bei zu unruhigem Hintergrund helfen Farbflächen oder transparente Flächen.

Manchmal ist aber das Bild nicht groß genug oder farblich so ungeeignet, dass es nicht als Hintergrund für die Schrift dienen kann. Dann müssen Farbflächen an das Bild gestückelt werden. Der Übergang zwischen Bild und Farbfläche kann mit einer Linie oder einem anderen Gestaltungselement, das man bereits an anderer Stelle verwendet hat, verbunden werden.

Bildauflösung

Auflösung
Detaillierte Infos zur Bildauflösung finden Sie ab Seite 308.

Der Betrachtungsabstand für einen Folder beträgt circa 25 Zentimeter. Dass hier die Auflösung höher und somit die einzelnen Druckpunkte feiner sein müssen, um nicht als solche erkannt zu werden, versteht sich

Weiße Linie plus Spitze
Bei flächigen Bildern braucht man häufig einen Übergang zwischen Bild und Farbfläche. Hierzu dient die gleiche weiße Linie mit Spitze, wie sie in der Sprechblase verwendet wird.

Gestaltungselement weiße Linie mit Spitze

Übergang von Bild zu Text

von selbst. Machen Sie einmal selbst den Test, und stellen Sie sich ganz nah vor ein Plakat – Sie werden überrascht sein, wie deutlich die Punktstruktur aus der Nähe zu sehen ist und wie sehr sich die Darstellung optimiert, wenn Sie den Abstand zum Plakat vergrößern.

Bei einem Leseabstand von circa 1 Meter sollte für die Aufnahmen, die Sie ja für Ihr Plakat in der Regel stark vergrößern müssen, eine Auflösung von 150 ppi ausreichen; bei einem Leseabstand von circa 3 Metern genügt auch eine Auflösung von 50 ppi. Wer zum Beispiel an der Wand hinter der durchfahrenden U-Bahn wirbt, kann sicher sein, dass niemand näher als 3 Meter an das Plakat herankommt.

Plakativer Text

Auch wenn wir mit wenig Text arbeiten – die Bedeutung der Lesefreundlichkeit ist hoch. Der Betrachter muss den Text ja in kürzester Zeit lesen können, und wer hier entziffern und rätseln muss, benötigt zu viel Zeit.

Die Anzahl der verwendeten Schriften sollten Sie auf maximal zwei begrenzen; wenn Sie mit nur einer Schrift arbeiten, können Sie mehr als zwei Schnitte verwenden. Mehr als drei Schriftgrößen sollten Sie vermeiden.

Zu viel von allem >
Ganz spontan: Sind Sie mit dieser Gestaltung zufrieden? Ich zähle tatsächlich acht verschiedene Schriftgrößen, und als wäre das nicht schon viel zu viel, zähle ich noch sechs verschiedene Schriftfarben beziehungsweise Auszeichnungen.

Aussage und Wortanzahl | Die Aussagen sollten aufgrund der Leseumstände knapp, kurz und bündig formuliert sein. Für die Kernaussage sollten Sie nicht mehr als fünf Worte benötigen. Satzzeichen bremsen übrigens die weitere Aufnahme von Informationen, und auch Negativformulierungen beziehungsweise Verneinungen sollten Sie vermeiden.

Da der Betrachter die Aussage so schnell erfassen muss, ist die Anordnung der Texte enorm wichtig. Lassen Sie die Worte nicht zu weit in die Waagerechte laufen: Fünf Worte in großer Größe können – in einer Zeile – über die gesamte Breite eines horizontalen Formats reichen und würden die Wirkung verfehlen. Bilden Sie also lieber mit Ihren fünf Worten eine Wolke mit drei bis maximal fünf Zeilen. Headlines rechts neben oder unter dem Bild werden eher wahrgenommen als Headlines links oder über dem Bild.

Platzierung des Textes
Rechts neben dem Bild ist ein guter Platz für eine Textwolke. Die drei Zeilen sind sehr kompakt und lassen sich auf einen Blick warhnehmen.

Mit der Headline auf der linken Seite fällt die Gestaltung etwas auseinander; steht die Headline oben, ist es schwieriger, den Inhalt mit einem Blick wahrzunehmen.

Schriftart | Aufgrund der kurzen Verweildauer benötigen Sie maximal lesbare Schriften. Die Vor- und Nachteile von Serifen- und serifenlosen Schriften sind seit vielen Jahren Streitthema von Experten, und eine Verallgemeinerung lässt sich kaum treffen, da die Serifen eben nur einen Teil zur Lesbarkeit beitragen; andere Aspekte wie die Breite der Buchstaben oder auch die eigentliche Form sind mindestens genauso ausschlaggebend für die Lesefreundlichkeit. Da bei der Gestaltung eines Plakats jedoch zwei Ansprüche zusammenkommen, nämlich eine hervorragende Lesbarkeit sowie eine Headline-taugliche und somit für sehr große Größen geeignete Schrift, sollte man dann eher zu den Grotesken als zu den Serifenschriften greifen. Vermeiden Sie aber sehr dünne und sehr schmale Schriften, und auch Kursive oder Schreibschriften sind meist nicht so schnell erfassbar wie klare Serifenlose mit starken Strichstärken.

Schriftgröße | Üblicherweise sollte die gewählte Schrift aus 2 bis 3 Metern Entfernung gut lesbar sein – testen Sie es aus. Um ein Gefühl für die Schriftgrößen zu bekommen, können Sie auch folgende Richtwerte verwenden: Wird der Blickfang von einem Bild übernommen, beträgt der Überschriftenblock circa 15–20 % der Plakathöhe, was bei drei Zeilen circa 5 % für die Schriftgröße ausmacht. Falls der Schriftblock als Blickfang dient und das Bild nur ergänzt, sollte die Schrift natürlich größer sein.

Schriftgrößen
Eine Headline kann 20 % der Gesamthöhe einnehmen; wenn der Text als einziger Blickfang dient, natürlich auch mehr.

(Punktangaben für das Format DIN A0)

PROJEKT 23

Plakatkampagne

Feuerwehr mit Körperhaltung

Die Freiwillige Feuerwehr von Bonn möchte eine Werbekampagne ins Leben rufen, in der sie für neue Mitglieder wirbt. Die Kampagne soll mit einem Plakat starten, das mit wenigen Worten beziehungsweise einem kurzen, originellen Spruch wirbt. Dieser soll auf den weiteren Plakaten der Kampagne ausgewechselt werden. Die Gestaltung muss also ermöglichen, den Slogan beliebig auszutauschen und dabei auch etwas längere oder etwas kürzere Slogans optimal unterzubringen, ohne die Gesamtgestaltung zu verändern.

Teamarbeit

Ein wichtiger Grundgedanke bei der Feuerwehr ist die Teamarbeit und das Vertrauen, das sich die Feuerwehrleute untereinander schenken müssen. Die beiden Feuerwehrmänner verkörpern im wahrsten Sinne des Wortes die Teamarbeit, denn ihre Körper sind leicht einander zugewandt.

Weitere Plakate der Kampagne zeigen einen wechselnden Slogan, die restliche Gestaltung ist unverändert. Bei Bedarf sind aber auch die Bilder der beiden Feuerwehrmänner auswechselbar.

Buchstabenabstände und linke Kanten

Wenn man Versalien verwendet, gleicht man abhängig von Schriftart und Schriftgröße die Buchstabenabstände individuell aus. Je größer die Schrift, desto eher und stärker muss man eingreifen. Auch der linke Rand muss manuell ausgeglichen werden.

WIR
HAUS-

Die Sabon in Großbuchstaben muss stark ausgeglichen werden.

WIR
HAUS-

Bei der Kievit ist nur wenig zu korrigieren.

WIR
MACHEN
HAUS-
BESUCHE.

Achten Sie auf einen schönen Zeilenfall.

Die erste Zeile wird deutlich nach links geschoben, damit sie optisch bündig steht; die zweite Zeile wird um circa die Hälfte verschoben.

Kampagne mit Platzhalter

Wenn man eine Plakatkampagne konzipiert, definiert man vorab, welche Elemente einen festen Platz haben und welche Elemente flexibel sind und ausgetauscht werden. Für die flexiblen Elemente definiert man Eckdaten; im Beispiel die Headline mit maximal fünf Zeilen.

Art und Größe der wechselnden Inhalte werden definiert.

Augenhöhe bei Porträts

Professionell gestaltete Plakate mit Porträtaufnahmen haben – in der Regel – eines gemeinsam: Die Augenhöhe liegt bei ⅓ der Gesamthöhe, von oben gesehen.

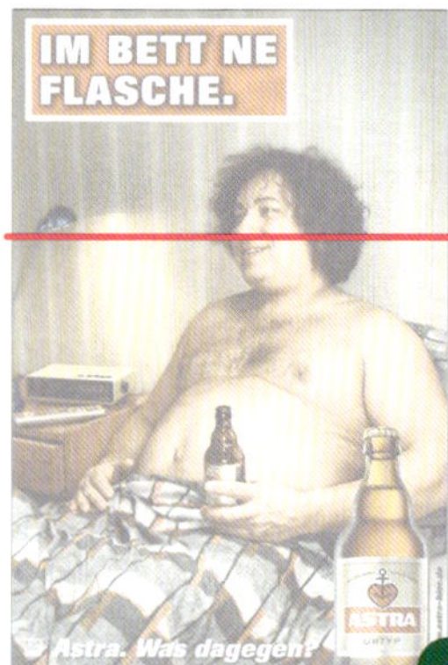

Porträts, die eine Art Auge-in-Auge-Wirkung erzeugen, sollten uns auch auf Augenhöhe begegnen.

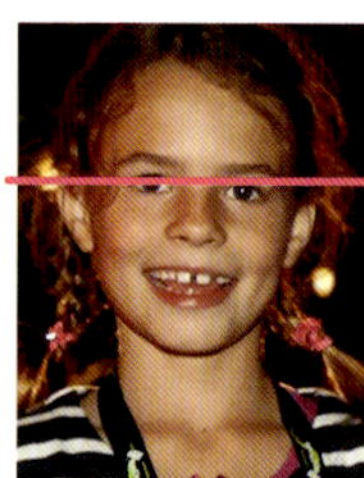
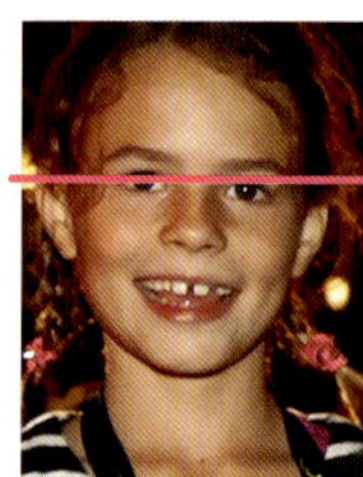

Wenn das Porträt beschnitten wird, bleibt die Augenhöhe unverändert. Je näher gezoomt wird, desto intensiver wird der Kontakt.

Je weiter entfernt, desto höher die Augenhöhe

Da Personen, die weiter weg stehen, im Gesichtsfeld höher erscheinen, wird hier die Augenhöhe nach oben versetzt.

Augenhöhe nicht auf ⅓ Höhe, sondern etwas nach oben versetzt

⅓ Höhe

Teamwork und Vertrauen durch Bildsprache

Feuerwehrarbeit ist Teamarbeit. Man muss dem ganzen Team vertrauen, und diese Botschaft wollen Sie vermitteln. Ein entscheidender Aspekt dabei ist die Köpersprache bei den ausgewählten Fotos.

Je stärker sich die Körper drehen, desto stärker wird der abweisende Charakter deutlich. Je mehr sich die Personen einander zuwenden, desto mehr emotionale Nähe und Vertrautheit strahlen sie aus.

Blickrichtung und Körperhaltung

Noch extremer wird die Wirkung, wenn beides, also Blickrichtung und Körperhaltung, in eine Richtung zeigen. Platzieren Sie die anderen Personen oder auch die Headline grundsätzlich in die Blickrichtung – alles andere wirkt abweisend und ist kontraproduktiv

PROJEKT 24

Textmengen optimal platzieren

Korrektur eines Plakats zum Turnfest

Ein Bild, ein paar Worte Text – und fertig ist das ansprechende Plakat. Manchmal ist die Aufgabe aber eine andere: Hier dient das Plakat eines Sportvereins nicht nur als Aufmerksamkeitsfang, sondern auch als Information über eine anstehendes Fest. Somit ist eine Menge an Informationen sinnvoll unterzubringen, was leider im ersten Anlauf nicht geklappt hat. Wir analysieren die Fehler und korrigieren sie. Den Wunsch des Kunden, das Plakat wegen der Wiedererkennung nicht völlig neu zu gestalten, berücksichtigen wir bei den Korrekturen.

Die größten Fehler auf einen Blick

- **Blickfang:** Es gibt keinen Blickfang. Im oberen Drittel des Plakats buhlen mehrere Texte und das Wappen um den Sieg.
- **Schrift:** Es gibt sieben Schriftgrößen, vier Schriftfarben, drei Schriften (inklusive Schnitte) plus Schrift im Wappen plus Schrift im Logo plus Schatten hinter fast allen Schriften.
- **Achsen:** Es gibt nur wenige Gestaltungsachsen: Die Zahlen in der Headlinie stehen nicht untereinander, die Bilder bilden keinerlei Achsen mit den Texten.
- **Bilder:** Zwölf Bilder plus zwei Logos sind eine Menge, zumal ein Konzept für die Platzierung fehlt. Abgerundet wird das Ganze durch falsche Bis-Striche und miserable Bildqualitäten.
- **Farbe:** Es gibt kein Farbkonzept – Rot, Blau, Weiß, Gelb und Schwarz sind als reine Farben scheinbar willkürlich verwendet worden.

Blickfang

Es gibt einen klaren Blickfang: die Headline »125 Jahre«, mit einem festlich wirkenden blauen Hintergrund hinterlegt.

Achsen

Es gibt optische vertikale und horizontale Achsen, die eingehalten wurden.

Farbe

Da im Wappen sowie im Logo das Blau die vorherrschende Farbe ist, haben wir diese übernommen. Als Kontrast wurde das Rot aus dem Logo entnommen und für die Auszeichnungen im Text sowie für die Schleife verwendet.

Schrift

Es wird lediglich eine Schrift verwendet, und zwar die Palatino, die mit ihrer traditionellen und festlichen Wirkung hervorragend dazu passt. Außerdem verfügt sie über Mediävalziffern, die in solch großen Größen deutlich sympathischer und harmonischer wirken als normale Zahlen.

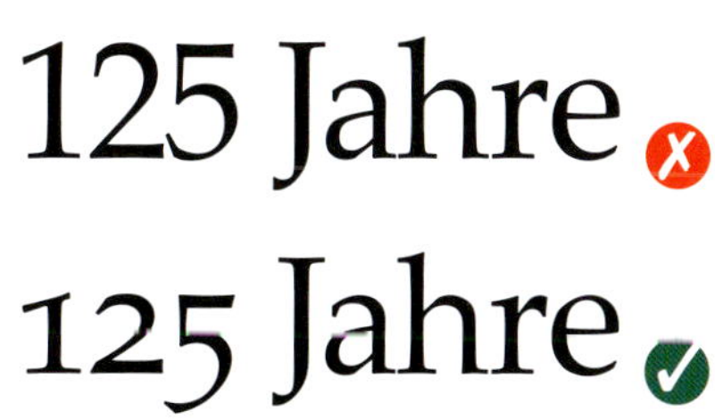

Farbe im Plakatdesign

Auffallen und unterstützen

Bei der Gestaltung eines Plakats hat die Farbe ganze drei Aufgaben: Sie soll zum einen aufmerksam machen, sie soll zweitens die Botschaft unterstützen, und drittens hat sie eine schmückende Funktion.

Aufmerksamkeit, Botschaft, Schmuck

Um die erste Aufgabe, Aufmerksamkeit zu erregen, zu erfüllen, verwenden Sie bei der Gestaltung Farben, die auffallen. Reine Farben wie Rot, Blau und Grün, aber auch Schwarz und Weiß sind eine gute Wahl. Aber lassen Sie es – wie immer – nicht zu bunt werden. Auffallen heißt nämlich nicht, möglichst viele Farben, sondern reine, nicht zu dunkle Farben zu verwenden.

Die zweite Aufgabe lautet, die Botschaft zu unterstützen. Beachten Sie dazu die psychologische Wirkung von Farben und deren Zielgruppen.

Die dritte Aufgabe der Farbe lautet: Mach es hübsch. Farben lockern die gesamte Wirkung auf und können graue, öde Textwüsten in ansprechend fröhliche Gestaltungen verwandeln. Setzen Sie die Farbe wie Schminke ein. Und ein Schminktipp lautet: Sehr bunt ist nicht unbedingt sehr schön.

Farbtemperatur | Es gibt warme und kalte Farben. Zu den warmen Farben zählen Pink, Rot, Orange, Gelb und das Gelb-Grün, also somit auch das Braun. Sie können davon ausgehen, dass Sie mit einer warmen Farbe auch ein warmes Gefühl beim Betrachter hervorrufen.

Zu den kalten Farben zählen die Blau- und Grüntöne, also Blau, das Türkis und das Violett. Durch die Verwendung einer kalten Farbe verursachen Sie eine gewisse Kühle und Distanz, die Gestaltung wirkt sachlich und neutral.

Die Farben Weiß, Grau und Schwarz zählen als neutrale Farben. Streng genommen sind Schwarz und Weiß ja auch gar keine Farben, haben aber natürlich trotzdem eine Wirkung auf den Betrachter. Ein Grau mit einem leichten Blaustich wirkt übrigens deutlich kühler auf den Betrachter als ein Grau mit einem leichten Rotstich.

Kulturelle und traditionelle Bedeutung | Neben der Farbtemperatur wirken Farben auch vor dem Hintergrund ihrer kulturellen Bedeutung, und die ist wiederum abhängig davon, wie und wo man aufgewachsen ist. Ein schönes Beispiel an dieser Stelle ist die Farbe Weiß, die in Asien die Farbe der Trauer ist – hierzulande ist es die Farbe Schwarz.

Natürlich können Sie nicht wissen, ob ein in Asien aufgewachsener Betrachter Ihre Gestaltung sieht oder ein Europäer. Letztlich können wir nicht alle Eventualitäten ausschließen, sondern wir gestalten für die größere Wahrscheinlichkeit, also verzweifeln Sie nicht. Und ist es Ihnen tatsächlich einmal vergönnt, für ein international tätiges Unternehmen zu designen, dann können Sie immer noch überlegen, wie Sie mit kritischen Farben wie dem Weiß umgehen.

∧ Warm und kalt
Die obere Reihe mit den warmen Farbtönen, unten die kalten Farbtöne.

∧ Explosiv
Kalte und warme Farben treffen aufeinander.

< Kultur und Tradition
Farben wirken auch über kulturelle Einflüsse.

Farbwirkung

Bei den folgenden Assoziationen bedenken Sie bitte, dass jede Farbe Abstufungen und Farbstiche haben kann. Es gibt das reine Rot, aber auch ein Hellrot, ein Rosarot, ein Blutrot, ein Weinrot und vieles mehr. Dementsprechend gibt es hier keine ultimativen Aussagen über die Wirkung, sondern nur Anlehnungspunkte. Übrigens zeigen die beiden Farben Gelb und Grün besonders starke Unterschiede in ihrer Wirkung, wenn Sie von ihrem reinen Farbton abweichen.

^ Rot und die Liebe
Rot steht für die Leidenschaft und für Gefahr.

Die Farbe Rot | Rot ist eine aktive Farbe, sie wirkt belebend und anregend. Sie hat aber auch eine Signalwirkung und drängt sich stark in den Vordergrund, und sie kann auch bedrängend wirken; verwenden Sie das Rot also auch eher in seiner Rolle im Vordergrund und nicht als Hintergrundfarbe.

Begriffe und Kombinationen, die dazu einfallen, sind ein helles Rot, das ins Rosafarbene gleitet, Zärtlichkeit, Weiblichkeit, Liebe, Schönheit, Freundschaft, Sensibilität und Weichheit. Genauso Liebe, Hass, Erotik, Blut, Krieg, Hitze, Feuer, Leidenschaft, Warnung, Achtung, Signal, Energie, Aufregung, Mut, Dringlichkeit, Gefahr, Sicherheit, Kraft, Dynamik und Anregung.

In Kombination mit Schwarz wirkt Rot gefährlich bis hin zu brutal. Rot mit Blau wirkt sehr bunt und spannungsreich, Rot und Grün haben einen sehr starken Kontrast, Rot und Gelb signalisieren höchste Gefahr.

^ Blau und die Ferne
Blau steht für Sehnsucht und Ferne.

Die Farbe Blau | Blau repräsentiert die Ferne und die Frische, das Dunkelblau ist seriös und sorgt für Vertrauen. Gleitet das Blau ins Violette, steht es für Kreativität, Weisheit, Würde, Magie und Mode.

Begriffe und Kombinationen sind Vertrauen, Verlässlichkeit, Ruhe, Stabilität, Integrität, Aufrichtigkeit, Kraft, Sympathie, Harmonie, Wasser, Produktivität und Kommunikation.

Kombiniert mit Weiß erscheint das Blau noch frischer und strahlender, unterstreicht aber auch die technische und neutrale Wirkung. Die Kombination Blau mit Grau ist auch technisch, aber nicht ganz so kühl. Wenn Sie das Blau mit Grün ergänzen, verstärken Sie die Naturverbundenheit des Blau und erinnern an Wasser, Himmel und an die Schöpfung. Blau und Gelb sind sehr kontrastreich, denn hier trifft kalt auf warm und passiv (Blau) auf aktiv (Gelb).

Die Farbe Grün | Je nach Farbton ist das Grün die Farbe der Frische und der Ausgeglichenheit. Weder so aufdringlich wie das Rot noch so im Hintergrund wie das Blau ist das Grün die Farbe der Hoffnung und der ökologisch orientierten Themen. Es hilft, alles ins Gleichgewicht zu bringen, stärkt die Nerven und wirkt vitalisierend.

Begriffe und Kombinationen, die zu Grün einfallen, sind Frische, Natur, Wiese, Wälder, Frühling, Harmonie, Erneuerung, Hoffnung, Lebendigkeit, Neid, Gift, Friede, Gesundheit, Wachstum, Balance, Leben, Geld, Sicherheit, Entspannung, Hoffnung, Umgebung, Neid, Fülle, Fruchtbarkeit und Heilung.

Mit Rot zusammen denken wir an Geschenke und Weihnachten, mit Schwarz kombiniert hinterlässt das Grün entweder einen giftigen Eindruck oder es erinnert uns an den Wald und die Wiese. Bei Blau und Grün denken wir an Himmel und Wiese, und ein Gelb beziehungsweise Orange lässt das Grün noch mehr strahlen und uns Frühling und Erneuerung assoziieren.

∧ Grün und die Natur
Grün steht für Frische und Wiese.

Die Farbe Gelb | Das Gelb ist eine Farbe mit der stärksten Leuchtkraft und steht für die Sonne und das Licht, auch wenn sie laut Umfragen nicht besonders beliebt ist. Abhängig von Farbton und Sättigung verändert sie aber schnell ihre Aussage und Wirkung. Wird das Gelb abgedunkelt, kann es faulig und giftig wirken.

Begriffe und Kombinationen zu Gelb sind Sonne, Licht, Leben, Weisheit, Blumen, Lebensfreude, Fröhlichkeit, Freundlichkeit, Gift, Galle, Neid, Eifersucht, Optimismus, Wärme, Energie, Frische, Freude, Intellekt und Alarm.

Anderen Farben verhilft Gelb häufig zu Leuchtkraft, bei der Kombination von Blau strahlen beide Farben verstärkt. Mit Schwarz steht das Gelb für Gefahr, und viele haben sofort entweder das Zeichen für Sehbehinderung, nämlich die drei schwarzen Punkte auf der gelben Armbinde, vor Augen oder das Zeichen für Radioaktivität. Gelb mit Rot steht für Gefahr, weist aber auch eine große Signalwirkung auf.

∧ Gelb und die Sonne
Das Gelb symbolisiert Blumen und Leben.

∨ Orange und Vitalität
Orange steht für Freude und Vitalität.

Die Farbe Orange | Das Orange vermittelt grundsätzlich Fröhlichkeit und Geselligkeit und ist je nach Helligkeit und Sättigung auch als Warnfarbe geeignet. Seine Freude kann schnell ins Billige kippen, und besonders mit Schwarz passiert das in der Werbung schnell.

Begriffe und Kombinationen sind Freude, Geselligkeit, Vitalität, Optimismus, Vergnügen, Wärme, Billigkeit, Angeberei, Lautstärke, Kreativität, Gesundheit, Zuversicht, Jugendlichkeit, Innovation, Exotik, Aktivität und Vorsicht.

Nahe Farben wie Rot und Gelb können es noch mehr zum Leuchten bringen, und mit Grün kombiniert assoziieren wir Gesundheit. Orange und Braun bringen den 70er-Jahre-Stil hervor.

^ Braun ist stark
Mit Braun verbinden wir Kraft und Erde.

Die Farbe Braun | Die Farbe Braun ruft – im Vergleich zu anderen Farben – viele negative Assoziationen bei uns hervor. Braun ist schmutzig, braun sind die Hundehaufen, die allzu oft im Weg liegen, Braun ist das Spießbürgertum und Braun ist natürlich auch die Farbe des Rechtsextremismus. Die positiven Assoziationen wie Erde und Natur gehen hier häufig fast ein wenig unter. Umso wichtiger ist hier, welche Farbe Sie zum Braun kombinieren.

Begriffe und Kombinationen sind Männlichkeit, Schwere, Kraft, Stärke, Erde, Sicherheit, Rechtsextremismus und Unterdrückung.

Helle Farben wie Gelb lassen das Braun freundlicher wirken, das Orange und das Grün betonen die Verbindung zu Natur und Umwelt. Vorsicht gilt bei der Kombination von Braun und Schwarz, denn die Mischung ist sehr düster und erinnert an den Nationalsozialismus.

^ Weiß ist rein
Weiß steht für Reinheit.

Die Farbe Weiß | Was das Braun zu viel hat, hat das Weiß kaum: negative Eigenschaften. Die Unbuntfarbe Weiß wirkt klar, sauber, locker, strahlend, eventuell auch leer und unpersönlich, aber in den meisten Fällen kann das Weiß seine positive Leichtigkeit versprühen. Besonders in der Raumaufteilung beim Design werden Sie immer wieder von mir zu hören bekommen, dass Sie sich über viel Weißraum keine Sorgen machen sollten – ganz im Gegenteil. Der Weißraum ist in der Gestaltung einer der wichtigsten und wertvollsten Bestandteile, und ein »Zuviel« ist sozusagen gar nicht möglich.

Begriffe und Kombinationen sind Frische, Sauberkeit, Reinheit, Hoffnung, Güte, Glück, Licht, Reinheit, Einfachheit, Coolness, Wahrheit, Minimalismus, Perfektion, Unschuld und Leere.

Ein weißer Hintergrund lässt andere Farben leuchtender erscheinen, und wenn Sie Schwarz kombinieren, betonen Sie den Kontrast – das Schwarz wirkt schwärzer, das Weiß wirkt weißer.

Die Farbe Schwarz | Die Unbuntfarbe Schwarz steht für Trauer und für den Tod, für Finsternis und für das Böse. Gleichzeitig ist sie die eleganteste Farbe. Sie kleidet unvergleichbar viele Menschen, was nicht zuletzt daran liegt, dass durch das Verschlucken des Lichts schwarze Kleidung schlank macht. Sie wirkt elegant und würdevoll. Als Hintergrund ist sie nicht besonders gut geeignet, da sie sich zu wenig zurücknimmt; leichter gestaltet sich die Aufgabe, wenn Schwarz als Vordergrundfarbe, also für Schriftzeichen oder Buchstaben verwendet wird, denn da ist uns das Schwarz geläufig und gefällig.

Begriffe und Kombinationen sind Eleganz, Reichtum, Würde, Seriosität, Feierlichkeit, Trauer, Unabänderlichkeit, Verlust, Stärke, Kraft, Tod, Teufel, Mystik, konservativ, Modernität, Kultur und Verführung.

Hellere Farben vertragen sich gut mit Schwarz, allerdings sind Gelb und Schwarz und auch Orange und Schwarz gedanklich vorbelastet. Auch das Braun und Schwarz sind – wie gerade gehört – eine besetzte Kombination, Rot und Schwarz schaffen eine teuflische Atmosphäre. Grün mit Schwarz sorgt für naturverbundene Gefühle, und Blau mit Schwarz verhilft zu einer soliden Ausstrahlung.

Schwarz ist mystisch
Das Schwarz symbolisiert Eleganz und Mystik.

Der Farbkreis

Biegt man das Farbspektrum des sichtbaren Lichts zu einem Kreis und ergänzt Anfang und Ende des Spektrums, ergibt sich ein Farbkreis.

Einige berühmte kluge Köpfe haben sich mit der Farbenlehre beschäftigt, und somit sind auch einige Theorien zum Farbkreis und der genauen Aufteilung der Farben innerhalb des Kreises entstanden. Ich orientiere mich an dieser Stelle an dem Farbkreis von Johannes Itten, der in zwölf Hauptfarben unterteilt ist. Mithilfe des Farbkreises können Sie Harmonien und Kontraste bestimmen oder Komplementärfarben ausfindig machen.

Farbkreis
Der Farbkreis von Itten

[Farbkontraste nach Itten]
Johannes Itten hat sieben Farbkontraste definiert, die bei der Auswahl von Farbkombinationen helfen können.

Harmonien und Kontraste

Ähnlich wie bei der harmonischen und disharmonischen Wirkung einer Gestaltung beziehungsweise einer Raumaufteilung oder Unterteilung von Objekten können Farbkombinationen auch harmonisch oder unharmonisch wirken. Bestimmte Farbkombinationen sorgen für Spannung und Kontrast; andere Farben ergänzen und unterstützen sich. Farben, die innerhalb einer Gestaltung verwendet werden und in einem harmonischen Einklang miteinander stehen, tragen elementar zur Ordnung des Gesamtbildes bei. Aber auch hier kann ich ähnlich wie bei der Harmonie und der Disharmonie nicht grundsätzlich raten, immer nur harmonisch

Farbsammlungen >
Farbsammlungen nach Zielgruppen erleichtern die Farbauswahl.

Erwachsene

männlich

weiblich

Kinder

Jugend

Familie

Senioren

Helligkeit
Eine Farbe wird nicht nur durch ihre Zusammensetzung, sondern auch durch ihre Helligkeit zu dem, was sie ist. Somit lässt sich der Farbkreis durch zwei weitere Werte ergänzen: durch die Zugabe von Schwarz, um abzudunkeln, und durch die Zugabe von Weiß, um einen Farbton zu erhalten. Mit dem ergänzten Farbkreis lassen sich einfach Farbkombinationen finden.

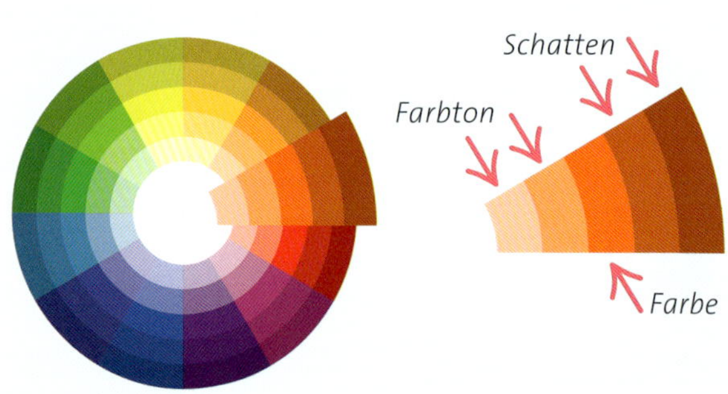

zu gestalten. Manche Gestaltungen werden durch Farbkontraste erst richtig spannend. Insofern gilt wieder: Es gibt kein Richtig oder Falsch, es gilt immer nur, die gewünschte Wirkung zu erzielen.

Kontraste im Plakat | Kontraste sind für die Wahrnehmung aus größerer Entfernung essenziell, Komplementärfarben verbessern die Sichtbarkeit. Schöpfen Sie also aus dem Vollen. Ein saftiger Komplementärkontrast oder eine gelungene Hell-Dunkel-Gestaltung ist für ein Plakat willkommen. Sie wollen ja mit Ihrem Plakat auffallen, und reine Farben fallen mehr auf als abgeschwächte, getrübte Farben. Achten Sie auch darauf, dass die gesamte Farbgestaltung nicht zu dunkel wird, damit sie auch noch in der Dämmerung oder unter schlechten Lichtverhältnissen wahrgenommen wird.

Übrigens hat dunkle Schrift auf hellem Grund eine bessere Fernwirkung als Negativschrift.

Ruhe und Kontrast | Die analoge und die monochromatische Farbharmonie sind zwei sehr zurückhaltende, stille Harmonien. Bei der analogen Farbharmonie kombinieren Sie – meist drei – Farben, die im Farbkreis nebeneinanderliegen. Bei der zweiten Variante werden lediglich verschiedene Tonwerte, also Abstufungen einer Farbe, verwendet.

Eine der kontrastreichsten Farbharmonien ist die Verwendung zweier Komplementärfarben. Das sind zwei Farben, die im Farbkreis exakt gegenüberliegen, wie zum Beispiel Magenta und Grün oder Blau und Gelb.

Komplementärfarben weniger kontrastreich | Möchten Sie Spannung herausnehmen, können Sie die beiden Grundfarben mit Abstufungen ergänzen, also zu Blau und Gelb noch Hellblau und Dunkelgelb geben, oder Sie entfernen sich von den reinen Farben Blau und Gelb und nehmen ein Dunkelblau und ein Dunkelgelb oder ein Hellblau und ein Dunkelgelb.

Analoge Farbreihe
Nebeneinanderliegende Farben

Monochromatische Farbreihe
Einfarbige Reihe mit verschiedenen Tonwerten

Komplementäre Farben
Pink und Grün liegen gegenüber.

Weniger Spannung
Kontrast mildert man durch Aufhellen oder Abdunkeln der Komplementärfarben.

Dreier- und Viererharmonie | Für die Dreierharmonie splitten Sie eine der beiden Komplementärfarben symmetrisch in ihre Nachbarfarben. Um bei dem Beispiel von Rot und Grün zu bleiben, splitte ich das Rot und habe nun die drei Basisfarben Pink, Orange und das Grün.

Die Viererharmonie entsteht somit, indem ich beide Komplementärfarben splitte und jeweils die Nachbarfarben verwende. In diesem Fall entstehen die Farben Pink, Orange, Hellgrün und Türkis.

Kombinationen und Wirkungen | Räumlichkeit erzielen und Prioritäten setzen gelingt Ihnen am besten mit einem Kontrast zwischen hell und dunkel. Auch der Kalt-Warm-Kontrast hilft bei einem perspektivischen Eindruck; warme Farben werden als näher empfunden, kalte Farben als weiter weg.

Zwei oder mehr reine Farben gemischt ergeben einen Kontrast mit starker Leuchtkraft, und auch der Komplementärkontrast kann je nach Farbreinheit für Stärke und Kraft stehen. Achten Sie aber darauf, dass diese bunten Kombinationen nicht erschlagen und zum Thema passen.

Leuchtfarben

Wussten Sie, dass Neon- und Leuchtfarben bei der Straßenplakatierung verboten sind? Sonst besteht die Gefahr, dass Autofahrer irritiert sein könnten. Farben mit Metallpartikeln wie Gold oder Silber sind ebenfalls zu vermeiden. Sie oxidieren durch die Witterung und sehen dann schnell rostig grau oder braun aus.

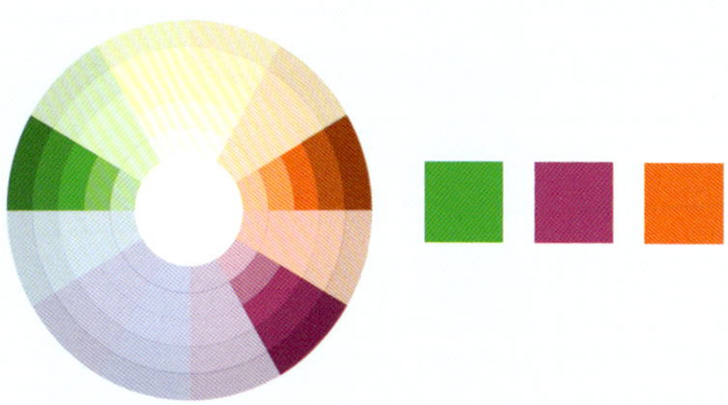

Dreierharmonie
Eine Komplementärfarbe gesplittet

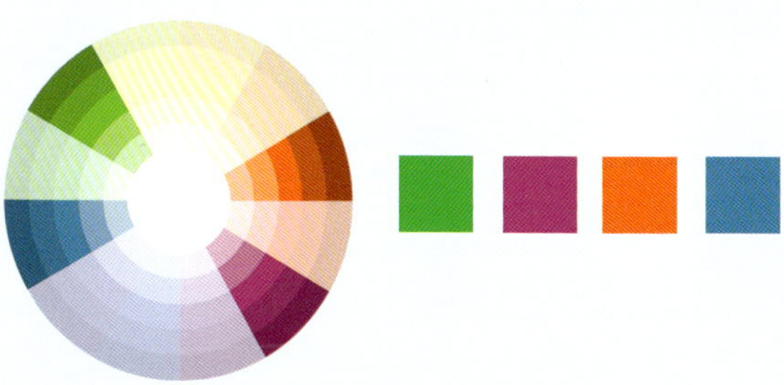

Viererharmonie
Beide Komplementärfarben gesplittet

PROJEKT 25

Porträt und Farbe

Farbiges Plakat für die Kulturwoche

Für die Kulturwoche in Bremen wird ein Plakat benötigt. Thema der Kulturwoche ist Indien mit seinen prächtigen Farben und deren kultureller Bedeutung. Der Auftraggeber möchte eine dem Thema entsprechend farbige Gestaltung sowie ein Porträt einer indischen Frau auf dem Plakat. Das Problem ist, dass das vorliegende Foto etwas blass ist. Zudem ist der Hintergrund relativ unruhig, was die Platzierung des Textes erschwert.

Alle Kriterien erfüllt

Das Plakat zeigt eine indische Frau, deren Gesicht in das Plakat und somit zur Schrift zeigt. Das wenig farbenfrohe Bild ist mit einem orangefarbenen Streifen ausgeglichen, der gleichzeitig die Schrift besser lesbar macht.

Die Textzeilen sind – wegen Groß- und Kleinschreibung und individuellen Buchstabenformen – unterschiedlich hoch. Für ein ansprechendes Ergebnis ist der Zeilenabstand optisch angepasst.

Vorsicht Unterlänge

Beschnitt eines Porträts

Porträts lassen sich nicht beliebig beschneiden. Häufig werden sie an einer der vier Seiten angeschnitten, was ein Porträt oft interessanter werden lässt. Auch das Beschneiden an zwei Seiten ist möglich, je nach Bild kann das auch oben und unten sein. Ein Beschnitt links und rechts wirkt oft seltsam, besser ist dann ein Beschnitt oben oder unten plus links oder rechts.

Bei diesem Bild kann man auch oben und unten beschneiden, allerdings an einer Seite nur minimal.

Der freie Bereich rechts könnte schmaler werden.

Hier ist zu viel vom Kinn und von der Stirn verschwunden.

Ein Beschnitt an allen Seiten wirkt meist befremdlich.

Farbiger Hintergrund

Der rechte Teil im Bild, auf dem wir den Text platzieren wollen, ist so unruhig, dass der Text darauf nur schwer lesbar wäre. Insofern empfiehlt sich ein farbiger Streifen als Hinterlegung. Zunächst bestimmen wir per Mosaiktechnik die vorherrschende Farbe im Bild – es zeigt sich, dass es sich um ein Braun handelt. Braun ist ein abgedunkeltes Orange beziehungsweise Gelb. Ein gelb-oranger Farbstreifen harmoniert also hervorragend mit den restlichen Farben und bringt zudem noch etwas Farbe in die Gestaltung.

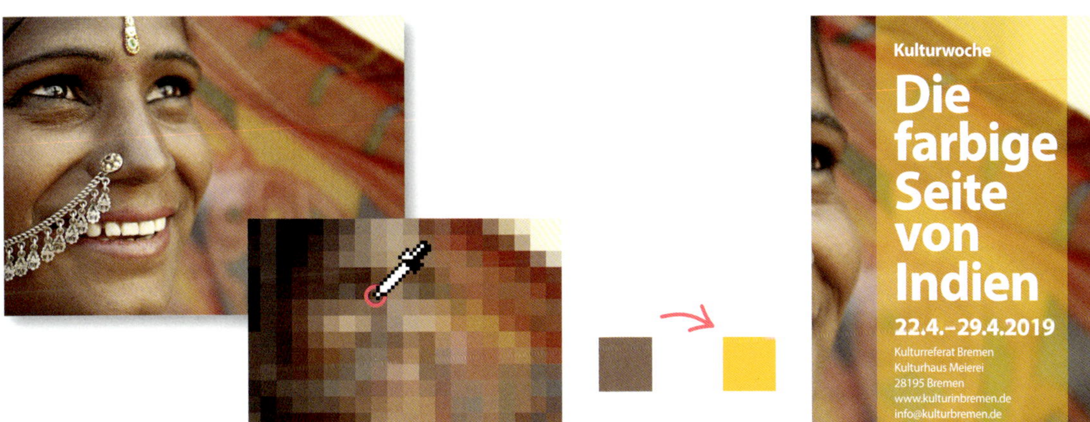

Formate und Druck

Bogenweise Plakate

Auch im Plakatdruck basieren die Formate auf der DIN-Norm. Aufgrund der Größenbeschränkung bei den Druckmaschinen unterteilt man Plakate in Bogen, die man nach dem Druck zusammenfügt.

Plakatformate

Auch das Plakat gibt es nicht nur in einer bestimmten Größe. Grundformat ist DIN A1 mit 84 × 59 Zentimeter. Das nächstgrößere Format ergibt sich aus der Verdoppelung, das nächstkleinere aus der Halbierung. Die Größenbezeichnung der verschiedenen Formate ergibt sich aus dem Ausgangsformat DIN A1, das auch als 1/1-Bogen bezeichnet wird.

Verschiedene Formate | DIN A1 und DIN A0 sind häufig als sogenanntes Bauzaunplakat (die Maße der Planen sind an die Größe von Bauzäunen angepasst) oder Klapprahmenplakat zu sehen. Auf eine Litfaßsäule passen 238 × 168 Zentimeter, was als 8/1-Bogen bezeichnet wird. Häufiger findet man aber dort 6/1-Bogen mit 252 × 119 Zentimeter oder 4/1-Bogen mit 168 × 119 Zentimeter.

Das Basisformat für die Berechnung von Plakatgröße ist DIN A1.

Großflächenplakate im Format 356 × 252 Zentimeter bestehen aus 18 DIN-A1-Bogen und nennen sich dann 18-Bogen-Plakat beziehungsweise 18/1-Bogen – 9 m^2 Aufmerksamkeit garantiert.

Bei den City-Light-Postern handelt es sich um beleuchtete und verglaste Vitrinenplakate. Diese Nobelvariante erhält natürlich große Aufmerksamkeit und ist meist in 175 × 118 Zentimeter zu haben.

Ob hoch oder quer gewinnt, ist von verschiedenen Faktoren abhängig. Die riesigen Plakatwände sind in der Regel im Querformat angelegt, und wer ein solches besetzen will, muss sich anpassen. Bauzaunplakate oder auch Säulenplakate sind üblicherweise im Hochformat angelegt, und an Laternen und Litfaßsäulen ist das Plakat im Hochformat in jedem Fall besser erkennbar.

Formate

Mehr Infos zur Wirkung von Formaten finden Sie ab Seite 298.

Unterteilung auf Bogen | Das Drucken von Plakaten erfolgt nach einer bestimmten Unterteilung. Häufig wird im Format DIN A1 gedruckt, und die einzelnen Bogen werden dann auf der Werbefläche passgenau aneinandergeklebt. Damit die Ränder optimal überlappen, wird bereits überlappend gedruckt. Um die Überlappung müssen Sie sich aber in der Regel nicht kümmern – Sie liefern der Druckerei ein druckfähiges PDF mit einer Bildauflösung von mindestens 50 dpi.

Bogenformate nach DIN 683

Bei den Plakatformaten wird – im Gegensatz zur sonst üblichen Methode – zuerst die Höhe und dann die Breite angegeben. Mindestgröße ist ein halber Bogen DIN A0.

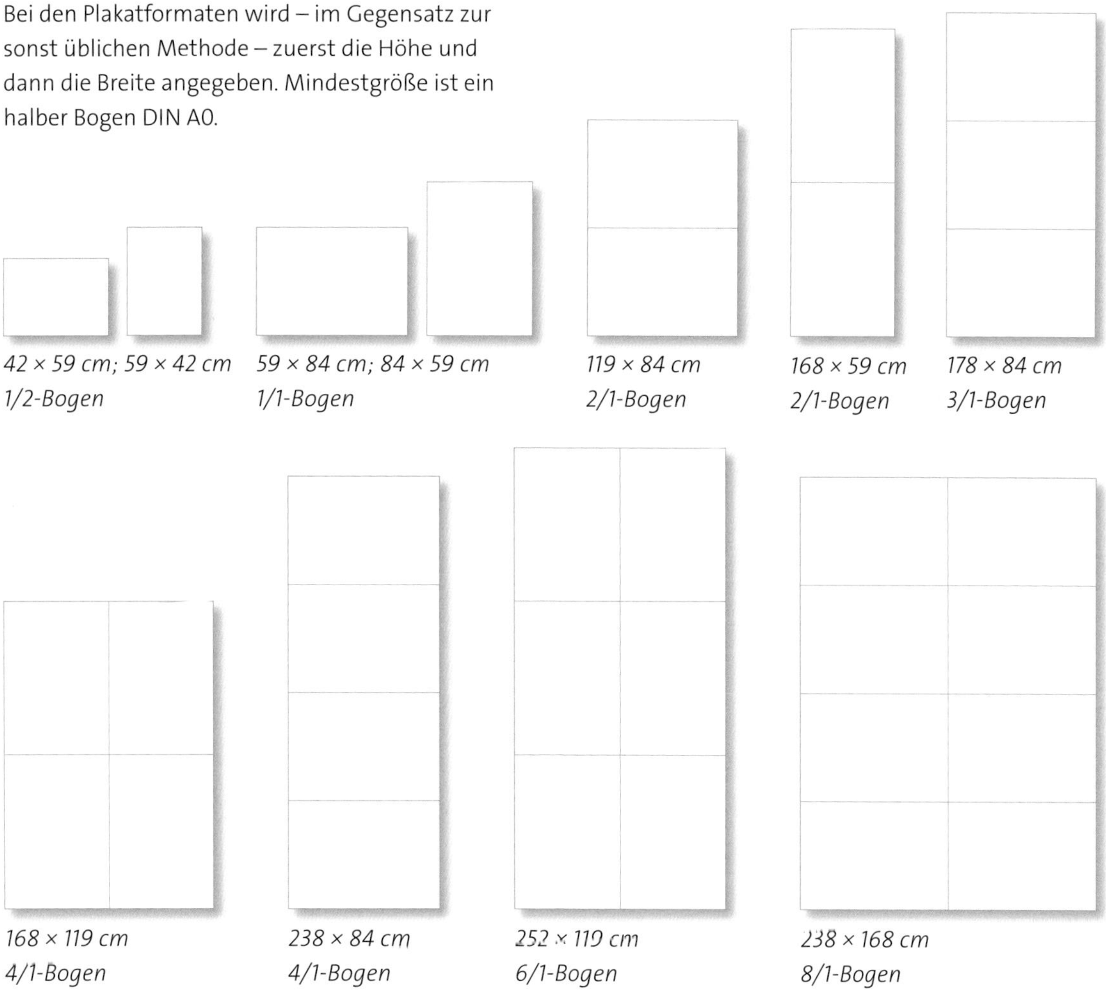

Anschnitt
Detaillierte Infos zum Anschnitt finden Sie im Kapitel »Werben mit Flyer und Broschüre« ab Seite 231.

Unterteilung
Zeichnen Sie – am besten vor der Platzierung der Bilder – die Bogensprünge auf.

Überlappung | Wenn Sie wissen, in welche Bogen Ihr Plakat unterteilt wird, können Sie je nach Bild und Gestaltung unschöne durchgeschnittene Augen oder Nasen vermeiden. Häufig ist es nämlich so, dass beim Plakatieren von einzelnen Bogen das Aneinanderkleben nicht ganz so exakt geschieht wie gewünscht. Wenn nun zufällig die Augenpartie oder auch eine kleinere Schrift genau auf der Schnittkante von zwei Bogen landet, muss der Plakatierer sehr exakt arbeiten, damit der Übergang stimmt. Da wir davon nicht ausgehen können, sollten Sie, wenn Sie die Unterteilung kennen, diese in Ihrem Dokument mit ein paar Hilfslinien markieren – manchmal genügt es, die Person auf dem Foto oder die Textzeile nur ein wenig zur Seite oder nach oben oder unten zu rücken, damit sie nicht unschön durchtrennt werden kann.

Klären Sie also vor der Gestaltung die wichtigen Eckdaten mit der Druckerei ab. Häufig findet man auf der Website der Druckerei auch ein Datenblatt mit den technischen Anforderungen, und die Unterteilung lässt sich recht einfach erfragen. Ein Anschnitt ist in jedem Fall nötig. Er hat jedoch gar nichts mit dem Plakat zu tun, sondern wird für alle randabfallenden Flächen gebraucht.

Papierwahl

Üblicherweise denkt man bei Plakaten immer erst an Draußenwerbung. Es gibt aber auch genügend Gelegenheiten, um innerhalb geschlossener Räume zu plakatieren, und dort sind die Ansprüche an das Papier natürlich wesentlich geringer als bei Außenwerbung.

Papier für Innenräume | Wer Plakate für Innenräume, wie zum Beispiel in einem Kino, benötigt, ist häufig mit dem matt oder glänzend gestrichenen Bilderdruck- oder Fotopapier gut bedient. Je nachdem, ob das Plakat lose an die Wand gehängt oder in einem aufstellbaren Klappständer hinter Plastik geschützt wird, wählt man eine stärkere oder weniger starke

Grammatur. Natürlich können hier auch Recyclingpapier oder Recyclingkarton eingesetzt werden.

Papier für Außenplakatierung | Wer draußen wirbt, muss sich mit ganz besonderen Umständen beschäftigen. Draußen sind die Plakate zum einen Nässe und Frost ausgesetzt, zum anderen dem Sonnenlicht, das auch nicht unterschätzt werden darf und schnell die Farben verblassen lässt. Das spezielle Outdoor-Papier nennt sich Affichenpapier. Es hat meist eine Stärke von 100 bis 120g/m², ist reißfest, nassklebefest, also für die Kleisterung an Plakatwänden geeignet, oxidationsfrei und recycelbar. Zudem ist es natürlich über längere Zeit licht- und wetterfest. Es hat eine metallicblaue Rückseite und wird mit licht- und wasserfesten, alkaliresistenten Farben bedruckt. Die blaue Rückseite finden Sie übrigens bei einigen Plakatpapieren, da sie das Durchscheinen vorhandener Plakate, die überklebt werden, minimiert.

© http://www.maxxprint.de

^ Unterteilung
Affichenpapier mit seiner bläulichen Rückseite verhindert das Durchscheinen.

Edel | Auch bei Plakaten lässt sich eine Menge veredeln. Das Affichenpapier gibt es auch mit einer silbernen Oberfläche. Darauf gedruckt, erscheinen die Farben besonders rein, und auch das Übereinanderdrucken ist kein Problem. Als zusätzlicher Schutz gegen Schmutz und Verkratzen kann auch ein Laminat auf das Plakat aufgezogen werden.

Farbiges Papier darf übrigens nicht verwendet werden, da die Farbe auslaufen und andere Plakate verfärben könnte.

Veredelung
Detaillierte Infos zu Veredelung finden Sie im Kapitel » Eine Geschäftsausstattung gestalten« ab Seite 144 und im Kapitel »Werben mit Flyer und Broschüre« ab Seite 228.

Druckfarben

Die Farben werden mit Lichtechtheitswerten (WS) angegeben und sollten mindestens WS 5 aufweisen. Zudem müssen die Druckfarben alkaliresistent sein, da sich die Farben sonst durch den Klebstoff, mit dem sie angebracht werden, auflösen. Natürlich müssen sie auch wasserfest und witterungsbeständig sein. Hier werden immer häufiger digitale Tintenstrahlsysteme in Großformaten eingesetzt.

Ein besonderes Verfahren wird bei den City-Light-Postern angewendet. Damit die Farben bei der Durchleuchtung nicht zu blass erscheinen, wird häufig im Konterdruck gearbeitet, bei dem auf die Vorder- und die Rückseite gedruckt wird.

Wichtig zu wissen

Format und Wirkung

Hoch, quer oder quadratisch

Es gibt verschiedenste Formate, die sehr unterschiedlich in ihrer Wirkung sind. Die Wirkungen der Formate gelten nicht nur für Papier, sondern auch für abgegrenzte Grundflächen innerhalb einer Seite.

Bei der Aufteilung von Strecken und Räumen müssen Sie als Gestalter grundsätzlich die Entscheidung über die Proportionen treffen. Gilt es beispielsweise, einen Handzettel zu gestalten, müssen Sie zwischen verschiedenen Papierformaten wählen. Verwendet man ein Papier mit gleich langen Seiten, also ein quadratisches Format mit den Proportionen 1:1? Oder doch lieber ein hochkantiges Format, beispielsweise DIN A5 im Hochformat? Letztlich können Sie auch auf die sehr übliche 2:3-Unterteilung zurückgreifen.

Quadratisches Format

Zunächst unterteilen wir in quadratisch, hoch- und querformatig. Beim quadratischen Format sind alle Seiten gleich lang. Dieses Format ist nicht so üblich wie die rechteckigen Formate und deswegen etwas ungewohnt für den Betrachter. Somit sorgen Sie sicherlich für etwas Aufmerksamkeit, wenn Sie mit diesem Format arbeiten.

Es wirkt ruhig und ausgeglichen, aber auch bewegungslos. Bei den Eigenschaften der geometrischen Form Quadrat haben wir von ruhig, geordnet und stabil gesprochen, und die gleichen Eigenschaften weist das quadratische Papierformat oder die quadratische Grundfläche auf.

Hoch- und Querformat

Beim Hochformat ist die Breite kürzer als die Höhe. Es wirkt dynamisch und lebhaft, aufsteigend und vertikal. Auch hier können Sie wieder Vergleiche zum hochformatigen Rechteck ziehen, denn letztlich ist es nichts anderes.

Das Querformat, bei dem die Breite länger ist als die Höhe, wirkt ruhig, stabil, aber auch schwer, passiv und vermittelt eine waagerechte Bewegung. Da das Querformat dem Blickfeld des menschlichen Auges entspricht, wirkt es auf uns vertraut und erst einmal als Format auch gewöhnlich. Allerdings wird es eher bei Fotos verwendet – als Papierformat findet man es nicht so häufig. Zeitschriften und Magazine sind grundsätzlich im Hochformat erstellt, auch Tageszeitungen oder Broschüren, Flyer und Handzettel. Natürlich gibt es Ausnahmen, und somit fallen Druckerzeugnisse im Querformat eher auf als die im Hochformat.

Auch beim Querformat gibt es Unterschiede. Je breiter die Breite im Verhältnis zur Höhe, desto bequemer wird es. Noch breiter erinnert es an eine Panorama-Aufnahme und drängt uns dazu, mit viel freiem Raum zu arbeiten. Aufgrund der Aufteilung eignet sich ein extremes Querformat allerdings nicht besonders als Papierformat.

< Quadratisch
Das quadratische Papierformat ist ungewöhnlich und schon deswegen ein Hingucker. Es eignet sich aber nicht für alle Zwecke, zum Beispiel nicht zum Archivieren in genormten Boxen.

< Querformat
Querformatige Bilder und Gestaltungen entsprechen unserem Gesichtsfeld und sind deswegen zunächst normal für uns. Je größer die Unterschiede zwischen hoch und quer, desto ungewöhnlicher wird es.

Nun sind die Begriffe Hoch- und Querformat ja nicht genau definiert. Es gibt sehr schmale hochformatige Formate und sehr breite, und abhängig vom Verhältnis der Breite und Höhe verändert sich auch noch einmal die Wirkung der Formate. Je schlanker ein Hochformat, also je kürzer die Breite im Verhältnis zur Höhe, desto eleganter wirkt das Format. Irgendwann allerdings kippt es – das Format verliert an Bodenhaftung und wirkt wackelig.

[Nutzen]
Als Nutzen bezeichnet man die Anzahl der Druckprodukte, die gemeinsam auf einem Druckbogen platziert werden.

DIN-Formate (Verhältniszahl 1,41) | Betrachten wir doch einmal einige mögliche Verhältnisse zwischen Breite und Höhe. Sie kennen das Format DIN A4, das in jeden Drucker und Kopierer passt. Dieses Format mit einem fest definierten Verhältnis zwischen Breite und Höhe ist sehr gängig, und zwar nicht wegen seiner vollkommenen Schönheit, sondern aufgrund seiner internationalen Verbreitung. Die genormten Formate findet man als mehrfache Nutzen in Druckmaschinen, in Kopierern und Druckern, in Schulblöcken und Briefbögen. Wer für den praktischen Einsatz im Sammelordner gestaltet oder ein Auge auf die Druckkosten hat, entscheidet sich oft für das DIN-Format.

Die DIN-Norm 476 definiert drei Reihen; die bekannteste ist die A-Reihe, die für die Bogen- und Blattformate verwendet wird. Das Referenzformat ist DIN A0 und entspricht einem Quadratmeter. Die Verhältniszahl zwischen der langen und der kurzen Seite lautet 1,414. Das Format DIN A4 hat die Maße von 210 × 297 Millimeter. Teilen wir die lange Seite von 297 Millimeter durch 1,414 kommen wir auf 210 Millimeter.

Um das nächstgrößere oder das nächstkleinere Format zu errechnen, müssen Sie nun jeweils die kurze Seite verdoppeln beziehungsweise die lange Seite halbieren. Das nächstgrößere Format ist DIN A3, also verdopple ich die 210 und komme so auf ein Format von 297 × 420 Millimeter. Das nächstkleinere Format ist DIN A5, und hier halbiere ich die lange Seite und lande bei 210 × 148. Kurz gesagt: Das Halbieren einer Fläche bringt mich zur nächstkleineren Fläche, nur die Ausrichtung dreht sich.

2:3 (Verhältniszahl 1,5) | Das Verhältnis von 2:3 ist ebenfalls ein sehr beliebtes und auch sehr harmonisches Format, auch wenn es nicht genormt und als Papierformat somit in der Regel teuer zu bedrucken ist. Es ist etwas schlanker als das DIN-Format, das übrigens die Verhältniszahl 2:2,8 hat, und somit etwas eleganter, aber es wirkt nicht zu schmal und ist optimal geeignet, um Inhalte harmonisch zu verteilen.

3:4 (Verhältniszahl 1,33) | Sicher kennen Sie das Format von der Digitalkamera. Als Grundfläche für eine Gestaltung ist es aber relativ breit und somit sehr schwer.

5:8 (Verhältniszahl 1,66) | Wie ich auf dieses Zahlenverhältnis komme? Es ähnelt sehr stark dem Goldenen Schnitt. Das Verhältnis von 5:8 lässt – als Hochformat – ein relativ schlankes Rechteck entstehen, das sich deutlich von der DIN-Norm unterscheidet und somit zunächst schon allein deswegen Aufmerksamkeit erhält.

Goldener Schnitt

Detaillierte Infos zum Goldenen Schnitt finden Sie im Kapitel »Ein Logo gestalten« ab Seite 48.

[Maße]

Bei der Angabe von Breite und Höhe nennt man grundsätzlich zuerst die Breite und dann die Höhe. Eine Angabe von 210 × 297 entspricht also dem Format DIN A4 als Hochformat.

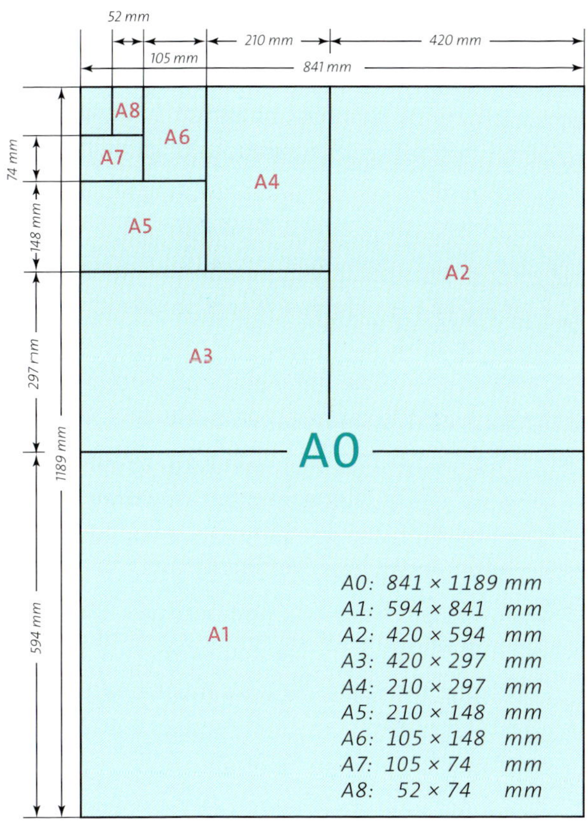

∧ Von hell nach dunkel

Übliche Papierformate mit unterschiedlichen Breiten-Höhen-Verhältnissen.

< International: DIN-Formate

Die DIN-A-Formate im Überblick

Farbtechnik

Bunt ist nicht gleich bunt

Die Farbe am Monitor sollte möglichst genauso aussehen wie auf dem bedruckten Papier. Technisch gesehen ist das aber eine Herausforderung, für die wir einige Regeln beachten müssen.

Technische Aspekte

Ich gehe davon aus, dass Sie als Leser dieses Buches weder ein Grafiker sind noch einer werden wollen. Deswegen werde ich Ihnen die Tiefen der Farbwissenschaften und des Farbmanagements ersparen. An der Oberfläche müssen wir allerdings etwas kratzen. Denn wenn wir bezüglich Farbverwaltung den Kopf komplett in den Sand stecken und dann in der Druckerei das Ergebnis in Händen halten, werden wir zutiefst frustriert sein, dass unser Produkt stark von dem abweicht, was wir am Monitor gestaltet haben. Diesen Frust möchte ich vermeiden, und deswegen tauchen wir kurz unter die Oberfläche.

Die subtraktive Farbmischung arbeitet mit Körperfarben.

Der Malkasten: Farben für den Druck

Jeder kennt den Wasserfarbkasten. Fünfmal mit dem Pinsel über die Farbschälchen, und alles ist matschgrau. Die subtraktive Farbmischung findet genau hier statt, im Wasserfarbkasten, mit Buntstiften, Acrylfarben und Lacken, aber eben auch in der Druckmaschine. Die drei Grundfarben der subtraktiven Farbmischung sind Cyan, Magenta und Gelb. Mit ihnen lassen sich eine Menge anderer Farben mischen, allerdings gibt es auch Farben, die sich nur sehr schwer oder gar nicht mischen lassen.

∧ Subtraktiv
Der Malkasten macht es vor: Je mehr, desto dunkler.

Die subtraktive Farbmischung trägt ihren Namen aus gutem Grund: Weder die enthaltenen Farbpigmente noch der Körper, also das Papier, leuchten. Somit entsteht die Farbe, wenn ein Farbpigment auf dem Papier einen Farbanteil aus dem auftreffenden Licht absorbiert. Der Rest des Lichts wird wieder in unser Auge zurückgeworfen. Der Körper hat also einen Teil aus dem Licht subtrahiert. Ein Beispiel: Verschluckt eine Oberfläche die Rot- und Blauanteile des Lichts, werden nur die grünen Farbanteile in unser Auge zurückgeworfen – der Gegenstand erscheint grün. Wird das gesamte Spektrum reflektiert, erscheint der Gegenstand weiß.

Subtraktive Farbmischung im Vierfarbdruck | In der Druckmaschine wird also mit den drei Farben Magenta (M), Cyan (C) und Gelb (Y) gearbeitet. Ein reines Magenta und ein reines Cyan ergeben ein Violettblau, das Cyan und das Gelb ergeben Grün und das Magenta und das Gelb ergeben Rot. Je nach Tonwert und Abstufung lässt sich somit eine große Palette von Farben erzeugen. Benötigt man aber noch ein Schwarz, beispielsweise für die Tiefe in Bildern oder für schwarze Schrift, kommt man mit den drei Farben nicht zum gewünschten Ergebnis, denn alle drei Farben übereinander ergeben maximal ein matschiges Graubraun, ähnlich wie in unserem Malkasten. Also verwendet der Drucker eine vierte Farbe, das Schwarz (K), das das K von Key Color bekommen hat. So sind wir beim Vierfarbdruck angekommen, dem CMYK-Druck. Die Reihenfolge der Farbangaben ist fest vorgegeben.

^ CMY
Die drei Druckfarben Cyan, Magenta und Gelb

Sonderfarben

^ Zusammensetzung
Die Angabe 0/100/95/0 bedeutet, dass dieses Rot aus 0 % Cyan, 100 % Magenta, 95 % Gelb und 0 % Schwarz besteht.

Sie denken jetzt vielleicht an Neongrün oder Gold? Richtig, bestimmte Farben lassen sich nicht im CMYK-Modus drucken. Auch bestimmte Hauttöne sind nur schwer zu mischen; Blau- und Orangetöne strahlen aufgrund der Mischtechnik häufig nicht genug. Für solche Fälle gibt es fertig gemischte Sonderfarben, die von Herstellern wie HKS oder Pantone in separaten Farbeimern angemischt und fertig geliefert werden. Der Einsatz einer Sonderfarbe erfordert somit aber auch einen zusätzlichen Druckvorgang.

Es gibt auch noch einen anderen Grund, warum bestimmte Unternehmen mit Sonderfarben arbeiten. Die Telekom mit ihrem Telekom-Magenta, aber auch fast alle anderen Unternehmen sind eng mit ihrer Unternehmensfarbe verknüpft – stellen Sie sich einen grünen Coca-Cola-Schriftzug vor oder ein gelbes Facebook-Logo. Nun unterliegt aber alles, was mit den CMYK-Farben gedruckt und somit auf dem Papier gemischt wird, Farbschwankungen. Verschiedene Druckereien, Druckmaschinen, Papiersorten und Oberflächen beeinflussen die Farbwiedergabe. Zwar beeinflusst die Papieroberfläche auch eine Schmuckfarbe, aber weil nicht

^ Farbfächer
Farbfächer erleichtern die Farbwahl.

mehr gemischt werden muss, lassen sich die Farbschwankungen mit Sonderfarben deutlich reduzieren. Somit verwenden einige Unternehmen von vornherein ihre Hausfarbe als Sonderfarbe.

Kostenfalle | Jede Sonderfarbe erfordert einen separaten Druckvorgang. Wenn Sie also mehrere Farben, vielleicht sogar ein Foto plus die Hausfarbe drucken lassen, sind fünf Druckvorgänge nötig: CMYK plus die Sonderfarbe. Eine Sonderfarbe wird deswegen auch oft als fünfte Farbe bezeichnet – und schlägt sich auf der Rechnung nieder.

Es kann aber auch ganz anders sein: Sie gestalten eine Visitenkarte mit einem Logo, das die Farben Rot und Blau enthält, plus der schwarzen Schrift. Rechnen wir zunächst im CMYK-Druck: Für das Rot benötigen wir Magenta und Gelb, für das Blau benötigen wir Cyan und Gelb, und für die schwarze Schrift das Schwarz. Es sind also alle vier Farben und somit auch vier Druckvorgänge nötig. Würden wir hingegen Rot und Blau als Sonderfarbe drucken, benötigen wir nur noch das Schwarz und somit nur drei Druckvorgänge. Lassen Sie sich also beraten – oder zählen Sie einfach vorher einmal durch, was kostengünstiger und was auf lange Sicht sinnvoller ist.

Anzahl der Farben

Häufig liest man bei der Arbeit mit Druckereien 4/4 oder 4/1. Die Zahlen geben die Druckvorgänge an. 4/4 bedeutet, dass Vorder- und Rückseite vierfarbig sind; 4/1 bedeutet, dass die Vorderseite vierfarbig, die Rückseite einfarbig gedruckt wird.

Es werde Licht: Farben für den Monitor

Die additive Farbmischung arbeitet mit Lichtfarben.

Am Monitor, aber auch auf anderen digitalen Geräten wie dem Smartphone, dem Tablet oder auch dem Fernseher, wird mit den Lichtfarben gearbeitet. Wenn Sie also vor dem Computer sitzen und Ihre Visitenkarte oder Ihr Logo gestalten, arbeiten Sie erst einmal mit der sogenannten additiven Farbmischung. Diese Farbmischung funktioniert komplett

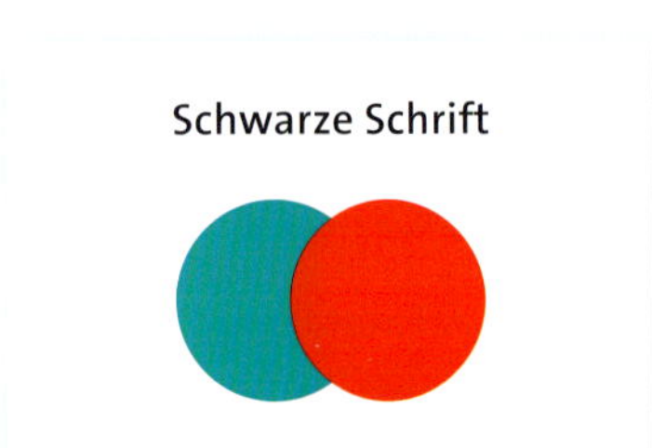

Im CMYK-Druck

- Cyan (für den blauen Kreis)
- Magenta (für den roten und den blauen Kreis)
- Gelb (für den roten Kreis)
- Schwarz (für die Schrift)

= 4 Druckvorgänge

Mit Sonderfarben

- Blau (für den blauen Kreis)
- Rot (für den roten Kreis)
- Schwarz (für die Schrift)

= 3 Druckvorgänge

konträr zu den Körperfarben, denn hier bedeutet: je mehr, desto heller. Die drei Grundfarben sind das Rot, das Grün und das Blau, und so entsteht der Name RGB-Farbraum. Je mehr Farbe, desto heller, bedeutet also, wenn alle drei Farben übereinanderliegen, entsteht Weiß – im Gegensatz zu unserer subtraktiven Farbmischung mit Cyan, Magenta und Gelb, bei der Matschgrau entsteht.

Liegen Rot und Grün übereinander, entsteht Gelb; liegen Rot und Blau übereinander, entsteht Magenta; liegen Grün und Blau übereinander, entsteht Cyan. Fällt Ihnen etwas auf? Richtig, die Mischfarben, die hier entstehen, also Magenta, Cyan und Gelb, sind wiederum die Grundfarben der subtraktiven Farbmischung. Und umgekehrt sind die Mischfarben, die in der subtraktiven Farbmischung entstehen, also Rot, Grün und Blau, die Grundfarben der additiven Farbmischung.

^ RGB
Die drei Lichtfarben Rot, Grün und Blau

RGB oder CMYK?

Die Antwort ist: Beides. Wenn Sie am Monitor gestalten, arbeiten Sie automatisch im RGB-Modus. Auch wenn Sie im Programm selbst die Farben als CMYK-Farben anlegen – die Darstellung der Farben erfolgt per RGB, denn Sie arbeiten am Monitor mit den Lichtfarben. Das ist ein Fakt, der nicht zu ändern ist – genauso wenig wie der Fakt, dass im Druck mit den Körperfarben gearbeitet wird. Auch hier haben wir nicht die Möglichkeit, dem Drucker zu sagen, dass er doch bitte das Papier mit Lichtfarben bedrucken soll. In dem Moment, in dem wir mit dem Ziel der Druckausgabe gestalten, arbeiten wir also automatisch mit beiden Farbsystemen.

Subtraktive Farbmischung

- CMY(K)-Farben
- Körperfarben
- Druckfarben
- Grundfarben Cyan, Magenta, Gelb
- Mischfarben Rot, Grün und Blau
- Alle Farben mit voller Intensität aufeinander ergeben Dunkelgrau.

Additive Farbmischung

- RGB-Farben
- Lichtfarben
- Bildschirmfarben
- Grundfarben Rot, Grün und Blau
- Mischfarben Cyan, Magenta, Gelb
- Alle Farben mit voller Intensität aufeinander ergeben Weiß.

Farbumfang

Mit beiden Farbsystemen lassen sich eine bestimmte Menge und eine bestimmte Art von Farben mischen. Diese Menge und Art von Farben nennt man Farbumfang. Wie Sie sehen, ist der Farbumfang des RGB-Farbraums größer als der des CMYK-Farbraums. Somit wird klar, dass Sie am Monitor mehr Farben mischen und darstellen können, als nachher im Druck realisierbar sind. Speziell im Blau- und Grünbereich sind die Einschränkungen gut zu sehen, und auch deswegen erwähnte ich vorhin, dass bestimmte Blau- und Grüntöne gerne mal mit Sonderfarben gedruckt werden, da sie im CMYK-Modus zu matt werden.

RGB >
Links der Farbumfang der RGB-Farben, rechts der von CMYK. In bestimmten Farbbereichen ist der Umfang von CMYK kleiner.

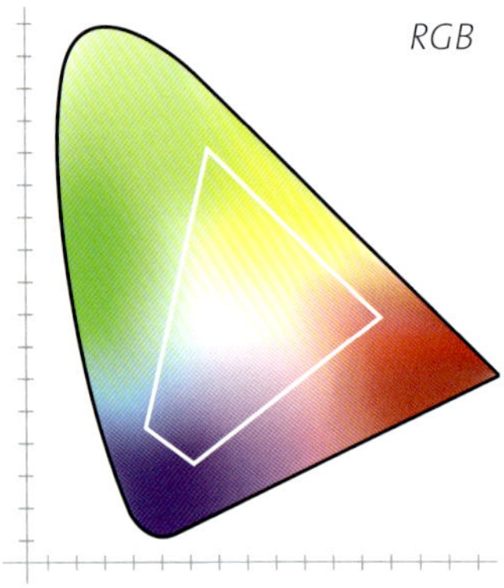

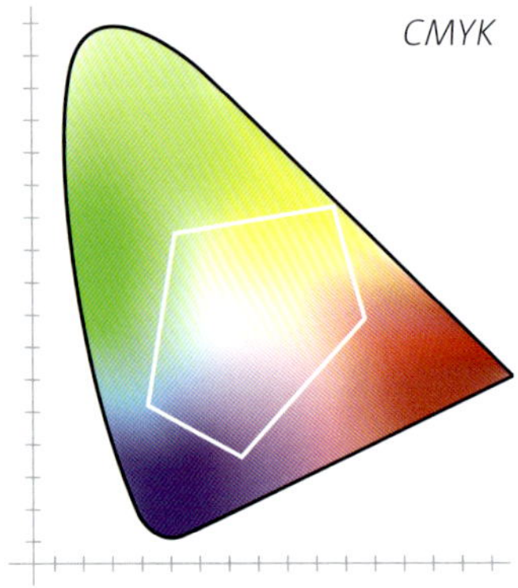

Unliebsame Überraschungen

v Umwandlung
Die Umwandlung von RGB zu CMYK ist eine Herausforderung.

Es liegt auf der Hand, dass die Farben, die mithilfe des Lichts sichtbar werden, mehr leuchten und grundsätzlich etwas heller wirken als die Farben, die auf nicht leuchtendem Papier gemischt werden. Somit haben wir Gestalter immer mit den Unterschieden der beiden Farbsysteme zu kämpfen. Farben, am Monitor gemischt, sehen im Druck grundsätzlich anders aus. Hinzu kommt das verwendete Papier, das die Erscheinung der Farbe beeinflusst. Und nicht zuletzt gibt es, wie gerade erwähnt, Farben im RGB-Modus, die sich erst gar nicht mit CMYK mischen lassen. Hier haben zwar einige Programme eingebaute Warnungen, die den Anwender darauf aufmerksam machen, dass er gerade eine Farbe mischt, die nicht im CMYK-Modus zu drucken ist, trotzdem bleibt aber der Unterschied in der Art der Darstellung. Häufig führen also diese verschiedenen Farbsysteme zu unliebsamen Überraschungen im Ergebnis.

Colormanagement-System | Colormanagement-Systeme sollen die Annäherung der Farben optimieren. Dazu arbeitet man mit Farbprofilen, die die Anpassung der Farben definieren. Jedes der beteiligten Geräte wie Kamera, Scanner, Monitor oder Drucker erhält ein Profil, aber auch gestrichene und ungestrichene Papiersorten unterscheiden sich durch verschiedene Profile. Die Wissenschaft des Farbmanagements auf diesem Niveau ist aber so umfangreich, dass sie in meinen Augen für Hobbydesigner nicht realisierbar ist. Trotzdem dürfen Sie die vorhandenen Farbunterschiede nicht ignorieren.

Regeln bei der Arbeit mit Farben | Versuchen Sie also, die Konvertierungsprobleme möglichst gering zu halten. Das können Sie mit folgenden Tipps:

- Farben am Monitor leuchten mehr als im Druck. Bedenken Sie dies bereits beim Anlegen und Mischen.
- Bestimmte Blau- und Grüntöne erscheinen im Druck deutlich matter als am Monitor.
- Bei der Gestaltung mit einer Hausfarbe sollte man eventuell auf eine Sonderfarbe umsteigen.
- Relativ einfach zu bedienende Kalibrationssoftware gleicht Farben von Monitor und Ausdruck ab.
- Ein Probeausdruck auf einem farbverbindlichen Drucker ist sinnvoll.
- Arbeiten Sie unbedingt mit Farbmusterbüchern.

Maximaler Farbauftrag

Bitte achten Sie auf den maximalen Farbauftrag Ihres Auftrags. Der maximale Gesamtfarbauftrag ergibt sich aus der Summe der einzelnen Farbwerte Cyan, Magenta, Gelb und Schwarz. Eine Farbangabe von 100/80/60/30 würde einem Farbauftrag von 270 % entsprechen und die meisten Angaben zum Farbauftrag übersteigen.

Gerade bei Plakaten ist dieser Maximalwert umso mehr zu beachten, da es sich hier um sehr große Flächen handeln kann. Besonders bei Eilaufträgen, die über Nacht gedruckt werden sollen, haben die Druckereien exakte Vorgaben, wie hoch der maximale Farbauftrag sein darf. Beispielsweise kann ein Farbauftrag von über 260% häufig nicht über Nacht trocknen und wird dann eigenmächtig von der Druckerei reduziert, was zu weniger gesättigten Farben führt.

Vorbereitung der Druckdaten

Gut in den Druck

Abhängig von Art und Größe der Bilder ist eine Mindestauflösung nötig, damit Details der Bilder gut erkennbar sind. Für ein optimales Druckergebnis müssen die gestalteten Daten anschließend im richtigen Format weitergegeben werden.

Bildqualität

Bilder sagen mehr als tausend Worte. Nur gut, wenn sie denn auch scharf und detailliert zu erkennen sind. Unscharfe Bilder verlieren nicht nur an Wirkung, sondern zeugen auch von mangelnder Professionalität. In erster Linie ist die Auflösung eines Bildes für diesen Qualitätsaspekt verantwortlich.

Bildauflösung | Bilder beziehungsweise Fotografien bestehen aus einzelnen Punkten, den Pixeln. Diese rasterförmig angeordneten Bildpunkte ergeben – in kleinen Größen, mit genügend Abstand betrachtet – das Bild. Je mehr Pixel ein Bild aufweist, desto mehr Farbinformationen hält das Bild bereit. Die Auflösung gibt an, aus wie vielen Bildpunkten sich ein Bild zusammensetzt. Die Anzahl wird in Pixeln pro Inch (ppi) angegeben.

[**Maßeinheiten**]
Bitte beachten Sie die zwei verschiedenen Maßeinheiten: Die Bildauflösung wird meist in Inch (in) angegeben, die Rasterweite von Druckmaschinen in Inch oder auch in Zentimetern.
1 in = 2,54 cm

Die Auflösung eines druckfähigen Bildes liegt im Optimalfall bei 300 ppi; meist lassen sich Bilder mit 150 ppi auch noch gut erkennen. Sinkt die Auflösung aber noch weiter herunter, werden die Bilder unscharf, und Details gehen verloren.

Auflösung im Druck | Auch im Druck wird mit einer Auflösung gearbeitet. Hier handelt es sich um die Angabe lines per inch (lpi), die genau genommen die Anzahl der Rasterzellen pro Inch definiert. Je nach Druckmaschine und Einsatz wird mit unterschiedlichen Rasterweiten gedruckt. Eine Tageszeitung wird häufig mit einem 48er Raster, also mit 48 Linien pro Zentimeter, also mit 120 lpi gedruckt; der hochwertige Fotodruck arbeitet häufig mit einem 80er Raster, was circa 200 lpi entspricht.

Bildauflösung berechnen

Die Bildauflösung ist abhängig von der Rasterweite. Um eine optimale Qualität zu erhalten, sollte man sich an folgender Formel orientieren:

Rasterweite in cm × 2 (Sicherheitsfaktor) × 2,54 (Umrechnung in Inch)
= Bildauflösung

Wird also in dem gängigen 60er Raster gedruckt, beträgt die Bildauflösung 60 × 2 × 2,54 = 304,8 ppi. Lediglich Strichzeichnungen sollten eine höhere Auflösung von 1200 ppi aufweisen.

Sonderfall Plakat | Durch den großen Leseabstand können Bilder für Plakate mit einer geringeren Auflösung verwendet werden. Als Anhaltswert gilt: Bei einem Betrachtungsabstand von 1 Meter genügen 150 ppi; bei einem Leseabstand von 3 Metern genügt eine Auflösung von 50 ppi.

[Rasterweite]
Die Rasterweite gibt die Anzahl der einzelnen Rasterzellen an. Die Abbildung zeigt eine Rasterweite von 14 Linien pro Zentimeter, was 36 Linien pro Zoll entspricht.

Inch und Zentimeter
dpi – dots per inch; Bildpunkte pro Inch^2

lpi = lines per inch; Rasterlinien pro Inch^2

dpcm = dots per cm; Bildpunkte pro cm^2

lpcm = lines per cm; Rasterlinien pro cm^2

Rasterzähler >
Fadenzähler (Lupe) und Rasterweitemesser

Dateiformate

Jede Datei, die Sie auf dem Computer erstellen, liegt in einem bestimmten Format vor. Je nach Ablauf und Programm können Sie mitbestimmen, in welchem Format Ihre Daten gespeichert werden. Ein falsch gewähltes Dateiformat kann dazu führen, dass Ihre sorgsam erstellten Gestaltungen in schlechtem Zustand bei Ihrem Grafikpartner oder in der Druckerei ankommen. Auch falsche Angaben innerhalb des richtigen Dateiformats können die Auflösung so verringern, dass die Bilder unscharf werden. Das richtige Dateiformat ist also ebenfalls eine Voraussetzung für eine optimale Wiedergabe.

Native Formate | Jede Software hat ihr eigenes Dateiformat. So schreibt Word seine Dateien mit der Endung .doc und CorelDRAW hat sein Format mit der Endung .cdr. Diese Formate sind native Formate, das heißt, die Datei befindet sich im Originalzustand, in dem sie in diesem Programm erzeugt wurde. Native Dateiformate sind für das jeweilige Programm optimal, da sie nicht übersetzt oder angepasst werden müssen. Solange Sie das Programm nicht wechseln, gibt es keinen Grund, das Format zu wechseln.

Native Formate

- Word: .doc und .docx
- CorelDRAW: .cdr
- Adobe InDesign: .indd
- Adobe Photoshop: .psd
- Adobe Illustrator: .ai
- Gimp: .xcf

Übergreifende Formate | Häufig gibt es aber Gründe, um Dateien in anderen Programmen zu öffnen oder zumindest zu platzieren. Wenn Sie beispielsweise ein Bild in Ihrer InDesign-Gestaltung platzieren wollen, benötigen Sie ein übergreifendes Bildformat wie das Tiff. Allerdings lässt sich in diesem Fall auch das Photoshop-eigene Photoshop-Format PSD verwenden.

Übergreifende Formate

- TIFF für Pixeldaten
- JPEG für Pixeldaten
- EPS für Pixel- und Vektordaten

Pixel und Vektoren: TIFF, JPEG und EPS | Diese drei Formate sollten Sie kennen. Das TIFF und das JPEG sind pixelbasierte Formate, das heißt, in diesen Formaten speichern Sie Fotos. Sie sind auch in anderen Programmen verwendbar. Viele Bildbearbeitungsprogramme können TIFF und JPEG öffnen, und Layoutprogramme wie Adobe InDesign können Bilder als TIFF oder JPEG platzieren. Der Unterschied der beiden Pixelformate liegt in der Bildgröße und der Qualität: Während das TIFF die Pixel 1:1

abspeichert und somit bei großen Fotos auch große Datenmengen entstehen, reduziert das JPEG die Datenmengen, indem es farbgleiche oder farbähnliche Pixel zusammenfasst. Wie stark die Reduzierung der Pixelmengen, also die sogenannte Komprimierung, sein soll, bestimmen Sie beim Sichern. Wenn Sie mit höchster Qualität sichern, können Sie – bei hochauflösenden Bildern und guter Qualität – davon ausgehen, dass kein Qualitätsverlust entsteht. Allerdings findet bei jedem erneuten Öffnen, Ändern und Sichern eine erneute Komprimierung statt, und das macht sich dann auch bei der Qualität bemerkbar.

Pixel landen im Format TIFF oder JPEG, Vektoren im EPS-Format.

Für Vektordaten ist das EPS Standard. Eine Grafik aus einem Vektorprogramm wie Adobe Illustrator oder CorelDRAW fühlt sich als EPS bestens aufgehoben, denn es kann in Grafikprogrammen wieder geöffnet und bearbeitet werden, lässt sich aber auch programmübergreifend in Layoutprogrammen plazieren.

Unverzichtbar: das PDF | Wenn Ihre fertig gestalteten Daten sicher in der Druckerei landen sollen, müssen Sie das PDF (Portable Document Format) kennen. Es hat gleich mehrere Vorteile: Es ist nicht ohne Weiteres veränderbar, der Empfänger benötigt nur den kostenlosen Acrobat Reader, um es zu öffnen, es weist eine relativ kleine Dateigröße auf, und sämtliche von Ihnen verwendeten Schriften und Bilder sind im PDF enthalten, wodurch der Dienstleister beziehungsweise die Druckerei aus der Verantwortung genommen wird. Ihre Daten können also 1:1 so gedruckt werden, wie Sie sie erstellt haben.

∧ Das PDF
Für den Austausch mittlerweile unverzichtbar: das PDF-Format

Bedingung | Voraussetzung für ein optimales Druckergebnis ist, dass Sie als Gestalter das PDF korrekt erstellen. Die meisten gängigen Programme können ganz einfach per Befehl in das PDF-Format exportieren. Hierbei werden sämtliche relevanten Einstellungen wie das Einbetten der Schriften, die Handhabung der Bilder, aber vor allem auch die Handhabung der Farben, wie zum Beispiel die Umrechnung von RGB in CMYK, für den anschließenden Druck und die Druckmaschine festgelegt. Diese Einstellungen sind in Voreinstellungsdateien, sogenannten Joboptions gesammelt und werden von den Druckereien fertig angeboten. Als Gestalter installiert man sich die Datei im Layoutprogramm und wählt sie beim Export nur noch aus. Das PDF wird dann anhand dieser Vorgaben erstellt und muss nur noch von Ihnen in die Druckerei geschickt werden.

Bildnachweis

Hier finden Sie Bildnachweise, die aus Layoutgründen nicht direkt neben den Bildern angegeben werden konnten.

Inhaltsverzeichnis

Seite 7

szefei / shutterstock;
Napat / shutterstock;
de2marco / shutterstock;
TZIDO SUN / shutterstock;
somyot pattana / shutterstock;
TZIDO SUN / shutterstock;
Jelena Aloskina /shutterstock

Kapitel »Ein Logo gestalten«

Seite 10
iravgustin / shutterstock

Seite 16
Kurhan / Fotolia

Seite 21
sixninepixels / shutterstock

Seite 22
mhatzapa / shutterstock

Seite 23
Loskutnikov / shutterstock

Seite 26
Elena Kalistratova / shutterstock

Seite 27
Nenov Brothers Images / shutterstock; Jane Rix / shutterstock; Maxisport / shutterstock

Seite 31
Emilia Ennessy / shutterstock; Fetullah Mercan / shutterstock; katykin / shutterstock

Seite 36
Nenov Brothers Images / shutterstock; Sunanta Suwanphen / shutterstock

Seite 37
Asaf Eliason / shutterstock

Seite 46
clarissa harwell / shutterstock

Seite 55
pogonici / shutterstock
Szasz-Fabian Jozsef / shutterstock

Seite 58
Rawpixel / shutterstock
Robert Kneschke / shutterstock

Seite 64
janaph / shutterstock

Seite 72
LimitedFont / shutterstock

Seite 73
newcorner / shutterstock;
LimitedFont / shutterstock

Seite 80
Dusit / shutterstock

Seite 83
4zevar / shutterstock

Seite 97
sailormoon / shutterstock

Kapitel »Eine Geschäftsausstattung gestalten«

Seite 103
Maltseva Svetlana / shutterstock

Seite 106
michaeljung / shutterstock

Seite 109
Michal Steflovic / shutterstock

Seite 111
Arjan Ard Studio / shutterstock

Seite 120 / 121 / 123
lipik / shutterstock

Seite 124
ju.grozyan / shutterstock

Seite 125
iDesign / shutterstock;
subjob / shutterstock;
Irina Vaneeva / shutterstock

Seite 148
zefart / shutterstock

Seite 150
Gayvoronskaya_Yana / shutterstock

Kapitel »Werben mit Flyer und Broschüre«

Seite 155
Napat / shutterstock;
de2marco / shutterstock;
TZIDO SUN / shutterstock;
somyot pattana / shutterstock;
Alesandro14 / shutterstock

Seite 159
stockphoto mania / shutterstock;
Druzhinin Mikhail / shutterstock;
Druzhinin Mikhail / Shutterstock;
wk1003mike / shutterstock

Seite 162
R.legosyn/ shutterstock

Seite 163
Alesandro14 / shutterstock; Suwatchai Pluemruetai / shutterstock; Alesandro14 / shutterstock; Suwatchai Pluemruetai / shutterstock; Robert Kneschke / shutterstock; Suwatchai Pluemruetai / shutterstock; Robert Kneschke / shutterstock

Seite 171
Africa Studio / shutterstock

Seite 174
R.legosyn / shutterstock; Dmitrij Skorobogatov / shutterstock

Seite 177
Hitdelight / shutterstock

Seite 178
R.legosyn / shutterstock;
Obak / shutterstock;
Roman Tsubin / shutterstock;
Dmitrij Skorobogatov / shutterstock;
Maksim Gorbunov / shutterstock;
iko / shutterstock

Seite 186
dip / shutterstock;
Larienn / shutterstock

Seite 187
Larienn / shutterstock;
Grasi / shutterstock

Seite 194
Dean Drobot / shutterstock;
Torwaiphoto / shutterstock;
Ilike / shutterstock;
Sergei Kolesnikov / shutterstock;
I T A L O / shutterstock;
India Picture / shutterstock

Seite 196
VGstockstudio / shutterstock;
Pressmaster / shutterstock

Seite 198
Poznyakov / shutterstock;
Kiattistock / shutterstock;
Denis Vesely / shutterstock

Seite 199
Vereshchagin Dmitry / shutterstock;
Africa Studio / shutterstock;
Samo Trebizan / shutterstock;
terekhov igor / shutterstock;
Fotoatelie / shutterstock

Seite 200
I wave / shutterstock;
KonstantinChristian / shutterstock;
sondem / shutterstock

Seite 205
Netfalls – Remy Musser / shutterstock

Seite 206
Monkey Business Images / shutterstock

Seite 210
TZIDO SUN / shutterstock;
somyot pattana / shutterstock;
de2marco / shutterstock;
Napat / shutterstock;
TZIDO SUN / shutterstock;
Jelena Aloskina / shutterstock

Seite 214
Picsfive / shutterstock

Seite 215
Picsfive / shutterstock

Seite 216
Vladislav Lyutov / shutterstock

Seite 222 / 223
michaeljung / shutterstock;
Photographee.eu / shutterstock

Kapitel »Eine Postkarte gestalten«

Seite 237
Brandon Alms / shutterstock

Seite 241
Africa Studio / shutterstock

Seite 243
Piotr Marcinski / shutterstock

Seite 249
Maxim Blinkov / shutterstock

Kapitel »Mit einem Plakat werben«

Seite 260

Digital Genetics / shutterstock

Seite 265

Aleksey Stemmer

Seite 266
Alexander Lukatskiy

Seite 268
szefei / shutterstock

Seite 269
Rob Hainer / shutterstock;
SJ Travel Photo and Video / shutterstock;
GaudiLab / shutterstock;
Alex Emanuel Koch / shutterstock;
spacedrone808 / shutterstock

Seite 272
Uwe Bumann / shutterstock;
Flashon Studio / shutterstock

Seite 277
stockyimages / shutterstock;
East / shutterstock; Jeanette Dietl / shutterstock

Seite 279
Bocos Benedict / shutterstock

Seite 281
Aleksander Skakun / shutterstock;
Lucian Coman / shutterstock

Seite 282
DavidTB/ shutterstock;
Bas Meelker / shutterstock

Seite 283
Lenor Ko / shutterstock;
art-TAyga / shutterstock

Seite 284
choikh / shutterstock;
neelsky / shutterstock;
Peredniankina / shutterstock

Seite 285
Eduard Kyslynskyy / shutterstock

Seite 290
szefei / Shutterstock

Kapitel »Wichtig zu wissen«

Seite 299
LiquidLayout / shutterstock;
Songquan Deng / shutterstock

Seite 301
iunewind / shutterstock

Seite 302
mareandmare / shutterstock

Seite 303
scyther5 / shutterstock

Seite 306
Athos Boncompagni Illustratore / shutterstock;
Mmaxer / Shutterstock

Seite 309
Dmitry Nikolaev / shutterstock

Index

W

Z

»Für alle, denen schöne Schrift am Herzen liegt«

257 Seiten, broschiert, 24,90 Euro

ISBN 978-3-8362-5692-6

www.rheinwerk-verlag.de/4458

Wir hoffen, dass Sie Freude an diesem Buch haben und sich Ihre Erwartungen erfüllen. Ihre Anregungen und Kommentare sind uns jederzeit willkommen. Bitte bewerten Sie doch das Buch auf unserer Website unter **www.rheinwerk-verlag.de/feedback**.

An diesem Buch haben viele mitgewirkt, insbesondere:

Lektorat Ruth Lahres
Korrektorat Petra Bromand, Düsseldorf
Herstellung Maxi Beithe
Layout Vera Brauner
Einbandgestaltung Bastian Illerhaus
Coverbilder Shutterstock: 1129190405 © Stock_VectorSale, 1064317586 © Tashal, 569964031 © Africa Studio, 308869853 © Allies Interactive; iStock: 959399 © klikk, 19215632 © Jasmina007, 19292104 © Jasmina007, 692090986 © bokmok, 488758217 © Jetclub; © Radek Staniec
Satz Claudia Korthaus
Druck Media-Print Informationstechnologie, Paderborn

Dieses Buch wurde gesetzt aus der TheAntiquaB (9,35 pt/13,7 pt) in InDesign CC.
Gedruckt wurde es auf mattgestrichenem Bilderdruckpapier (135 g/m²).

Hergestellt in Deutschland.

Bibliografische Information der Deutschen Nationalbibliothek:
Die Deutsche Nationalbibliothek verzeichnet diese Publikation in der Deutschen Nationalbibliografie; detaillierte bibliografische Daten sind im Internet über *http://dnb.d-nb.de* abrufbar.

ISBN 978-3-8362-6731-1

2., aktualisierte und überarbeitete Auflage 2019

Informationen zu unserem Verlag und Kontaktmöglichkeiten finden Sie auf unserer Verlagswebsite **www.rheinwerk-verlag.de**. Dort können Sie sich auch umfassend über unser aktuelles Programm informieren und unsere Bücher und E-Books bestellen.